"十四五"职业教育国家规划教材

建筑识图与构造
（第3版）

主　编　王　鹏　孙庆霞　尹　茜

副主编　杨莅滦　张　青　杨　慧

　　　　戚宗霞

主　审　牟培超

北京理工大学出版社
BEIJING INSTITUTE OF TECHNOLOGY PRESS

内 容 提 要

本书为"十四五"职业教育国家规划教材。全书主要介绍建筑制图基础及施工图的识读、民用及工业建筑构造等知识。其中项目一和项目四重点讲述建筑制图与识图基本知识，项目二重点讲述投影原理，项目三重点讲述建筑构造基本知识和基本原理，并附有建筑工程实例施工图供读者参考。本书以培养学生的岗位能力为首任，注重理论与实践相结合，突出本书的工程性、应用性、通俗性、直观性；以育人为根本，将立德树人、铸魂育人、培养新时代中国特色社会主义合格接班人的内容融入课程中去。本书是高等院校土建类教学用书，在编写过程中力求突出高等教育特色，将强化技能训练及实际岗位能力作为重点，采用了国家最新颁布的建筑、结构、砌体等一系列标准规范，内容编排上更加全面、系统，图文并茂，由浅入深，便于教学，能够适应及满足课程改革的需要。

本书可作为高等院校土木工程类相关专业的教材，也可作为建筑行业施工技术人员的培训教材及自学人员的参考用书。

图书在版编目（CIP）数据

建筑识图与构造／王鹏，孙庆霞，尹茜主编．—3版．—北京：北京理工大学出版社，2023.7重印

ISBN 978-7-5682-8770-8

Ⅰ.①建…　Ⅱ.①王…②孙…③尹…　Ⅲ.①建筑制图—识图②建筑构造　Ⅳ.①TU2

中国版本图书馆CIP数据核字（2020）第132194号

出版发行／北京理工大学出版社有限责任公司

社	址／北京市海淀区中关村南大街5号	
邮	编／100081	
电	话／（010）68914775（总编室）	
	（010）82562903（教材售后服务热线）	
	（010）68944723（其他图书服务热线）	
网	址／http://www.bitpress.com.cn	
经	销／全国各地新华书店	
印	刷／河北鑫彩博图印刷有限公司	
开	本／787毫米×1092毫米　1/16	
印	张／18.5	
插	页／8	责任编辑／江　立
字	数／446千字	文案编辑／江　立
版	次／2023年7月第3版第5次印刷	责任校对／周瑞红
定	价／49.80元	责任印制／边心超

本书第2版以2010年颁布的相关规范、规程和技术指标为基础，并结合编者多年的教学经验和设计院结构设计经历编写而成。第3版教材是在第2版的基础上，以最新的相关规范、规程和技术指标为基础，根据当前高等教育人才培养目标进行了全面修订，内容编排上更加全面、系统，由浅入深，同时改正了第2版中的错误之处。"建筑识图与构造"作为建筑类相关专业的一门整合课程，是高等教育建筑类专业教学改革的产物，建议教学时数为140学时左右。

高等教育培养的是面向施工一线的高素质技术技能型人才，同时党的二十大报告中指出："统筹职业教育、高等教育、继续教育协同创新，推进职普融通、产教融合、科教融汇，优化职业教育类型定位"，因此，作为教育的重要工具和手段，教材编写必须符合高等教育规律和技术技能型人才成长规律。因而在教材内容构建上，应充分考虑支撑本课程的核心技能，即将培养学生空间思维能力、识图能力和应用能力贯穿教材始终，兼顾不同地域和不同经济状况地区对建筑业专业人才需求的个性特点，将培养学生应当具备的岗位知识、职业技能放在首要地位，突出课程内容的实践性，尽力提升教材的兼容性和通用性，便于教学，能够适应及满足课程改革的需要。本书的编写特色主要有以下几点：

1.将BIM技术与建筑识图与构造深度融合

与教材配套的两套图纸的建筑、结构、机电模型全部创建完成，并且将模型轻量化，学生用手机端扫码即可查看模型，配套教材做了漫游视频、720云全景图、渲染图片。建筑构造中地基基础18个模型、楼梯11个模型、墙体构造50个模型，建筑制图中剖面图断面图9个模型，其它构造10个模型。通过BIM三维立体模型，使全方位认识建筑，直观了解建筑的构造组成，构件名称、位置及相互关系，强化学生"二维识图—三维建模—二维出图"能力的转化。通过BIM技术、3D打印等各种新技术和项目学习、任务驱动等教育理念，整合多方资源与智慧，创新打造了"互联网+建筑识图构造教室"的教学环境。

2."1+X"建筑信息模型(BIM)职业技能等级证书考核大纲标准引领教材建设

按照"宽基础、精技能、融交叉"改革理念，"以能力培养为核心、对接职业标准、以项目为载体、以工作过程为主线、以技能大赛为引领"五位一体的课程构建原则，形成"做中学、做中教、教学做一体化"的共识，与行业企业共同构建模块化、能力递进式的课程；以职业技能等级证书考核标准、技能竞赛的能力和素养要求为目标整合教材内容。本书可为"1+X"职业技能等级证书制度的全面实施探索积累经验。

3.建设线上资源与线下教材密切配合的新形态一体化教材

本书配套山东省职业教育精品资源共享课程——《建筑识图与构造》，作者为本书制作了高质量原创微课，完善了含图纸、习题库、试题库、标准库、课件等的信息化资源。各个项目中的重点难点内容、拓展知识内容以微课形式呈现，可以通过扫描二维码进行线上学习，便于反复观摩，提升学习效果。

4.课程思政引领的育人功能

深入贯彻党的二十大报告中的"全面贯彻党的教育方针，落实立德树人根本任务，培养德智体美劳全面发展的社会主义建设者和接班人"精神，在培养学生职业能力和素养的同时，注重人才的素质培养。本书以素质目标作为课程思政的精神引领，让思政元素与专业知识、专业精神相得益彰、合而为一，树立学生的民族自豪感、增强文化自信，培养学生精益求精的"工匠精神"。

本书第3版由山东城市建设职业学院王鹏、孙庆霞、尹茜担任主编；由山东城市建设职业学院杨莅溁、张青、杨慧，山东艺境工程设计有限公司戚宗霞担任副主编。具体编写分工为：王鹏编写绪论、项目一和项目二中的任务一、任务二；孙庆霞编写项目二中的任务三，项目三中的任务六、任务七；尹茜编写项目三中的任务一、项目四；杨莅溁编写项目二中的任务四、任务五，项目三中的任务二、任务八；张青编写项目三中的任务三、任务四、任务五；杨慧编写项目三中的任务九；戚宗霞提供建筑工程实例施工图。全书由王鹏负责统稿，由山东城市建设职业学院牟培超主审。

参加本次修订工作的有王鹏、杨慧、孙庆霞等，中国建筑第八工程有限公司高级工程师王琪和王照图，山东省人防办设计院总工程师杨芳。

在编写过程中，王琪、王照图、杨芳等建筑专家在百忙中对本书建筑构造和建筑施工图部分内容的编写工作提出了许多建设性的修改意见，并积极参与编写工作，在此表示衷心的感谢。另外，本书还参考并引用了有关文献和资料，在此，谨对相关文献和资料的作者及关心与支持本书编写工作的同行表示感谢。

由于建筑的地域特征很明显，水平发展不一，限于编者的水平，书中难免有不妥之处，希望广大读者批评指正。

编　者

　　《建筑识图与构造》自发行以来，已使用三年多的时间，现在本书第1版的基础上，根据当前高等教育人才培养目标——培养一线的高端技能型专门人才的任务，对本书进行了全面修订，内容上作了一些删减，对局部文字或插图进行调整或更新，改正了第1版的错误之处。

　　本书第2版仍由王鹏、郑楷、尹茜主编。参加修订工作的有山东城市建设职业学院的王鹏、中国建筑第八工程有限公司的高级工程师王照图和王琪、山东省人防办设计院总工程师杨芳。

　　限于编者水平，书中难免有不妥之处，希望广大读者批评指正。

编　者

第1版前言 FOREWORD

　　建筑识图与构造作为建筑类专业的一门综合课程，是高等教育建筑类专业教学改革的产物。本书是土建类专业用书，可供建筑工程技术、建筑工程造价、建筑工程监理、城市规划、物业管理、房地产经营与管理等专业的学生使用。本书主要介绍建筑工程制图基本知识，一般民用建筑和工业建筑的构造原理、常见构造的基本做法，建筑工程图的识读等内容。其中，以建筑识图和民用建筑构造为重点。

　　本书将建筑识图和建筑构造的内容综合在同一本教材中，是土建类教学改革的一种尝试，通过课程的整合，力图打破"建筑制图"和"房屋建筑学"两门课程内容互相脱节的现象。在课程内容的设计上，本书兼顾不同地域和经济地区的建筑特点，把培养学生的岗位能力放在首要地位。本书的特点是：与工程实际紧密结合，内容新颖，深度适中，通俗易懂，图文并茂。为了突出重点、便于学生学习，本书在每一学习任务中都列有学习目标、学习重点。

　　本书由王鹏、郑楷、尹茜任主编，孙庆霞、杨莅滦、张青、戚宗霞任副主编。具体编写分工为：王鹏编写绪论、项目一和项目二中的任务一、任务二；郑楷编写项目三中的任务九；尹茜编写项目三中的任务一、项目四；张青编写项目三中的任务三、任务四、任务五；杨莅滦编写项目二中的任务四、任务五，项目三中的任务二、任务八；孙庆霞编写项目二中的任务三，项目三中的任务六、任务七。全书由王鹏负责统稿，由牟培超主审。

　　在编写过程中，王琪、王照图、杨芳等建筑专家在百忙之中对本书建筑构造和建筑施工图部分内容的编写工作提出了许多建设性的修改意见，并积极参与编写工作，在此表示衷心的感谢。另外，本书还参考并引用了有关文献和资料，在此谨对相关作者及关心与支持本书编写工作的同行表示感谢。

　　由于建筑的地域特征很明显，发展水平不一，编者的水平、编写经验有限，书中难免存在错漏之处，希望使用本书的各位读者批评指正，以便在修订时及时更正。

编　者

CONTENTS 目录

CONTENTS

绪　论

一、课程的基本内容

建筑识图与构造是研究建筑工程图样的绘制、识读规律及建筑构造原理的一门基础课程。

工程(施工)图是进行建筑规划、设计和施工必不可少的工具之一，它不仅能准确地表达工程技术人员的设计思想与意图，建筑物的形状、尺寸和技术要求等，还能具体地指导施工人员的现场工作，所以也被称为工程界的"技术语言"。

把具体或想象的建筑物的形状和尺寸根据投影方法，并遵照国家标准的规定绘制成用于建筑工程施工的图叫作工程图样，简称图样。在每一项建筑工程项目中，设计者要通过图样来表达设计意图和内容；施工者要通过图样来了解设计要求，以指导工程施工；使用者和维修者也要通过图样来了解房屋的结构、性能和质量要求。另外，在工程预算、材料准备、竣工验收和技术交流活动中，图样也是不可缺少的重要文件。由此可见，图样是表达设计意图、交流技术思想的重要手段，是生产施工中的重要技术文件。建筑工程图就是表达房屋的建筑、结构、设备等内容的工程图样，是建筑施工中重要的技术依据。

建筑识图与构造课程的基本内容包括下列4部分：

(1)建筑制图的基本知识：包括制图工具、仪器、用品的使用和维护方法，基本制图标准和几何作图等基本知识。

(2)投影基本知识：包括正投影、轴测投影、立体投影、剖面图与断面图5部分。

(3)民用建筑构造：包括民用建筑六大基本组成的作用及构造要点，性能优良、经济可行的建筑材料和建筑制品构成，建筑构配件及构配件之间的连接手段。

(4)工程施工图识读：包括房屋建筑施工图和建筑装饰施工图的种类、特点及绘制与阅读的方法。这部分内容是本课程的学习重点之一。

二、本课程的任务和学习方法

1. 本课程的任务

建筑识图与构造课程是高等职业学院土建专业的一门专业基础课程。其包括建筑识图和建筑构造两部分。本课程的任务如下：

(1)熟悉现行《房屋建筑制图统一标准》(GB/T 50001—2017)和有关的专业制图标准。

(2)培养空间想象、空间构思及其分析表达能力。

(3)掌握绘制和阅读建筑工程图样的基本知识、基本方法和技能。

(4)学习民用与工业建筑构造知识。

（5）培养严肃认真的工作态度和耐心细致的工作作风。

通过本课程，掌握建筑识图、建筑构造和构造设计的基本方法；培养正确识读建筑工程施工图的能力，具备科学、严谨的工作作风，以满足本专业相应岗位人才培养的需要。

2. 学习方法建议

建筑识图与构造课程是一门实践性较强的课程，涉及的相关知识较多，课程各部分之间既有相对的独立性，又有一定的联系，在学习时应注意各部分内容之间的联系。作业练习是本课程教学过程中的一个重要环节，必须认真对待，只有多画、多识图，才能够掌握正投影的基本规律和作图方法，才能够从空间到平面，并从平面回到空间，培养和发展空间想象力。

就本课程的学习方法，提出以下几点建议：

（1）掌握正投影的规律（特别是基本形体投影和建筑形体投影之间的联系），是学好建筑识图的关键。

（2）学习建筑识图的关键在于实践，要在制图和识图的实践中掌握识图的基本规律和技能。对于高等院校的学生来说，识图能力的培养尤为重要。

（3）建筑图样是工程施工的技术依据，图样上的任何一点差错都会直接影响工程质量，甚至给国家建设事业带来巨大的经济损失，因而，应培养耐心细致的工作作风和严肃认真的工作态度。

（4）平时注意多观察周围的建筑物，积累一定的感性认识，适当地阅读一些与本专业课程有关的参考书，以拓宽自己的知识面，培养自学能力。

项目一 建筑制图基础

任务一 制图基本知识

学习目标

通过本任务的学习，学生应能够：

1. 了解施工图的作用；
2. 掌握绘图工具和用品的正确使用方法；
3. 掌握建筑制图标准中图幅、图线、字体、比例、尺寸标注等相关规定；
4. 掌握尺寸的组成和标注方法、标注原则并能正确标注简单图样的尺寸。

教学要求

教学要点	知识要点	权重	自测分数
绘图工具和用品	学习并掌握绘图工具的正确使用方法	30%	
图幅、图线、字体	熟悉房屋建筑制图标准关于图幅、图线、字体的内容	30%	
比例及尺寸标注	熟悉房屋建筑制图标准关于比例、尺寸标注的方法，掌握绘图步骤并能使用绘图工具作抄图练习	40%	

素质目标

1. 具有团队意识和一定的人际沟通能力；
2. 具有良好的职业精神和职业道德。

一、绘图工具和用品

学习制图首先应掌握制图工具和用品的正确使用方法、日常维护等知识，以便熟练掌握制图技巧，保证制图的速度和质量。

常用的制图工具有图板、丁字尺、三角板、圆规、分规、比例尺、绘图笔、建筑模板等。

1. 绘图工具

(1)图板。图板的规格有三种，分别是 0 号(900 mm×1 200 mm)、1 号(600 mm×900 mm)和 2 号(420 mm×600 mm)。图板的作用是固定图纸。它的两面由胶合板组成，四周边框镶有硬质木条。图板的板面要光滑平整，侧边要平直，如图 1-1-1 所示。应注意爱护图板，防止其受潮或受水浸、被暴晒和烘烤，更不能用刀具或硬质物体在图板上任意刻画。

(2)丁字尺。丁字尺的规格是和图板相适应的，其尺寸有 1 200 mm、900 mm、640 mm 等长度，分别与 0 号图板、1 号图板、2 号图板配合使用。丁字尺由尺头和尺身组成，其夹角为 90°，主要用来画水平线，如图 1-1-2 所示，与三角板配合使用，可画垂线、15°倍数的倾斜线，绘图时，尺头应紧靠图板左边，以左手扶尺头，使尺上下移动，如图 1-1-2 所示。丁字尺的工作边要保证平直、光滑，不得用利器刻、划。丁字尺大多是用有机玻璃制成的，不用时应将丁字尺装在尺套内悬挂起来，防止压弯变形。

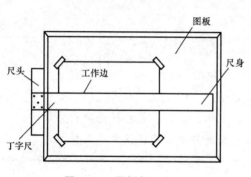

图 1-1-1 图板与丁字尺

图 1-1-2 丁字尺的移动

(3)三角板。一副三角板有两块，一块是 45°等腰直角三角形，另一块是两锐角分别为 30°和 60°的直角三角形，如图 1-1-3 所示。三角板是用有机玻璃制成的，有 250 mm、300 mm、350 mm 等几种规格尺寸，可根据需要选用。三角板与丁字尺配合使用，可画垂直线及与丁字尺工作边成 15°、30°、45°、60°、75°角的各种斜线，如图 1-1-4 所示。用丁字尺配合三角板画垂线时，应将三角板的垂直边放在左侧，自下向上画。

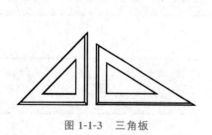

图 1-1-3 三角板

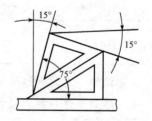

图 1-1-4 丁字尺和三角板作垂直线和斜线

(4)圆规和分规。

1)圆规。圆规是画圆和圆弧的工具，一套完整的圆规都配有铅笔插腿、钢针插腿、直线笔插腿、延伸杆等配件，一条腿上安装针脚，另一条腿上可安装铅芯、钢针、直线笔三种插脚，如图 1-1-5 所示。圆规在使用前先调整针脚，使针尖稍长于铅芯或直线笔的笔尖，取好半径，对准圆心，并使圆规略向旋转方向倾斜，按顺时针方向从右下角开始画圆，画圆或圆弧都应一次完成。

2）分规。分规是等分线段和量取线段的工具，两腿端部均装有固定钢针。使用时，要先检查分规两腿的针尖靠拢后是否平齐。分规的使用方法如图1-1-6所示。

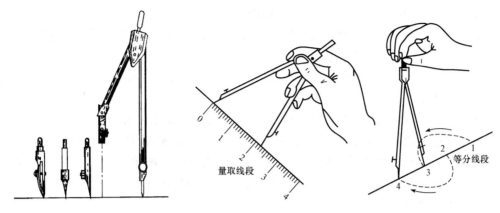

图1-1-5　圆规及其插脚　　　　　　　　图1-1-6　分规

（5）比例尺。比例尺又称三棱尺，如图1-1-7所示。尺上刻有几种不同比例的刻度，可直接用它按比例绘图，不需计算。常用的比例尺一般刻有六种不同比例的刻度，如1∶100、1∶200、1∶300、1∶400、1∶500、1∶600，可根据需要选用。绘图时千万不要将比例尺当作三角板用来画线。

（6）绘图笔（又称针管笔）。绘图笔是专门用来绘制墨线的，除笔尖是钢管针且内有通针外，其余部分的构造与普通钢笔基本相同，如图1-1-8所示。笔尖针管直径有0.1～1.2 mm粗细不同的多种规格，供绘制图线时选用。使用时如发现流水不畅，可将笔上下晃动，当听到管内有撞击声时，表明管心已通，可继续使用。

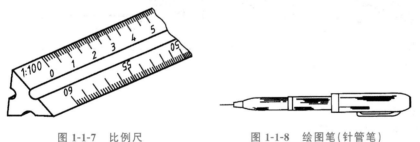

图1-1-7　比例尺　　　　　　　　图1-1-8　绘图笔（针管笔）

（7）建筑模板。建筑模板上刻有多种方形孔、圆形孔、建筑图例、轴线号、详图索引号等，如图1-1-9所示。可用它直接绘制出模板上的各种图样和符号。

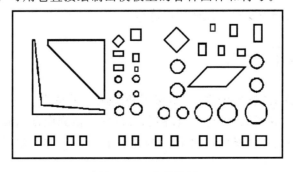

图1-1-9　建筑模板

2. 绘图用品

绘图时应准备好图纸、胶带、绘图铅笔、小刀、橡皮、软毛刷和擦图片等制图用品。

（1）图纸。图纸可分为绘图纸和描图纸两种。

1）绘图纸。绘图纸要求纸面洁白，质地坚硬，用橡皮擦拭不易起毛，画墨线时不渗化，图纸幅面应符合国家标准。绘图纸不能卷曲、折叠和压皱。

2）描图纸。描图纸要求洁白、透明度好，带柔性。受潮后的描图纸不能使用，保存时应放在干燥通风处。

（2）绘图铅笔。绘图铅笔的铅芯有软硬之分，分别用字母 B 和 H 表示，B 前的数字越大表示铅芯越软；H 前的数字越大表示铅芯越硬；HB 表示软硬适中。铅笔应从没有标志的一端开始使用，以便保留标记，供使用时辨认。铅笔可削成圆锥形或四棱锥形，削去约 30 mm，铅芯露出 6～8 mm。H 铅笔用来画底稿，HB 铅笔用来加深细线、描粗线和写字。绘图铅笔及铅芯如图 1-1-10 所示。

（3）墨水。墨水有碳素墨水和绘图墨水之分。碳素墨水不易结块；绘图墨水干得较快，易结块。目前，市场上的高级绘图墨水也适用于绘图墨水笔。

（4）擦图片。擦图片是用来修改图线的，如图 1-1-11 所示，使用时只要将该擦去的图线对准擦图片上相应的孔洞，用橡皮轻轻擦拭即可。

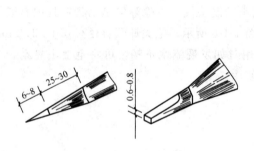

图 1-1-10　绘图铅笔及铅芯

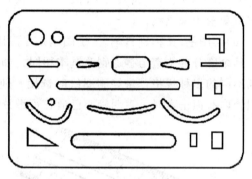

图 1-1-11　擦图片

（5）其他用品。

1）胶带，用于固定图纸。

2）橡皮，用于擦去不需要的图线等，应选用软橡皮擦铅笔图线，硬橡皮擦墨线。

3）小刀，削铅笔用。

4）刀片，用于修整图纸上的墨线。

5）软毛刷，用于清扫橡皮屑，保持图面清洁。

二、建筑制图标准

工程图样是工程界的"技术语言"，是房屋建造施工的依据。为了统一房屋建筑制图规则，便于技术交流，保证制图质量，提高制图效率，做到图面清晰、简明，符合设计、施工、存档的要求，必须对图样的格式、画法、图例、字体、尺寸标注等制定统一的标准。

本节主要介绍《房屋建筑制图统一标准》(GB/T 50001—2017)中的图幅、图线、字体、比例、尺寸标注。

1. 图幅

图纸幅面简称图幅，如图 1-1-12 所示。绘图时图样大小应符合表 1-1-1 中规定的图纸幅面尺寸。图纸可横向使用也可竖向使用，如图 1-1-13 和图 1-1-14 所示。

表 1-1-1　幅面及图框尺寸　　　　　mm

基本图幅代号	A0	A1	A2	A3	A4
$b \times l$	841×1 189	594×841	420×594	297×420	210×297
c	10			5	
a	25				

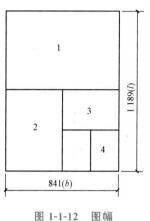

图 1-1-12　图幅

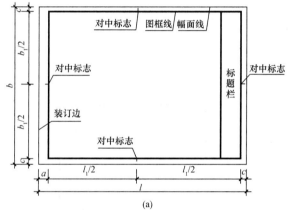

(a)

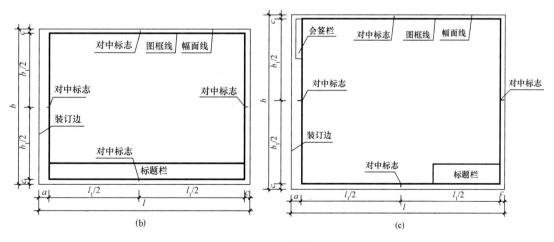

(b)　　　　　　　　　　　　　　(c)

图 1-1-13　横式幅面

(a)A0～A3 横式幅面(一)；(b)A0～A3 横式幅面(二)；(c)A0～A1 横式幅面

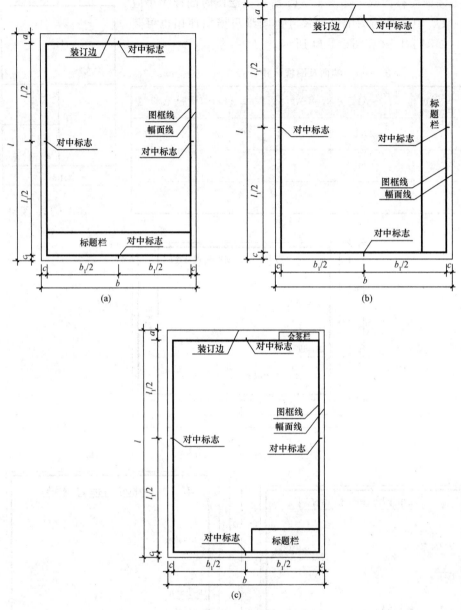

图 1-1-14　立式幅面

(a)A0～A4 立式幅面(一)；(b)A0～A4 立式幅面(二)；

(c)A0～A2 立式幅面

在图纸右下角画有标题栏，标题栏的格式如图 1-1-15 所示。会签栏的格式如图 1-1-16 所示。

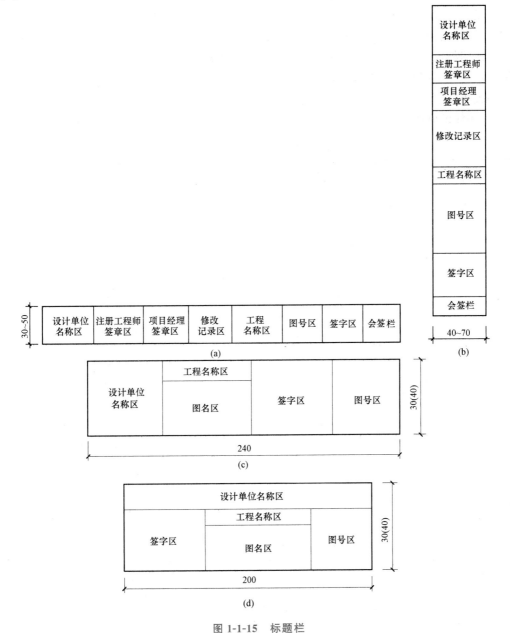

图 1-1-15　标题栏

(a)标题栏(一)；(b)标题栏(二)；(c)标题栏(三)；(d)标题栏(四)

图 1-1-16　会签栏

2. 图线

(1)图线的种类。图线有实线、虚线、单点长画线、双点长画线、折断线、波浪线等。其中实线、虚线又可分为粗、中粗、中和细 4 种；单点长画线、双点长画线又可分为粗、中和细 3 种；折断线和波浪线只有细线。

为使图样层次清楚、主次分明，《房屋建筑制图统一标准》(GB/T 50001—2017)对图线粗细(线型)作了明确规定，以 b 表示粗实线的宽度，见表 1-1-2，每个图样应根据复杂程度与比例大小确定其宽度。在房屋建筑中，粗实线的宽度一般为 0.5~1.4 mm。

(2)图线的画法。表 1-1-3 列举了各类图线交接的画法及初学者容易犯的错误。

表 1-1-2 各类图线规格及用途

名称		线型	线宽	用途
实线	粗	——	b	主要可见轮廓线
	中粗	——	$0.7b$	可见轮廓线
	中	——	$0.5b$	可见轮廓线、尺寸线、变更云线
	细	——	$0.25b$	图例填充线、家具线
虚线	粗	– – – –	b	见各有关专业制图标准
	中粗	– – – –	$0.7b$	不可见轮廓线
	中	– – – –	$0.5b$	不可见轮廓线、图例线
	细	– – – –	$0.25b$	图例填充线、家具线
单点长画线	粗	–·–·–	b	见各有关专业制图标准
	中	–·–·–	$0.5b$	见各有关专业制图标准
	细	–·–·–	$0.25b$	中心线、对称线、轴线等
双点长画线	粗	–··–··	b	见各有关专业制图标准
	中	–··–··	$0.5b$	见各有关专业制图标准
	细	–··–··	$0.25b$	假想轮廓线、成型前原始轮廓线
折断线	细	—⋀—	$0.25b$	断开界线
波浪线	细	∿∿	$0.25b$	断开界线

表 1-1-3 各类图线交接的画法

画法说明	图例	
	正确	错误
点画线相交时，应在线段部分相交 点画线的起始与终了应为线段		
圆心应以中心线的线段交点表示 中心线应超出圆周约 5 mm，当圆直径小于 12 mm 时，中心线可用细实线画出，超出圆周约 3 mm		

画法说明	图例	
	正确	错误
圆与圆或其他图线相切时，在切点处的图线应正好是单根图线的宽度	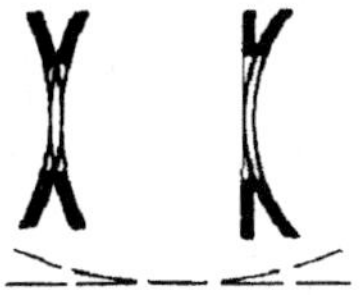	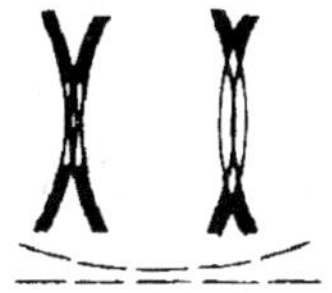
虚线与虚线或与其他图线相交时，应以线段相交	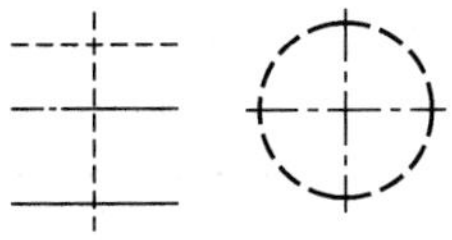	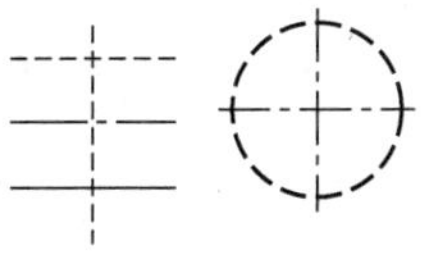
虚线与虚线或与其他图线相交于垂足处为止时，垂足处不应留空隙	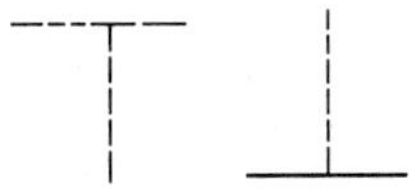	
虚线在实线的延长线位置时，虚线与实线间应留有空隙，不应相接，以表示两种图线的分界线	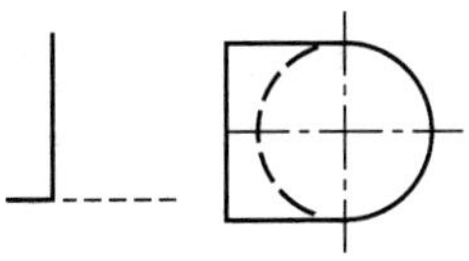	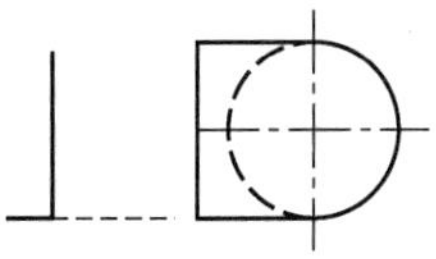

3. 字体

图样和技术文件中书写的汉字、数字、字母或符号必须做到笔画清晰、字体端正、排列整齐、间隔均匀。字迹潦草，不仅影响图样质量，而且可能导致不应有的差错。因此，设计、制图人员一定要学习和掌握制图中各种字体的书写要求与方法。

(1)汉字。图样中的汉字，应采用国家正式公布的简化字，并用长仿宋体书写。长仿宋体字的高度与宽度比约为 3：2，字的大小应与图形配合协调，字与字的间距约为字高的 1/4，行距约为字高的 1/3。

1)长仿宋体字的基本笔画。长仿宋体字的基本笔画有 8 种，即横、竖、撇、捺、点、挑、钩和折。其起笔和落笔处，都为尖端或三角形，见表 1-1-4。

2)长仿宋体字的构架。字的构架，即组成某个汉字的各个单字所占的比例和位置。如图 1-1-17 所示为建筑工程图中常用的字体。

表 1-1-4　长仿宋体字基本笔画

基本笔画	写法	基本笔画	写法
点	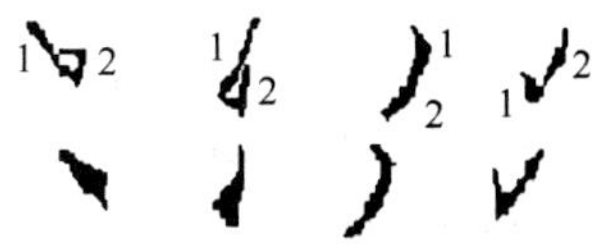	撇	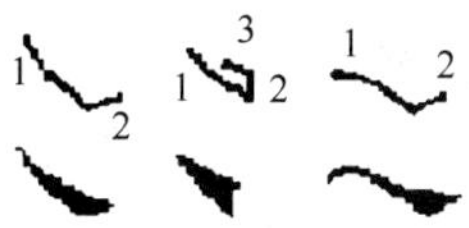
横	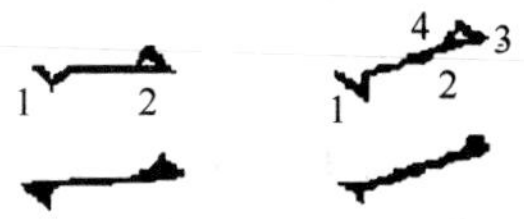	挑	

基本笔画	写法	基本笔画	写法
竖	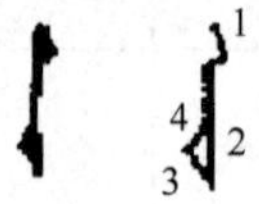	钩	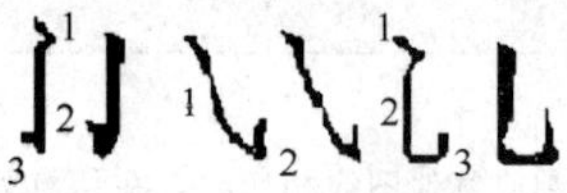
撇	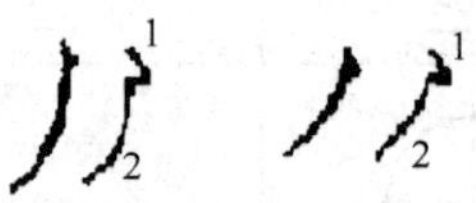	折	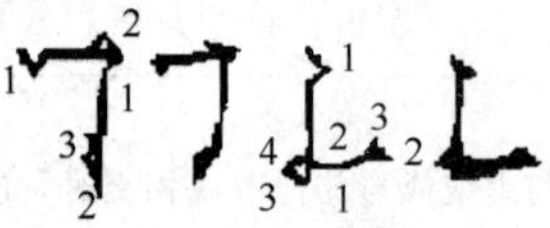

3)写长仿宋体字的满格、缩格、出格。要使书写的文字大小一致、整齐美观，一般书写长仿宋体字要充满方格，即满格。但有的字需要缩格或出格，如口、日、图等字书写时要适当缩格，否则这些字给人的感觉比周围的字要大，显得不匀称；再如广、大等字书写时要适当出格，才会与周围其他字的大小相称。长仿宋体字的书写要做到：笔画横平竖直，注意起落；字形结构排列匀称，注意满格、缩格、出格。

（2）数字。工程图中注写的数字，有罗马数字和阿拉伯数字两种。罗马数字常用于工程图中剖面图的编号，阿拉伯数字和罗马数字可写成斜体或直体。

（3）汉语拼音字母。工程图中的轴线编号、构件代号等，规定采用拉丁字母，字母有大写和小写之分，书写时可写成斜体和直体两种。数字与字母示例如图 1-1-18 所示。

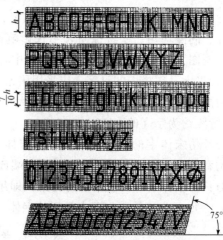

排列整齐字体端正笔画
清晰注意起落
字体笔画基本上是横平竖直结构匀称
写字前先画好格子
阿拉伯数字拉丁字母罗马数字和汉字并列书写
时它们的字高比汉字高小

大学系专业班级绘制描图审核校对序号名称材料件数备注比例重
共第张工程种类设计负责人平立剖侧切截断面轴测示意主俯仰前
后左右视向东西南北中心内外高低顶底长宽厚尺寸分厘毫米矩方

图 1-1-17　长仿宋体字例

图 1-1-18　数字与字母示例

4. 比例

（1）比例的概念。比例为图形大小与物体实际大小之比。在绘制工程图时，常遇到物体很大或很小，因此不可能按物体的实际大小去画，必须将图形按一定的比例缩小或放大。而且无论放大或缩小，图形必须反映物体原来的形状和实际尺寸。图 1-1-19 所示为用不同比例绘制的门。

（2）比例尺的应用。应用比例尺，如 1∶100，找出该比值上 1 m、5 m、10 m 等位置，然后再读出每一小格代表的数值，就能从比例尺上读取画图所需要的数据，如图 1-1-20 所示。

比例尺上只有 6 种不同的比例，不能满足实际工作的需要，这时可将比例尺上的读数进行换算。如 1∶100 的比例可进行 1∶1、1∶10、1∶1 000 等比例的换算，如图 1-1-21 所示。

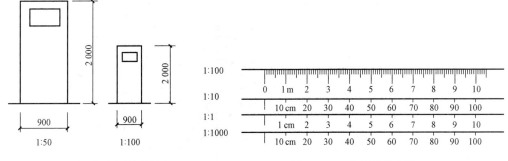

图 1-1-19　用不同比例绘制的门　　　　　　图 1-1-20　比例尺的识读

5. 尺寸的标注

尺寸数字在图纸上占有非常重要的地位。建筑工程施工过程是根据图纸上的尺寸进行的，因此，在绘图时应按物体实际尺寸标注，且必须保证所标注的尺寸完整、清楚和准确。

（1）尺寸的组成。尺寸是由尺寸界线、尺寸线、尺寸起止符号和尺寸数字组成的，如图 1-1-22 所示。

1）尺寸界线：用来限定所注尺寸的范

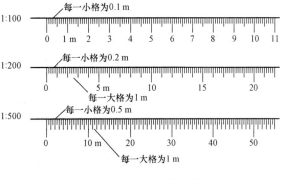

图 1-1-21　比例尺的换算

围，应用细实线绘制，一般应与被注长度垂直，其一端应离开图样轮廓线不少于 2 mm，另一端宜超出尺寸线 2～3 mm。有时图样轮廓线可用作尺寸界线，如图 1-1-23 所示。

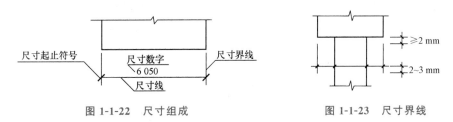

图 1-1-22　尺寸组成　　　　　　　　图 1-1-23　尺寸界线

2）尺寸线：用来表示所注尺寸的方向与范围，用细实线绘制，应与被注长度平行，且不宜超出尺寸界线。任何图线都不能用作尺寸线。

3）尺寸起止符号：用以表示所注尺寸范围的起、止，一般应用中粗斜短线绘制，其倾斜方向应与尺寸界线成顺时针 45°角，长度为 2～3 mm。

半径、直径、角度与弧长的尺寸起止符号，宜用箭头表示，箭头宽度 b 不宜小于 1 mm，如图 1-1-24 所示。

4）尺寸数字：图样上的尺寸数字为物体的实际尺寸，与采用的比例无关，图中尺寸数字均以 mm 为单位。尺寸数字要按规定字体书写，同一张图纸上的尺寸数字字号大小应尽量一致。尺寸数字的注写方向，应依据所需标注尺寸的位置来确定，尺寸线为水平方向时，数字注写在靠近尺寸线的上方中间部位；尺寸线为垂直方向时，数字注写在靠近尺寸线的左边中间部位；尺寸线为非水平和非垂直方向时，按图 1-1-25(a)所示的规定注写。如果尺寸数字在斜线区内，宜按图 1-1-25(b)所示的形式注写。

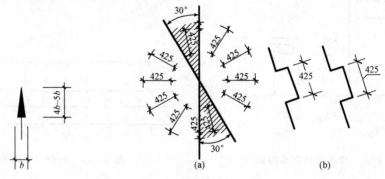

图 1-1-24　箭头尺寸起止符号　　　　　图 1-1-25　尺寸数字的注写方向

(2)尺寸标注要求。

1)尺寸的排列与布置。尺寸宜标注在图样轮廓线以外，不宜与图线、文字及符号等相交。图线不得穿过尺寸数字，不可避免时应将尺寸数字处的图线断开，如图 1-1-26 所示。

如果尺寸界线较密，可按图 1-1-27 所示的方式注写尺寸。

尺寸线与图样最外轮廓线之间的距离，不宜小于 10 mm。平行排列的尺寸线间距，宜为 7～10 mm。互相平行的尺寸线标注尺寸时，应从被标注的图样轮廓线外，由近及远整齐排列，小尺寸应靠近图样轮廓线标注，大尺寸应在小尺寸外面标注，如图 1-1-28 所示。

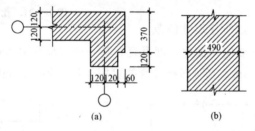

图 1-1-26　尺寸标注的要求

(a)尺寸不宜与图线相交；(b)尺寸数字处图线应断开

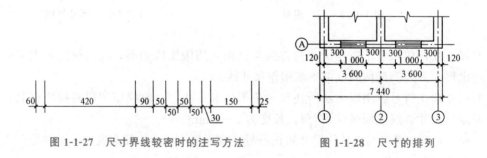

图 1-1-27　尺寸界线较密时的注写方法　　　　图 1-1-28　尺寸的排列

2)半径、直径和球的尺寸标注。半径的尺寸线应一端从圆心开始，另一端画箭头指至圆弧。半径数字前应加注半径符号"R"，如图 1-1-29 所示。较小圆弧的半径可按图 1-1-30 所示的形式标注；较大圆弧的半径可按图 1-1-31 所示的形式标注。

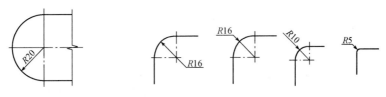

图 1-1-29　半径标注方法　　　　　图 1-1-30　较小圆弧半径的标注方法

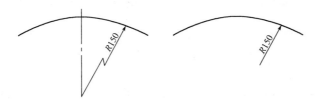

图 1-1-31　较大圆弧半径的标注方法

标注圆的尺寸时，直径数字前应加符号"φ"。在圆内标注的直径尺寸应通过圆心，其两端箭头指至圆弧，如图 1-1-32 所示。较小圆的直径尺寸，可标注在圆外，如图 1-1-33 所示。

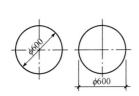
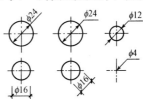

图 1-1-32　圆直径的标注方法　　　　图 1-1-33　小圆直径的标注方法

标注球半径时，应在尺寸数字前加注符号"SR"；标注球直径时，应在尺寸数字前加注符号"Sφ"。它的注写方法与圆半径和圆直径尺寸的标注方法相同。

3）角度、弧长和弦长的尺寸标注。角度尺寸线应以圆弧线表示。该圆弧的圆心应是该角的顶点，角的两个边为尺寸界线。角度的起止符号应以箭头表示。角度数字应水平方向注写，如图 1-1-34 所示。

标注圆弧的弧长时，尺寸线用与该圆弧同心的圆弧线表示，尺寸界线应垂直于该圆弧的弦，起止符号应以箭头表示，弧长数字的上方应加注圆弧符号，如图 1-1-35 所示。

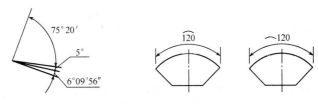

图 1-1-34　角度的标注方法　　　　图 1-1-35　弧长的标注方法

标注圆弧的弦长时，尺寸线应以平行于该弦的直线表示，尺寸界线应垂直于该弦，起止符号应以中粗短斜线表示，如图 1-1-36 所示。

4）薄板厚度和坡度的尺寸标注。在薄板板面标注板厚尺寸时，应在厚度数字前加厚度符号"δ"，如图 1-1-37 所示。

图 1-1-36　弦长的标注方法

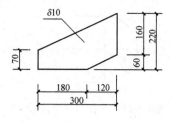

图 1-1-37　薄板厚度的标注方法

标注坡度时，在坡度数字下应加注坡度符号，坡度符号的箭头一般应指向下坡方向。坡度也可用直角三角形形式标注，如图 1-1-38 所示。

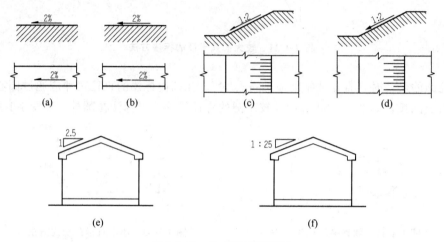

图 1-1-38　坡度的标注方法

6. 绘图的一般步骤

（1）进行图面布置。首先考虑好在一张图纸上要画几个图样，然后安排各个图样在图纸上的位置。图面布置要适中、匀称，以获得良好的图面效果。

（2）画底稿。用 H～2H 等较硬的铅笔，画时要轻、细，以便修改。

（3）加深图线。底稿画好后要检查一下，是否有错误和遗漏，改正后再加深图线。常用 HB、B 等稍软的铅笔加深，或用墨线笔上墨。其加深顺序是水平线自上而下、垂直线自左向右。无论是铅笔加深还是上墨线，都要正确掌握好线型。

（4）标注尺寸。先画尺寸线、尺寸界线、尺寸起止符号，再注写尺寸数字。

（5）检查。图样画完后还要进行一次全面的检查工作，看是否有画错或画得不好的地方，然后进行修改，确保图面质量。

任务小结

1. 正确掌握绘图工具和用品的使用方法，为以后熟练绘制工程图打下坚实的基础。

2. 熟悉建筑制图标准，熟悉各种线型的正确使用方法及长仿宋体字的书写，掌握尺寸的标注、比例尺的运用，从而准确、迅速地表达图纸内容。

拓展任务

查阅最新版的《总图制图标准》《房屋建筑制图统一标准》，谈谈自己对这些标准和要求的理解。

任务二　几何制图

通过本任务的学习，学生应能够：

1. 掌握绘制工程图样的基本技能——几何作图；
2. 掌握绘图基本方法、步骤和绘图注意事项。

教学要求

教学要点	知识要点	权重	自测分数
直线段等分	掌握等分直线段的画法	20%	
角的等分	掌握任意角等分的画法	20%	
多边形及圆内接多边形	熟练掌握绘图步骤并上图板绘制五角星	30%	
线的连接及曲线	熟练掌握绘图步骤并上图板绘制椭圆	30%	

素质目标

1. 具有严谨务实的工作态度和良好的工作习惯；
2. 具有求知欲望，以及毕业后仍持续学习的习惯。

一、等分直线段与斜度

几何作图在建筑制图中应用非常广泛，它是绘制工程图样必须掌握的基本技能。下面主要介绍常用的基本几何作图方法。

1. 等分直线段

等分直线段的方法在绘制楼梯、花格等图形中经常用到。

(1)二等分直线。已知直线 AB，求作直线 AB 的二等分点，如图 1-2-1 所示。具体作法步骤如下：

1)分别以已知直线 AB 的两个端点 A、B 为圆心，以大于 $\frac{1}{2}AB$ 的长度为半径作弧，两弧分别相交于点 C 及点 D，如图 1-2-1(a)所示。

2)连接 CD，交直线 AB 于点 E，E 点即 AB 的二等分点，如图 1-2-1(b)所示。

图 1-2-1　二等分直线

(2)任意等分直线。已知直线 AB，求作直线 AB 的五等分点，如图 1-2-2(a)所示。具体作法步骤如下：

1)过 A 点作辅助线 AC，自点 A 起量取辅助线 AC 上相等的五个单位，得 1、2、3、4、5 各点，如图 1-2-2(b)所示。

2)连接 $B5$，分别过 1、2、3、4 点作 $B5$ 的平行线，交 AB 于 $1'$、$2'$、$3'$、$4'$，各交点即直线 AB 的五等分点，如图 1-2-2(c)所示。

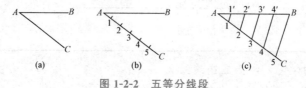

图 1-2-2　五等分线段

(3)两平行线间距离任意等分。已知两平行线 AB 与 CD，将两平行线间距离五等分，如图 1-2-3 所示。具体作法步骤如下：

1)将三角板 0 点放在 CD 任一位置上，尺身绕 0 点旋转，使尺身上某个 5 的倍数点正好落在 AB 上。

2)过 5 的各倍数点(如 1、2、3、4、5 或 5、10、15、20、25)作标记点，过各标记点作 AB 或 CD 的平行线即可。

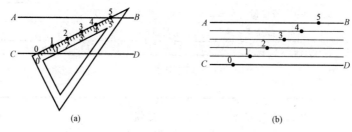

图 1-2-3　五等分两平行线间的距离

2. 斜度的作法

斜度又叫作斜率或坡度。在建筑工程制图中的斜率常用斜面的高与底边长的比值来表示，如 $i=1:12$ 或 $i=12\%$ 等，如图 1-2-4 所示。具体作法步骤如下：

(1)作一直线 AB，过点 A 量取相等的五个单位长。

(2)过末点 5 作 AB 的垂线，并在其上自 5 点起量取一个单位得点 C，连接 AC，则 AC 的斜度 $i=1:5$。

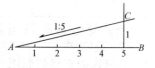

图 1-2-4　斜度的作法

二、角的等分

1. 角的二等分

已知 $\angle AOB$，试将其二等分，如图 1-2-5 所示。具体作法步骤如下：

(1)以点 O 为圆心，任意长为半径作弧，交 AO、BO 于 C、D 两点，如图 1-2-5(a)所示。

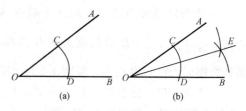

图 1-2-5　角的二等分

（2）分别以点 C、D 为圆心，以大于 $\frac{1}{2}CD$ 为半径作弧，使两弧相交于 E 点，如图 1-2-5 （b）所示。

（3）连接 OE，即将 $\angle AOB$ 二等分。

2. 角的任意等分

已知 $\angle AOB$，试将其五等分，如图 1-2-6 所示。具体作法步骤如下：

（1）以点 O 为圆心，任意长（设 AO）为半径作弧，交 AO 延长线于点 C，再分别以点 A、C 为圆心，AC 为半径作弧，两弧相交于 D 点，如图 1-2-6（a）所示。

（2）连接 DB 交 AC 于点 E，五等分 AE，得等分点 $1'$、$2'$、$3'$、$4'$，如图 1-2-6（b）所示。

（3）连接 $D1'$、$D2'$、$D3'$、$D4'$ 并延长，分别交圆弧于 B_1、B_2、B_3、B_4，连接 B_1O、B_2O、B_3O、B_4O，即将 $\angle AOB$ 五等分，如图 1-2-6（c）所示。

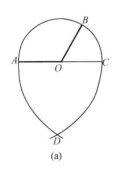
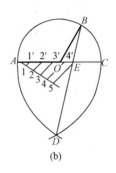
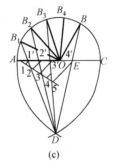

(a)　　　　　　　　(b)　　　　　　　　(c)

图 1-2-6　角的任意等分

三、多边形及圆内接正多边形

1. 多边形

已知边长为 m，作正五边形，如图 1-2-7 所示。具体作法步骤如下：

（1）作 $AB=m$。

（2）分别以点 A 和点 B 为圆心，AB 为半径作圆，两圆相交于点 M、N，连接 MN，如图 1-2-7（a）所示。

（3）以点 M 为圆心，AB 为半径作弧交 MN 于点 P，交两圆于点 Q、R，如图 1-2-7（b）所示。

（4）连接 QP、RP 并延长分别交两圆于点 C、E，分别以点 C、E 为圆心，AB 为半径作弧，两弧相交于点 D，连接 $ABCDE$，即所求的正五边形，如图 1-2-7（c）所示。

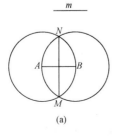
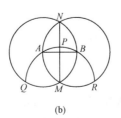
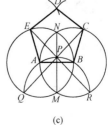

(a)　　　　　　　　(b)　　　　　　　　(c)

图 1-2-7　正五边形

2. 圆内接正多边形

圆内接正多边形，是将圆周等分，再将各等分点依次连接而成的。

(1)作圆的内接正三边形、正六边形。用丁字尺和三角板作圆的内接正三角形、正六边形，作法如图 1-2-8 所示。

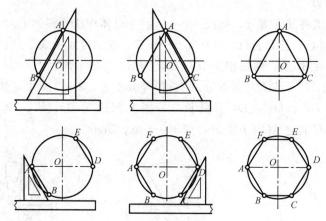

图 1-2-8　用丁字尺和三角板作圆的内接正三角形、正六边形

(2)作圆的内接正五边形，如图 1-2-9 所示。具体作法步骤如下：

1)作半径 OP 的中点 M，如图 1-2-9(a)所示。

2)以点 M 为圆心，MA 为半径画弧，交 NO 于点 K，如图 1-2-9(b)所示。

3)以 AK 的长度从点 A 开始分割圆周得 A、E、D、C、B 各点，连接 $ABCDE$ 即得圆内接正五边形，如图 1-2-9(c)所示。

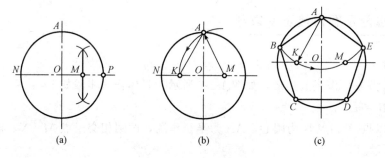

图 1-2-9　作圆内接正五边形

四、线的连接

直线或圆，通过一个连接弧光滑地过渡到另外一直线或圆上去，称为线的连接，如图 1-2-10 所示。

1. 直线与直线间的连接

直线与直线间的连接具体作法步骤如图 1-2-10 所示。

(1)分别以连接弧 r 为距，作直线 AB、CB 的平行线，两线相交于点 O；

（2）自 O 点分别向直线 AB、CB 作垂线，得垂足 D、E；以点 O 为圆心，r 为半径，过垂足作弧连接 AB、CB 两直线，即所求两相交直线间的连接弧。

2. 直线与圆弧的连接

直线与圆弧的连接具体作法步骤如图 1-2-11 所示。

（1）以连接弧 R 为距，作与直线 m 平行的直线 l；以点 O 为圆心，$(R+r)$ 为半径作弧，交所作平行线 l 于点 O_1；点 O_1 即连接弧的圆心。

（2）连接 O_1O 交已知圆弧于点 b；过 O_1 点向直线 m 作垂线得垂足 a；a 与 b 为两个连接点。

（3）以点 O_1 为圆心，r 为半径过 a、b 两点画弧，即所求圆弧与直线的连接弧。

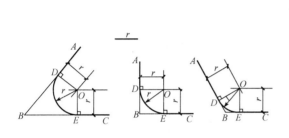

图 1-2-10　直线与直线的连接

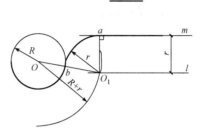

图 1-2-11　直线与圆弧的连接

3. 圆弧与圆弧的连接

（1）圆弧与圆弧外连接。具体作法步骤如图 1-2-12 所示。

1）分别以点 O_1、O_2 为圆心，r_1+r 和 r_2+r 为半径画弧，两弧相交于点 O_3。

2）连接 O_3O_1、O_3O_2 分别交两圆弧于 a、b 点；以点 O_3 为圆心，r 为半径，过 a、b 两点画弧，连接两圆弧即所求两圆弧的外连接。

（2）圆弧与圆弧内连接。具体作法步骤如图 1-2-13 所示。

1）分别以点 O_1、O_2 为圆心，$r-r_1$ 和 $r-r_2$ 为半径画弧，两弧相交于点 O_3。

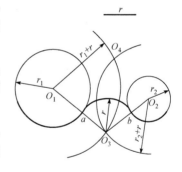

图 1-2-12　圆弧与圆弧的外连接

2）连接 O_3O_1、O_3O_2 并延长分别交两圆弧于 a、b 点。以点 O_3 为圆心，r 为半径过 a、b 两点画弧，连接两圆弧即所求两圆弧的内连接。

（3）圆弧与圆弧内外连接。具体作法步骤如图 1-2-14 所示。

1）分别以点 O_1、O_2 为圆心，r_1+r 和 $r-r_2$ 为半径画弧，两弧相交于点 O_3。

2）连接 O_3O_1、O_3O_2 并延长分别交两圆弧于 a、b 点；以点 O_3 为圆心，r 为半径过 a、b 两点画弧，连接两圆弧即所求圆弧与圆弧的内外连接。

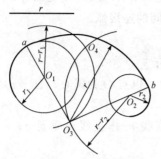

图 1-2-13　圆弧与圆弧的内连接

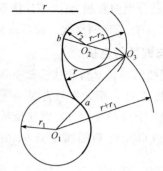

图 1-2-14　圆弧与圆弧的内外连接

五、曲线的画法

已知椭圆的长短轴 AB、CD，用四心圆弧近似法作椭圆，如图 1-2-15 所示。具体作法步骤如下：

(1)连接 AC，并作 $OM=OA$，又作 $CM_1=CM$ 及 AM_1 的垂直平分线交 AB 于点 O_1、交 CD 于点 O_2，作 $OO_3=OO_1$，$OO_4=OO_2$，如图 1-2-15(a)所示。

(2)连接 O_1O_2、O_1O_4、O_3O_2、O_3O_4 并延长，分别以点 O_1、O_3、O_2、O_4 为圆心，O_1A、O_3B、O_2C、O_4D 为半径作弧，使各弧相连接于点 E、F、G、H，连接各点即得所求椭圆，如图 1-2-15(b)所示。

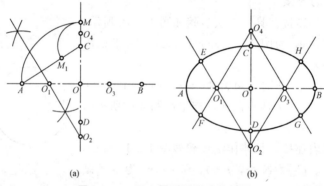

(a)　　　　　　　　　　　　(b)

图 1-2-15　四心圆弧近似法作椭圆

任务小结

　　掌握几何制图的基本技能，是熟练掌握绘制工程图纸，进行技术交流的途径。

拓展任务

1. 谈谈自己对绘图步骤的理解。

2. 如何根据所需绘图内容合理地布置图面并能正确绘图。

3. 自主完成线型练习。

项目二　正投影

任务一　投影基本知识

教学要求

教学要点	知识要点	权重	自测分数
投影的概念和分类	掌握投影的概念和分类	20%	
三面正投影及其特性	掌握三面正投影及其特性	60%	
立体模型制作	掌握三面正投影体系立体模型制作	20%	

素质目标

1. 培养现代化的文化模式——主体意识、超越意识、契约意识；
2. 培养较好的学习能力、动手能力、合作能力、创新能力。

一、投影的概念和分类

1. 投影的概念

在日常生活中，经常会看到物体在灯光或阳光照射下，在墙面或地面上呈现影子，这种现象就叫作呈影现象，如图 2-1-1 所示。由于呈影物体的影子漆黑一片，只有外形轮廓，因此，它不能表达物体的真正形状。

假设从光源发出的光线能够穿过物

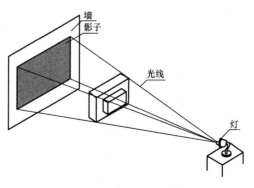

图 2-1-1　灯光和物体的影子

体，那么由物体上各个部分的棱线和顶点的投影的集合，就是物体的投影，如图 2-1-2(a)所示。这时，光源称为投影中心，落影所在的平面称为投影面，光线称为投影线。这种用投影来表示物体的方法就称为投影法。

现过投影中心 S 和空间点 A，作投影线 SA 并延长，与投影面 P 相交于点 a，则点 a 称为空间点 A 在投影面 P 上的投影，如图 2-1-2(b)所示。同样，点 b 可以称为空间点 B 在投影面 P 上的投影。习惯上以大写拉丁字母表示空间的几何元素，以小写拉丁字母表示投影。

投影的概念和分类

2. 投影的分类

投影可分为中心投影法和平行投影法两大类。

(1)中心投影法。投影线由一点放射出来的投影方法，称为中心投影法，如图 2-1-2 所示。

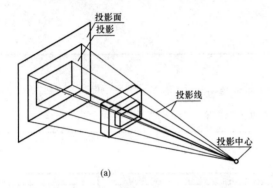
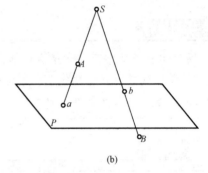

(a)   (b)

图 2-1-2 投影的形成

(a)物体的投影；(b)A、B 两点在投影面 P 上的投影

(2)平行投影法。当投影中心离开物体无限远时，投影线可看作相互平行。投影线相互平行的投影方法称为平行投影法。平行投影又可分为正投影和斜投影。

1)正投影。投影线相互平行而且垂直于投影面时，所得的投影称为正投影，又称为直角投影，如图 2-1-3 所示。用正投影画出的物体图形，称为正投影图。

正投影图虽然直观性差一些，但其能反映物体的真实形状和大小，度量性好，作图简便，是工程制图中采用的一种主要图示方法。

2)斜投影。当投影线与投影面倾斜时，所得的投影称为斜投影。其是设备工程图采用的一种主要图示方法。在作轴测投影图时应用。

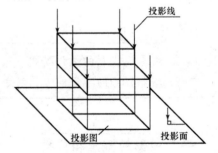

图 2-1-3 正投影

二、三面正投影及其特性

1. 正投影的投影特性

构成物体最基本的元素是点，直线是由点移动形成的，而平面是由直线移动形成的。在正投影中，点、直线和平面的投影具有以下基本特性：

（1）点的投影特性。点的投影仍然是点。如图 2-1-4 所示，空间点 A 在投影面 P 上的投影 a 仍然是一个点。位于同一投影线上的各点，其投影重合于一点（规定将同一投影线上下面的点的投影加上括号），空间点 A、B、C，在投影面 P 上的投影为 $a(b, c)$。

（2）直线的投影特性。垂直于投影面的直线，其投影积聚为一个点，这种特性叫作积聚性。如图 2-1-4 所示，直线 DE 的投影为 $d(e)$。

1）平行于投影面的直线，其投影仍为一直线，且投影反映空间直线的实长，这种特性叫作实形性。如图 2-1-4 所示，直线 FG 的投影为 fg。

2）倾斜于投影面的直线，其投影也为一直线，但投影长度比空间直线短，即投影不反映空间直线的实长，这种特性叫作类似性。如图 2-1-4 所示，直线 HJ 的投影为 hj。

（3）平面的投影特性。垂直于投影面的平面，其投影积聚为一直线，如图 2-1-4 所示，平面 $ABCD$ 的投影为 $a(c)b(d)$。

1）平行于投影面的平面形，其投影仍为一平面，且投影反映空间平面的实形，称为实形投影。如图 2-1-4 所示，平面 $EFGH$ 的投影为 $efgh$。

2）倾斜于投影面的平面，其投影也为一平面，但投影不反映空间平面的实形，称为类似形。如图 2-1-4 所示，平面 $JKMN$ 的投影为 $jkmn$。

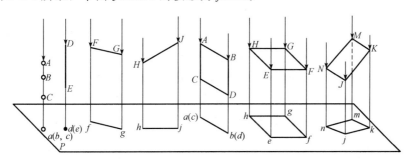

图 2-1-4　点、直线、平面的正投影特性

2. 三面正投影图

（1）三面正投影的形成。如图 2-1-5 所示，空间五个不同形状的物体在同一个投影面上的投影却是相同的。由此可以看出，在正投影法中，物体的一个投影是不能真实反映物体空间形状的。

一般来说，用三个相互垂直的平面作投影面，用物体在这三个投影面上的三个投影，才能比较充分地表示出这个物体的空间形状。这三个相互垂直的投影面，称为三投影面体系，如图 2-1-6 所示为三个投影面的直观图。图中水平方向的投影面称为水平投影面，用字母 H 表示，也称为 H 面；与水平投影面垂直相交的正立方向的投影面称为正立投影面，用字母 V 表示，也称为 V 面；与水平投影面及正立投影面同时垂直相交的投影面称为侧立投影面，用字母 W 表示，也称为 W 面。各投影面的相交线称为投影轴，其中 V 面和 H 面的相交线称作 X 投影轴；W 面和 H 面的相交线称作 Y 投影轴；V 面和 W 面的相交线称作 Z 投影轴；三个投影轴的交点 O，称为投影原点，规定向左、向前、向上为正，将几何形体放置在三投影面内，向三个投影面进行投影。

在三投影面体系中，作物体的三个投影，就有三个方向的投影线，如图 2-1-6 中的 A、B 及 C。各个方向的投影线应分别与各投影面相垂直。

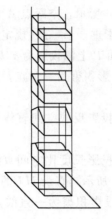

图 2-1-5　物体的一个正投影不能确定其空间形状

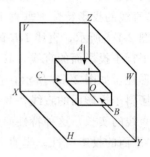

图 2-1-6　三投影面体系图

将一个踏步模型按水平位置放到三投影面体系中，将它分别投射到三个投影面上，得到三个投影图，如图 2-1-7 所示。

由于三个投影面是相互垂直的，因此踏步的三个投影也就不在一个平面上。为了能在一张图纸上同时反映出这三个投影，需要将三个投影面按一定规则展平在一个平面上，其展平方法如图 2-1-8(a)所示。即 V 面不动，H 面绕 X 轴向下转 90°与 V 面处于同一面上，W 面则绕 Z 轴向右转 90°也与 V 面处于同一面上，使展平后的 H、V、W 三个投影面都处于同一平面上，这样就能在图纸上用三个方向的投影将物体的形状表示出来了。这里 Y 轴是 H 面和 W 面的交线，因此，展平后的 Y 轴被分为两部分，随 H 面回转而在 H 面上的 Y 轴用 Y_H 表示，随 W 面回转而在 W 面上的 Y 轴用 Y_W 表示，如图 2-1-8(b)所示。

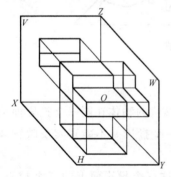

图 2-1-7　踏步模型的三面投影

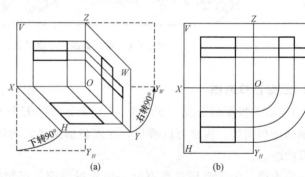

(a)　　　　　　　　　(b)

图 2-1-8　三个投影面的展平方法

投影面是人们设想的，并无固定的边界范围，故在作图时可以不必画出其外框。在工程图样中，投影轴一般也不画出，但在初学投影作图时还需要将投影轴保留，常用细实线画出。踏步模型的三面正投影图，如图 2-1-9 所示。

在作投影图时，根据物体的复杂情况，有时只需要画出它的 H 面投影和 V 面投影（既无 W 面，也无 OZ 轴和 OY 轴），这种只有 H 面和 V 面的投影面体系称为两投影面体系。

（2）三面投影图的投影关系。由上述内容可知，形体的三面投影图之间既有区别又互相联系。同一个形体的三面投

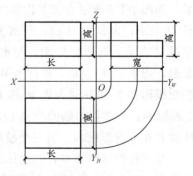

图 2-1-9　踏步模型的三面正投影图

影图之间具有"三等"关系，正面投影图与侧面投影图等高，即"正侧高平齐"；正面投影图与水平投影图等长，即"正平长对正"；水平投影图与侧面投影图等宽，即"平侧宽相等"。

"高平齐、长对正、宽相等"这"三等"关系是绘制和识读形体正投影图必须遵循的投影规律。

任务小结

1. 投影的分类；正投影的投影特性。
2. 三面正投影体系的形成；三面正投影图之间的投影关系。

拓展任务

1. 三面正投影体系立体模型制作。
2. 想一想将三面正投影体系立体模型沿 X、Z 投影轴将其展开，那么 Y 投影轴将如何？
3. 如何体现三面投影的基本规律(长对正、高平齐、宽相等)？

任务二　点、直线、平面的投影规律

学习目标

通过本任务的学习，学生应能够：
1. 掌握点的三面正投影规律和各种位置直线、平面的投影特性；
2. 掌握定比性、直线与平面相对位置关系。

教学要求

教学要点	知识要点	权重	自测分数
点的三面正投影规律	熟练掌握点的投影规律	20%	
各种位置直线的投影特性	熟练掌握各种位置直线的投影特性	20%	
各种位置平面的投影特性	熟练掌握各种位置平面的投影特性	20%	
直线与平面相对位置关系	熟练掌握直线与平面相交及可见性的判别方法	20%	
平面与平面相对位置关系	熟练掌握平面与平面相交及可见性的判别方法	20%	

素质目标

1. 培养良好的劳动观念；
2. 培养认真做事、细心做事的态度。

一、点的投影

房屋及所有建筑工程，都可以看成是由若干几何体组合而成的，而几何体则是由平面、曲面、直线、曲线及点等几何元素组成的，因此，学习投影作图必先要研究点、线、面投影的基本规律。

1. 点的三面投影及其投影规律

过空间点 A 作投影线，分别垂直于三面投影体系的 H 面、V 面、W 面，与三投影面的交点即空间点 A 的三个投影 a、a'、a''。图 2-2-1(a)所示为空间点 A 三面投影的直观图；图 2-2-1(b)所示为三个投影面展平后所得点 A 的正投影图。

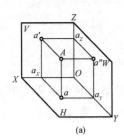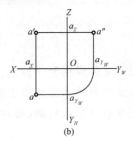

图 2-2-1　点的三面投影

(a)空间点 A 三面投影的直观图；(b)三个投影面展平后点 A 的正投影图

在投影中，空间点用大写字母表示，其在 H 面、V 面、W 面上的投影分别称为水平投影、正面投影、侧面投影，用同名小写字母 a、小写字母加一撇 a'、小写字母加两撇 a'' 表示。

从图 2-2-1(a)中可以看出，过空间点 A 的两条投影线 Aa 和 Aa' 所确定的平面，与 V 面和 H 面同时垂直相交，交线分别是 aa_X 和 $a'a_X$，因此 OX 必定垂直于平面 Aaa_Xa'，也就是垂直于 aa_X 和 $a'a_X$，而 aa_X 和 $a'a_X$ 是互相垂直的两条直线，当 H 面绕 X 轴旋转至与 V 面成为同一平面时，aa_X 和 $a'a_X$ 就成为一条垂直于 OX 的直线，即 $aa' \perp OX$，如图 2-2-1(b)所示。同理 $a'a'' \perp OZ$。a_Y 在投影面展平之后，被分为 a_{Y_H} 和 a_{Y_W} 两个点，所以 $aa_{Y_H} \perp OY_H$，$a''a_{Y_W} \perp OY_W$，即 $aa_X = a''a_Z$。

三视图形成及投影规律

点的投影具有以下规律：

(1)正面投影和水平投影连线必定垂直于 X 轴，即 $a'a \perp OX$。

(2)正面投影和侧面投影连线必定垂直于 Z 轴，即 $a'a'' \perp OZ$。

(3)水平投影到 X 轴的距离等于侧面投影到 Z 轴的距离，即 $aa_X = a''a_Z$。

从图 2-2-1(a)中还可以看出，$Aa = a'a_X = a''a_Y$。其中 Aa 是空间点 A 到 H 面的距离；$Aa' = aa_X = a''a_Z$，其中 Aa' 是空间点 A 到 V 面的距离；$Aa'' = a'a_Z = aa_Y$，其中 Aa'' 是空间点 A 到 W 面的距离。因此可以得出：点的三个投影到各投影轴的距离，分别代表空间点到相应的投影面的距离，如图 2-2-2 所示。

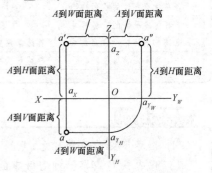

图 2-2-2　空间点到投影面的距离

【例 2-2-1】 已知点 B 的 H 面投影 b 和 W 面投影

b''，求作点 B 的 V 面投影 b'。

解：根据点的投影规律，b' 的求作方法如下：

(1)已知点 B 的 H、W 面投影为 b 和 b''，如图 2-2-3(a)所示；

(2)过 b 作 OX 轴的垂线 bb_X 并延长，如图 2-2-3(b)所示；

(3)过 b'' 作 OZ 轴的垂线 $b''b_Z$ 并延长，与 bb_X 延长线相交于 b' 点，如图 2-2-3(c)所示。

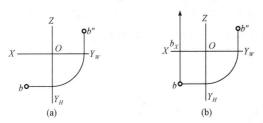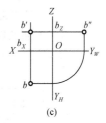

(a)　　　　　　　　(b)　　　　　　　　(c)

图 2-2-3　已知点的两个投影求第三个投影

【**例 2-2-2**】　已知点 C 的 H 面投影 c 和 V 面投影 c'，求作点 C 的 W 面投影 c''。

解：根据点的投影规律，c'' 的作法如下：

(1)以 O 为圆心，Oc_{Y_H} 为半径作弧，交 OY_W 于 c_{Y_W}，即 $Oc_{Y_H}=Oc_{Y_W}$，如图 2-2-4(a)所示；

(2)过 c_{Y_W} 作 OY_W 的垂线，与 $c'c_Z$ 的延长线相交，交点 c'' 即为所求，如图 2-2-4(b)所示。

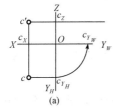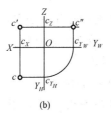

(a)　　　　　　　　(b)

图 2-2-4　已知点的两个投影求第三个投影图

在例 2-2-2 中，使 $Oc_{Y_H}=Oc_{Y_W}$ 的方法，是用圆弧求作的。另外，还有以下两种作法，如图 2-2-5、图 2-2-6 所示。

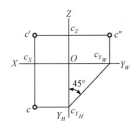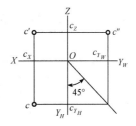

图 2-2-5　求点的第三个投影——45°斜线作法　　图 2-2-6　求点的第三个投影——45°角分线作法

2. 点的坐标

在三面投影体系中，空间点及其投影的位置，还可以用坐标来确定。即将三投影面体系看作空间直角坐标系，投影轴 OX、OY、OZ 相当于坐标系 X、Y、Z 轴，投影面 H、V、W 相当于三个坐标面，投影轴原点 O 相当于坐标系原点。

如图 2-2-7 所示，空间一点到三投影面的距离，就是该点的三个坐标(用小写字母

x、y、z 表示），即空间点 A 到 W 面的距离为 x，即 $Aa'' = a'a_z = aa_{Y_H} = x$；空间点 A 到 V 面的距离为 y，即 $Aa' = aa_x = a''a_z = y$；空间点 A 到 H 面的距离为 z，即 $Aa = a'a_x = a''a_{Y_W} = z$。

空间点及其投影的位置，即可用坐标方法表示，如点 A 的空间位置是 $A(x，y，z)$；点 A 的 H 面投影是 $a(x，y，0)$；点 A 的 V 面投影是 $a'(x，0，z)$；点 A 的 W 面投影是 $a''(0，y，z)$。应用坐标能非常容易地求作点的投影，并能非常容易地指出空间点与各投影面的距离。如点 A 到 H 面的距离是 z 坐标、到 V 面的距离是 y 坐标、到 W 面的距离是 x 坐标。

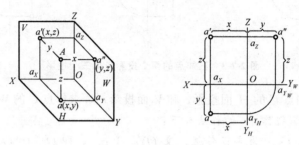

图 2-2-7　点的坐标

【例 2-2-3】 已知点 $A(20，15，10)$，求作点的三面投影图。

解：根据点的投影规律的作法如下：

(1)画出投影轴，如图 2-2-8(a)所示；

(2)在 OX 轴上量取 $Oa_X = x = 20$，在 OY 轴上量取 $Oa_{Y_H} = y = 15$，在 OZ 轴上量取 $Oa_Z = z = 10$，如图 2-2-8(b)所示；

(3)过 a_X 作 OX 轴的垂线，过 a_Z 作 OZ 轴的垂线，过 a_{Y_H} 作 OYH 轴的垂线，得交点 a 和 a'，如图 2-2-8(c)所示；

(4)按例 2-2-2 方法求得 a''，如图 2-2-8(d)所示。

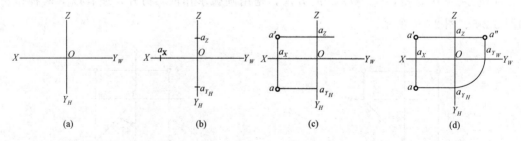

图 2-2-8　根据坐标作点的三面投影

【例 2-2-4】 已知点 B 的坐标 $x = 20$，$y = 0$，$z = 10$，即 $B(20，0，10)$，求作点 B 的三面投影图。

解：注意点 B 的 $y = 0$，即表示该点与 V 面的距离为零，也就是点 B 位于 V 面上。具体作法如下：

(1)画出投影轴，如图 2-2-9(a)所示；

(2)量取 $Ob_X = x = 20$，$Ob_Z = z = 10$，$Ob_{Y_H} = y = 0$，如图 2-2-9(b)所示；

（3）过 b_X 作 OX 轴垂线，过 b_Z 作 OZ 轴垂线，得交点 b'，如图 2-2-9(c)所示；

（4）因 $Ob_{Y_H}=Ob_{Y_W}=0$，所以 b'' 与 b_Z 重合，如图 2-2-9(d)所示。

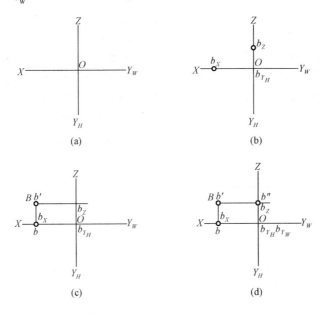

图 2-2-9　根据坐标作点的三面投影

3. 两点的相对位置

两点的相对位置是指两点之间上下、前后、左右的位置关系。

（1）两点的方位。由点的投影图可判别两点在空间的相对位置，首先应该了解空间一个点有前、后、上、下、左、右 6 个方位，如图 2-2-10(a)所示。这 6 个方位在投影图上也能反映出来，如图 2-2-10(b)所示。

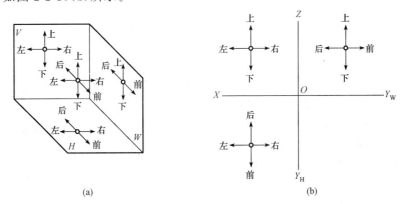

图 2-2-10　投影图上的方位

从图 2-2-10 中可以看出，在 H 面上的投影，能反映左、右(到 W 面的距离——x 坐标)和前、后(到 V 面的距离——y 坐标)的情况；在 V 面上的投影，能反映左、右(到 W 面的距离——x 坐标)和上、下(到 H 面的距离——z 坐标)的情况；在 W 面上的投影，能反映前、后(到 V 面的距离——y 坐标)和上、下(到 H 面的距离——z 坐标)的情况。根据方位就可以判别两点在空间中的相对位置。

【例 2-2-5】 试判别 C、D 两点的相对位置，如图 2-2-11 所示。

解： 从图 2-2-11 中可以看出，c、c' 在 d、d' 之左，即点 C 在点 D 的左方；c'、c'' 在 d'、d'' 之下，即点 C 在点 D 的下方；c、c'' 在 d、d'' 之前，即点 C 在点 D 的前方。

由此判别点 C 在点 D 的左、下、前方，或点 D 在点 C 的右、上、后方。

(2)重影点。如果两个点位于同一投影线上，则此两点在垂直投影线的同一投影面上的投影必然重叠，该投影可称为重影，重影的两个点称为重影点。

点 A、B 是位于同一投影线上的两点，它们在 H 面上的投影 a 和 b 相重叠。现沿着投影线方向朝投影面观看，离投影面较近的点 B 被较远的点 A 所遮挡，点 A 为可见点，点 B 为不可见点。在投影上规定重影点中不可见点的投影用字母加括号表示，如图 2-2-12 所示。

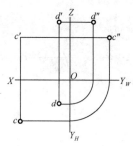

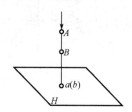

图 2-2-11　判断两点的相对位置　　　　图 2-2-12　重影点

【例 2-2-6】 已知 A、B、C 三点的三个投影，如图 2-2-13 所示，试判别 A、B、C 三点的相对位置。

解： 由 H 面上的投影可见，a 和 b 重影，即 A、B 两点位于垂直于 H 面的同一投影线上，即两点距离 V 面相等(不分前、后)、距离 W 面也相等(不分左、右)，所以 A、B 两点有上、下相对关系。$a(b)$ 位于 c 之前，且 $a(b)$ 和 c 距离 Y_H 轴相等，即三点距离 W 面相等(三点不分左、右)，点 C 位于点 A、B 正后方。

由 V 面上的投影可见，a' 和 c' 重影，即 A、C 两点位于垂直于 V 面的同一投影线上。也就是 A、C 两点与 H 面距离相等(两点不分上、下)，与 W 面距离也相等(两点不分左、右)，所以 A 和 C 点仅有前、后相对关系。a'、c' 位于 b' 之上，且 a'、c' 和 b' 距离 Z 轴相等，即三点距离 W 面相等(A、B、C 三点不分左、右)，点 A、C 位于点 B 正上方。

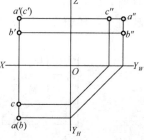

图 2-2-13　判别三点相对位置

识读了两个面上的投影后即可判别：

点 A 位于点 C 的正前方(所以 a'、c' 重影)，点 A 位于点 B 的正上方(所以 a、b 重影)；

点 B 位于点 C 的正前、下方，点 B 位于点 A 的正下方；

点 C 位于点 A 的正后方，点 C 位于点 B 的正后、上方。

由此可见，H 面上的重影点可利用 V 面上两点的上下方位来判断；V 面上的重影点可利用 H 面上两点的前后方位来判断；W 面上的重影点可利用 V 面上两点的左右方位来判断。

二、直线的投影

1. 直线投影图的作法

由立体几何可知，两点确定一条直线。所以，求作直线的投影，应根据点的投影规律，先求出该直线上两端点的投影（一直线段通常取其两个端点），然后连接该两点的同名投影（在同一投影面上的投影），即得该直线的投影。

【例 2-2-7】 已知直线 AB 两端点为 $A(10，20，5)$、$B(20，5，15)$，求作直线 AB 的三面投影。

解： 直线 AB 三面投影的作法如下：

(1)作点 A 的投影，如图 2-2-14(a)所示；

(2)作点 B 的投影，如图 2-2-14(b)所示；

(3)分别连接 A、B 两点的同名投影，即得直线 AB 的投影，如图 2-2-14(c)所示。

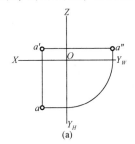 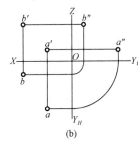 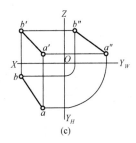

图 2-2-14 直线投影图的作法

(a)作点 A 的投影；(b)作点 B 的投影；(c)连接 A、B 两点的投影，即得直线 AB 的投影

2. 各种位置直线的投影

(1)一般位置直线。对三个投影面都倾斜的直线，称为一般位置直线。如图 2-2-15 中的直线 AB。

1)由于直线 AB 上各点与投影面的距离都不相等，所以直线 AB 的各个投影 ab、$a'b'$ 和 $a''b''$ 倾斜于投影轴。

2)由于直线 AB 倾斜于三个投影面，所以直线 AB 在各投影面上的投影 ab、$a'b'$ 和 $a''b''$ 都比 AB 短，即不等于 AB 的实长。

3)直线与投影面之间的夹角，称为直线对投影面的倾角。直线对 H 面、V 面和 W 面的倾角分别以 α、β 和 γ 表示。

一般位置直线 AB 的投影 ab、$a'b'$ 和 $a''b''$ 与各投影轴的夹角，都不能反映直线 AB 与相应的各投影面之间倾角的真实大小。

综上所述，一般位置直线的三个投影都倾斜于投影轴，都不反映直线实长和与投影面所成的倾角。

(2)特殊位置直线。

1)投影面平行线。投影面平行线是指仅平行于一个投影面，而倾斜于另两个投影面

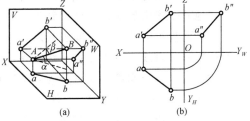

图 2-2-15 一般位置直线的投影

的直线。投影面平行线可分为以下三种：

①H 面平行线——平行于 H 面，倾斜于 V、W 面的直线，又称水平线。

②V 面平行线——平行于 V 面，倾斜于 H、W 面的直线，又称正平线。

③W 面平行线——平行于 W 面，倾斜于 H、V 面的直线，又称侧平线。

三种投影面平行线的投影图和投影特点见表 2-2-1。

表 2-2-1　投影面平行线的投影图和投影特点

名称	水平线	正平线	侧平线
直观图	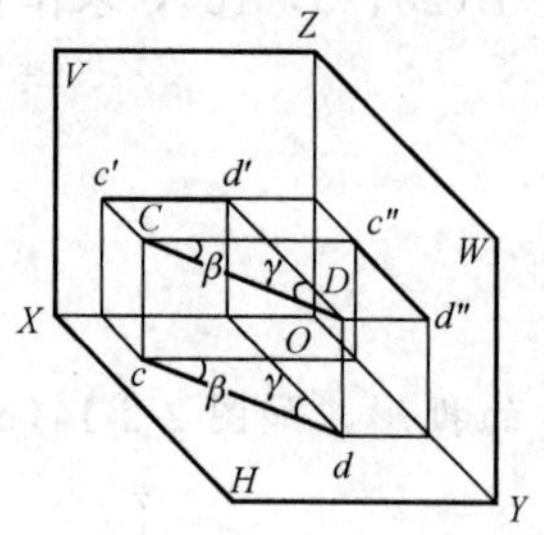	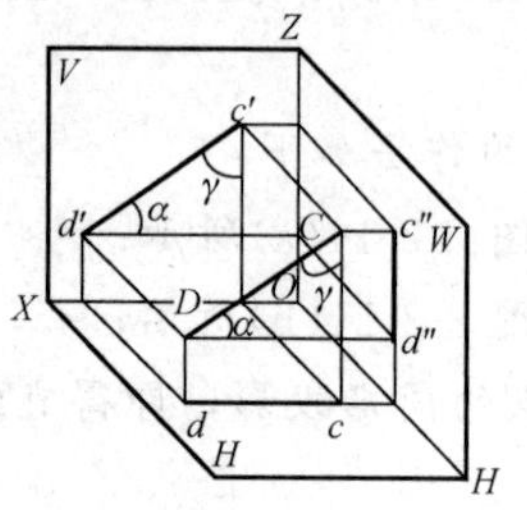	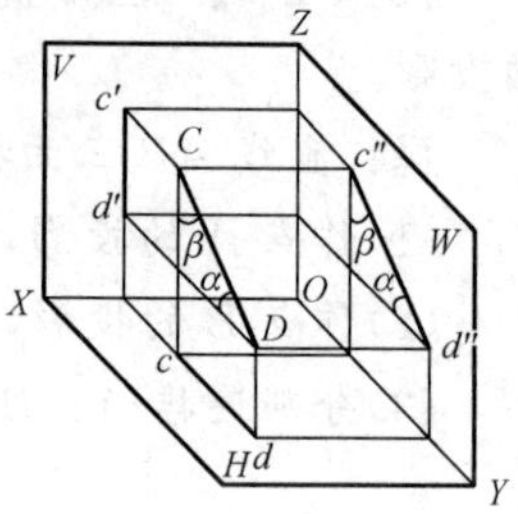
投影图	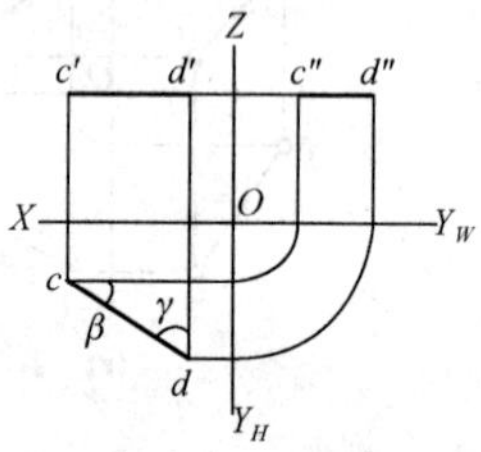	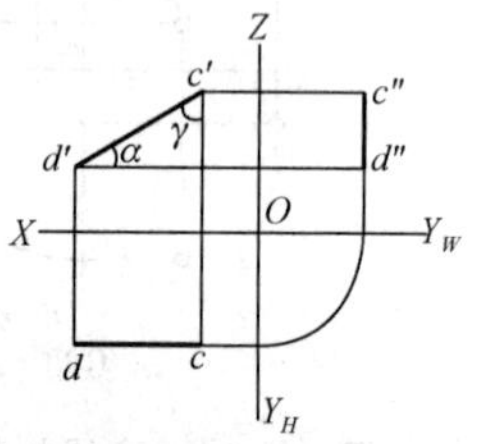	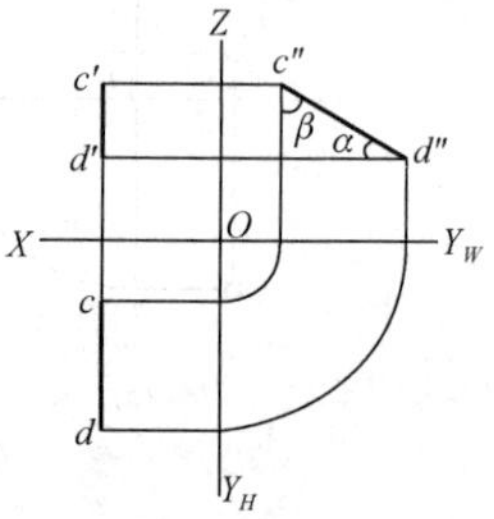
投影特点	1. 在 H 面上的投影反映实长、β 角和 γ 角，即 $cd=CD$； cd 与 OX 轴夹角等于 β； cd 与 OY_H 轴夹角等于 γ。 2. 在 V 面和 W 面上的投影分别平行于投影轴，但不反映实长，即 $c'd'$ // OX 轴； $c''d''$ // OY_W 轴； $c'd'<CD$，$c''d''<CD$	1. 在 V 面上的投影反映实长、α 角和 γ 角，即 $c'd'=CD$； $c'd'$ 与 OX 轴夹角等于 α； $c'd'$ 与 OZ 轴夹角等于 γ。 2. 在 H 面和 W 面上的投影分别平行于投影轴，但不反映实长，即 cd // OX 轴； $c''d''$ // OZ 轴； $cd<CD$，$c''d''<CD$	1. 在 W 面上的投影反映实长、α 和 β 角，即 $c''d''=CD$； $c''d''$ 与 OY_W 轴夹角等于 α； $c''d''$ 与 OZ 轴夹角等于 β。 2. 在 H 面和 V 面上的投影分别平行于投影轴，但不反映实长，即 cd // OY_H 轴； $c'd'$ // OZ 轴； $cd<CD$，$c'd'<CD$

由上可以归纳出，投影面平行线的投影特性如下：

①投影面平行线在所平行的投影面上的投影倾斜于投影轴，但反映直线的实长，该投影与投影轴的夹角等于空间直线与相应的投影面的倾角。

②其他两个投影虽平行于该直线所平行的投影面的两个投影轴，且共同垂直于另一投影轴，但该两投影的长度比空间直线短。

2)投影面垂直线。投影面垂直线是指垂直于一个投影面的直线，该直线必定平行于另外两个投影面。投影面垂直线可分为以下三种：

①H 面垂直线——垂直于 H 面，平行于 V 面和 W 面的直线，又称铅垂线。

②V 面垂直线——垂直于 V 面，平行于 H 面和 W 面的直线，又称正垂线。

③W 面垂直线——垂直于 W 面，平行于 V 面和 H 面的直线，又称侧垂线。

三种投影面垂直线的投影图和投影特点见表 2-2-2。

表 2-2-2　投影面垂直线的投影图和投影特点

名称	铅垂线	正垂线	侧垂线
直观图	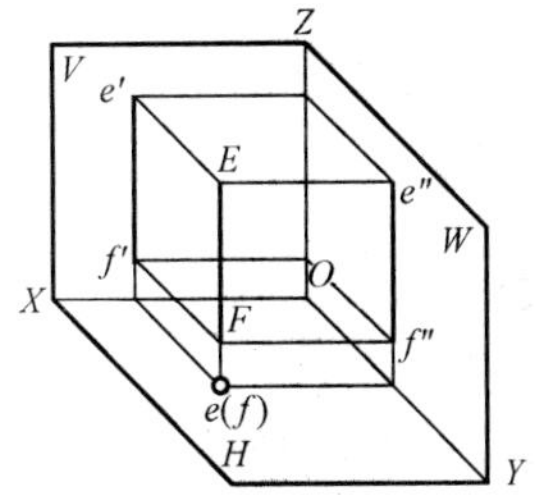	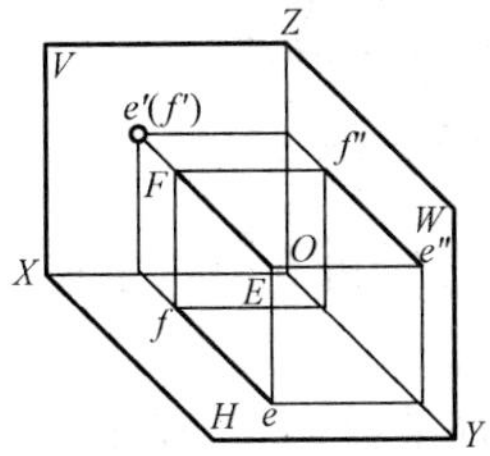	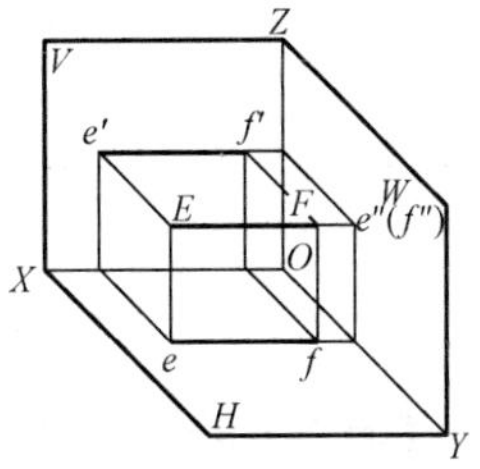
投影图	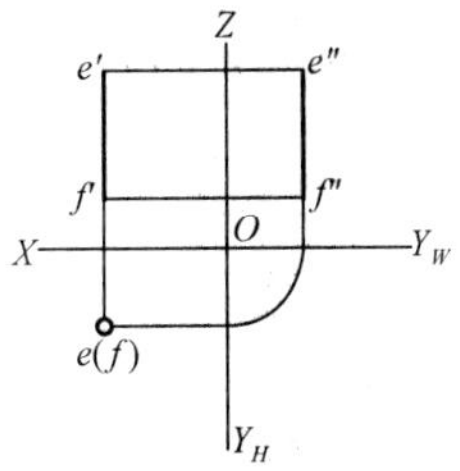	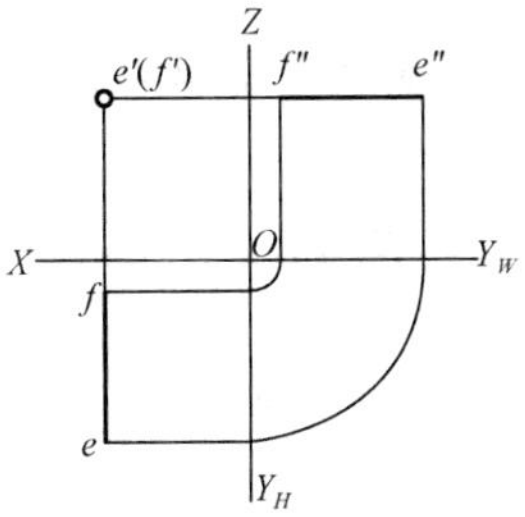	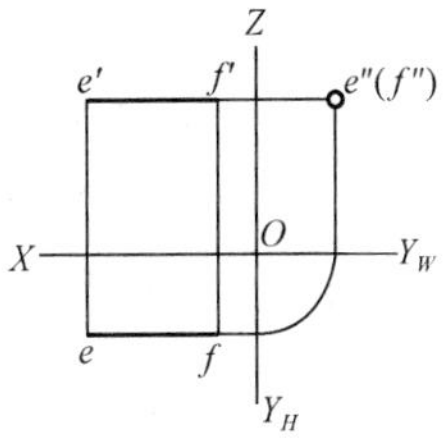
投影特点	1. 在 H 面上的投影 e、f 重影为一点，即该投影具有积聚性。 2. 在 V 面和 W 面上的投影反映实长，即 $e'f' = e''f'' = EF$，且 $e'f' \perp OX$ 轴；$e''f'' \perp OY_W$ 轴	1. 在 V 面上的投影 e'、f' 重影为一点，即该投影具有积聚性。 2. 在 H 面和 W 面上的投影反映实长，即 $ef = e''f'' = EF$，且 $ef \perp OX$ 轴；$e''f'' \perp OZ$ 轴	1. 在 W 面上的投影 e''、f'' 重影为一点，即该投影具有积聚性。 2. 在 H 面和 V 面上的投影反映实长，即 $ef = e'f' = EF$，且 $ef \perp OY_H$ 轴；$e'f' \perp OZ$ 轴

由上可以归纳出，**投影面垂直线的投影特性**如下：

①投影面垂直线在它所垂直的投影面上的投影重影为一点，即该投影具有积聚性。

②其他两个投影反映直线的实长，并分别垂直于该直线所垂直的投影面的两个投影轴，且都平行于另一个投影轴。

3. 直线上点的投影特性

点在直线上，那它的投影一定在该直线的同名投影上。如图 2-2-16 所示，空间点 C 的投影 c、c'、c'' 都在直线 AB 的同名投影上，说明该点是直线 AB 上的一个点。又如直线 AB 和通过 AB 所作的投影线与其投影 ab 形成一个垂直于 H 面的平面，过直线上的点 C 所作的投影线 Cc 必然在这个平面内，且 Aa//Cc//Bb，所以 $AC : CB = ac : cb$。同理，$AC : CB = a'c' : c'b'$，$AC : CB = a''c'' : c''b''$。

由此可知，直线上的点，它的投影必然也在该直线的同名投影上；直线上一个点将直线分为一定比例的两段，则该点投影也分直线同名投影为相同比例的两段，这一投影特性称为定比性。

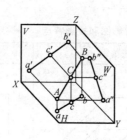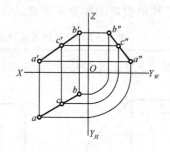

图 2-2-16　直线上点的投影

【例 2-2-8】　已知直线 AB 的投影 ab 和 $a'b'$，如图 2-2-17(a)所示，求作直线上一点 C 的投影，使 $AC : CB = 3 : 2$。

解：具体作法如下：

(1)过 a 点作辅助线 as，并量取 5 个单位，得 1、2、3、4、5，5 个点，连接 $b5$，如图 2-2-17(b)、(c)所示；

(2)过点 3 作 $b5$ 的平行线，交 ab 于点 c，再自点 c 作 OX 的垂线并延长，交 $a'b'$ 于点 c'。C 点的投影如图 2-2-17(c)所示。

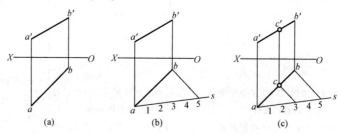

图 2-2-17　分直线为定比的点的投影

三、平面的投影

1. 各种位置平面的投影

(1)平面的表示方法。

1)用几何元素表示平面。

①不在同一直线上的三点，如图 2-2-18(a)所示。

②一直线及线外一点，如图 2-2-18(b)所示。

③相交的两直线，如图 2-2-18(c)所示。

④平行的两直线，如图 2-2-18(d)所示。

⑤平面几何图形，如图 2-2-18(e)所示。

在上述用各种几何元素表示平面的方法中，较多采用平面图形来表示一个平面。但必须注意，这种平面图形可能仅表示其本身，也有可能表示包括该图形在内的一个无限广阔的平面。为叙述方便，统称为平面。

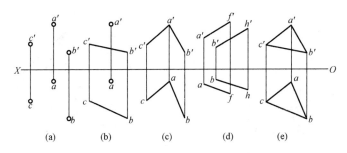

图 2-2-18　用几何元素表示平面

2）用迹线表示平面。迹线即平面与投影面产生的交线，如图 2-2-19 所示。

设空间一平面 P，它与 H 面的交线叫作水平迹线，用 P_H 表示；与 V 面的交线叫作正面迹线，用 P_V 表示；与 W 面的交线叫作侧面迹线，用 P_W 表示。

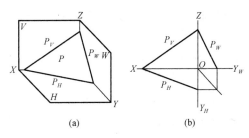

图 2-2-19　用迹线表示平面

（a）轴测图；（b）投影图

（2）平面投影图的作法。平面一般是由若干轮廓线围成的，而轮廓线可以由其上的若干点来确定，所以求作平面的投影，实质上也就是根据点的投影规律，求作点和线的投影。如图 2-2-20（a）所示为空间中一个三角形 ABC 的直观图，只要求出它的三个顶点 A、B 和 C 的投影，如图 2-2-20（b）所示，再分别将各同名投影连接起来，就得到三角形 ABC 的投影，如图 2-2-20（c）所示。

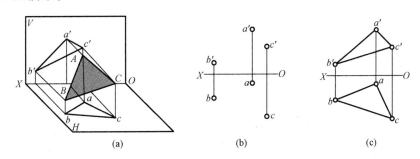

图 2-2-20　平面投影图的作法

（3）一般位置平面。在三投影面体系中，对三个投影面都倾斜的平面，称为一般位置平面，如图 2-2-21 所示的三角形 ABC，该平面与投影面 H、V、W 的倾角，分别用 α、β、γ 表示。

一般位置平面的投影特点：它的三个投影都没有积聚性，而且都只反映原平面图形的几何形状，比实形小（即类似形）。

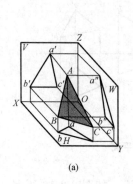
(a)

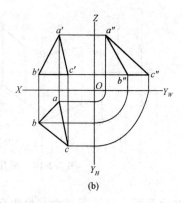
(b)

图 2-2-21　一般位置平面

（4）特殊位置平面。

1）投影面平行平面。空间平面平行于一个投影面，同时垂直于另外两个投影面，称为投影面平行面。投影面平行面又可分为以下三种：

①H 面平行面——平行于 H 面的平面，又称水平面；

②V 面平行面——平行于 V 面的平面，又称正平面；

③W 面平行面——平行于 W 面的平面，又称侧平面；

三种投影面平行面及其投影特点见表 2-2-3。

表 2-2-3　投影面平行面及其投影特点

名称	直观图	投影图	投影特点
水平面			1. 在 H 面上的投影反映实形。 2. 在 V 面、W 面上的投影积聚为一条直线，且分别平行于 OX 轴和 OY_W 轴
正平面			1. 在 V 面上的投影反映实形。 2. 在 H 面、W 面上的投影积聚为一条直线，且分别平行于 OX 轴和 OZ 轴

名称	直观图	投影图	投影特点
侧平面	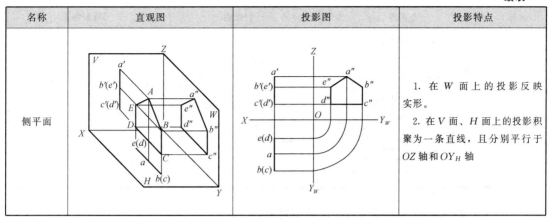		1. 在 W 面上的投影反映实形。 2. 在 V 面、H 面上的投影积聚为一条直线，且分别平行于 OZ 轴和 OY_H 轴

综上可以归纳出，投影面平行面的投影特点如下：

①投影面平行面在它所平行的投影面上的投影，反映该平面的实形。

②因为投影面平行面又同时垂直于另外两个投影面，所以它在另外两个投影面上的投影都积聚为一条直线，且分别平行于相应的投影轴。

2）投影面垂直平面。空间平面垂直于一个投影面，同时倾斜于另外两个投影面。投影面垂直面又可分为以下三种：

①H 面垂直面——垂直于 H 面的平面，又称铅垂面；

②V 面垂直面——垂直于 V 面的平面，又称正垂面；

③W 面垂直面——垂直于 W 面的平面，又称侧垂面。

三种投影面垂直面及其投影特点见表 2-2-4。

表 2-2-4　投影面垂直面及其投影特点

名称	直观图	投影图	投影特点
铅垂面			1. 在 H 面上的投影积聚为一条与投影轴倾斜的直线。 2. β、γ 角反映平面与 V 面、W 面的倾角。 3. 在 V 面、W 面上的投影为不反映实形的类似形
正垂面			1. 在 V 面上的投影积聚为一条与投影轴倾斜的直线。 2. α、γ 角反映平面与 H 面、W 面的倾角。 3. 在 H 面、W 面上的投影为不反映实形的类似形

名称	直观图	投影图	投影特点
侧垂面	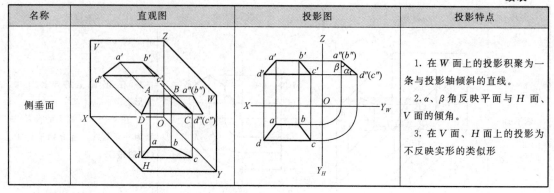		1. 在 W 面上的投影积聚为一条与投影轴倾斜的直线。 2. α、β 角反映平面与 H 面、V 面的倾角。 3. 在 V 面、H 面上的投影为不反映实形的类似形

综上可以归纳出，投影面垂直面的投影特点如下：

①投影面垂直面在它所垂直的投影面上的投影，积聚为一条与投影轴倾斜的直线，而且此直线与投影轴之间的夹角分别反映该平面对另外两个投影面的倾角。

②其余两个投影都比实形小，但反映原平面图形的几何形状（类似形）。

（5）用迹线表示的特殊位置平面。如图 2-2-22、图 2-2-23 所示，平面 S 是铅垂面，在两投影面体系中，有一条迹线垂直于投影轴，另一条迹线倾斜于投影轴。平面 R 是平行于投影面的平面，在两投影面体系中，只有一条迹线平行于投影轴。

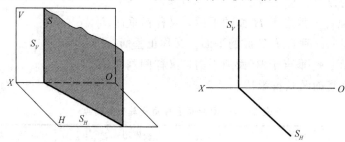

图 2-2-22　用迹线表示的垂直于投影面的平面

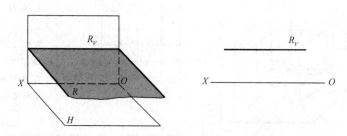

图 2-2-23　用迹线表示的平行于投影面的平面

2. 平面上的直线和点

一直线通过平面上的两个点，或通过平面上一个点又与该平面上的另一条直线平行，则此直线一定在该平面上。一个点在某一平面内的直线上，则该点必定在该平面上。如图 2-2-24(a)所示的直线 AB 和 CD，AB 通过平面上的 I、II 两个点，而 CD 通过平面上的 H 点又与平面上的直线 JK 平行，所以直线 AB 和 CD 都在 R 平面上。如图 2-2-24(b)所示的点 B 和点 D，其中点 B 是在直线 AC 上，而 AC 在平面上，而点 D 在平面上的直线 JK 的延长线上，所以点 B 和点 D 都在 P 平面上。

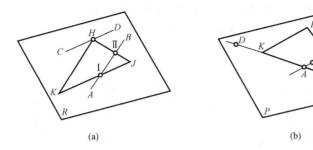

图 2-2-24　平面上的直线和点

在平面上取点，首先要在平面上取线。

【例 2-2-9】 已知△ABC 及其上一点 K 的投影 k'，求作点 K 的 H 面投影 k，如图 2-2-25(a)所示。

解： 具体作法如下：

(1)已知△ABC 及其上一点 K 的投影 k'，求作点 K 的 H 面投影 k，如图 2-2-25(a)所示；

(2)过 a'、k' 作辅助线交 $b'c'$ 于点 d'，自点 d' 向下引垂线，与 bc 相交得 d 点，如图 2-2-25(b)所示；

(3)连接 ad，如图 2-2-25(c)所示；

(4)自 k' 向下引垂线，与 ad 交于点 k 即为所求，如图 2-2-25(d)所示。

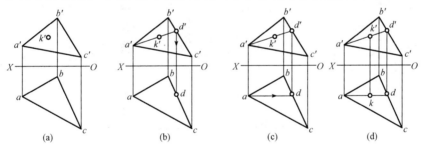

图 2-2-25　作平面上点的投影

3. 直线与平面、平面与平面相交

(1)直线与特殊位置平面相交。直线与平面相交有一个交点。交点是直线与平面的共有点，它既在直线上又在平面上。求直线与特殊位置平面的交点，就是充分利用平面投影的积聚性。如图 2-2-26(a)所示，三角形 CDE 为一铅垂面，它在 H 面上的投影具有积聚性，其与直线的同名投影 ab 的交点 k，即所求交点的 H 面投影，如图 2-2-26(b)所示。求作交点 K 的 V 面投影，可自点 k 向上引垂线，与直线 AB 的 V 面投影 $a'b'$ 相交，点 k' 即交点 K 的 V 面投影，如图 2-2-26(c)所示。

直线与平面相交，直线的某一部分可能被平面所遮挡，这就需要判断其可见性。如图 2-2-26(c)所示，自 $a'b'$ 与 $c'd'$ 的交点向下引垂线，先交 cd 于点 2，后交 ab 于点 1，即点 1 在前，是可见的，点 2 在后，是不可见的，故 AK 段的 V 面投影 $a'k'$ 是可见的，画实线。再自 $a'b'$ 与 $e'c'$ 的交点向下引垂线，先交 ab 于点 4，后交 ec 于点 3，即点 3 在前，是可见的，点4在后，是不可见的，故 KB 段的某一部分被平面所遮挡，如图中的 $k'4'$，画虚线。这是判断可见性的一般方法。而图 2-2-26 中的平面是一铅垂面，根据其在 H 面上的投影也可明显地看出直线 AB 被平面 CDE 遮挡部分的情况。

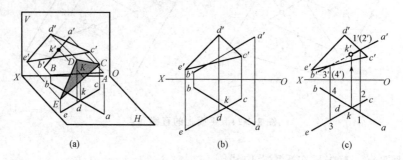

图 2-2-26　直线与铅垂面相交

（2）一般位置平面与特殊位置平面相交。两平面相交，交线是一直线，是两平面的共有线，交线上的各点也是两平面的共有点。所以只要求出交线两个端点的投影，并将同名投影连接起来，即得两平面交线的投影。

【例 2-2-10】　已知三角形 ABC 与四边形 $DEFG$（铅垂面）相交，如图 2-2-27（a）所示，求作交线的投影。

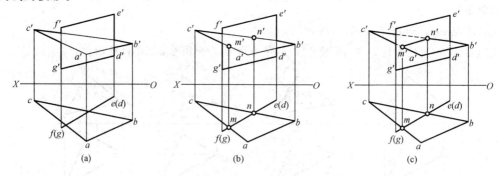

图 2-2-27　求两平面的交线

解：因四边形 $DEFG$ 是铅垂面，其在 H 面上的投影积聚为一直线，故两平面交线的 H 面投影，实际上已经知道，即如图 2-2-27（b）中所示的 mn，现只需作出它的另一投影 m' n'。作法如下：

（1）自 m、n 两点向上引垂线，分别与 $a'c'$、$b'c'$ 相交于点 m'、n'，如图 2-2-27（b）所示；

（2）连接 $m'n'$，即为交线 MN 的正面投影，如图 2-2-27（c）所示。

例 2-2-10 中可见性的判断方法如下：因四边形 $DEFG$ 是铅垂面，可直接从它的 H 面投影中看出，am、bn、ab 是在四边形水平投影（积聚为一条直线）$f(g)e(d)$ 的前面，所以它们的 V 面投影 $a'm'$、$b'n'$、$a'b'$ 是可见的，画成实线。再看 nc，它是在四边形水平投影 $f(g)e(d)$ 的后面，所以它的 V 面投影 $n'c'$ 上，有一段被四边形 $DEFG$ 所遮挡，为不可见，画成虚线。同样 $m'c'$ 上也有一段不可见，也应画成虚线，如图 2-2-27（c）所示。

（3）直线与一般位置平面相交。求直线与一般位置平面的交点，需设一个包含该直线在内的特殊位置平面作辅助面，此种辅助面常用平面迹线表示。如图 2-2-28 所示，直线 AB 与三角形 CDE（一般位置平面）相交，为求交点 K，可按以下三个步骤进行：

1)过已知直线 AB 作一铅垂面 P，作为辅助面。

2)求出辅助面 P 与已知平面的交线 MN 的投影。

3)求出 MN 与直线 AB 的交点 K 的投影，点 K 就是直线与平面的交点。

【例 2-2-11】 已知直线 AB 与 $\triangle CDE$（一般位置平面）的投影，如图 2-2-29(a)所示，求作交点 K 的投影。

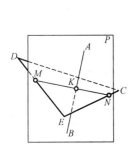

图 2-2-28　直线与一般
　　　　　位置平面相交

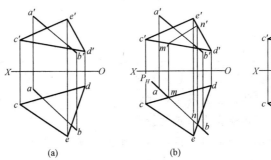

图 2-2-29　求直线与一般位置平面的交点

解：具体作法如下：

(1)过 AB 作一铅垂面 P 作为辅助面，P_H 与 ab 重合，P_H 与 cd 和 de 分别相交于点 m、n，自点 m、n 向上作垂线，与 $c'd'$ 和 $d'e'$ 分别相交于点 m'、n'，则 mn 及 $m'n'$ 即为 P 平面与 $\triangle CDE$ 交线的投影，如图 2-2-29(b)所示；

(2)自 $m'n'$ 与 $a'b'$ 的交点 k' 向下引垂线与 ab 交于点 k，则点 k 与点 k' 即为所求交点 K 的投影，如图 2-2-29(c)所示。

例 2-2-11 中可见性的判断如下：在如图 2-2-29(c)所示的 H 面投影中，自 de 与 ab 的交点向上引垂线，得点 $2'$ 和 n'，点 n' 在上，点 $2'$ 在下，故在向 H 面投影时，直线 AB 有部分被 $\triangle CDE$ 所遮挡，即 $kn(2)$ 为不可见，画成虚线。以点 k 为界，另一段 km 一定为可见，画成实线。在它们的 V 面投影中，自 $a'b'$ 与 $c'e'$ 的交点向下引垂线，分别交 ab、ce 得 4 和 3 两点，点 3 在前、点 4 在后，故在向 V 面投影时，直线 AB 也有部分被 $\triangle CDE$ 所遮挡，即 k' $3'(4')$ 为不可见，画成虚线。以点 k' 为界，另一段 $k'2'$ 一定为可见，画成实线。

任务小结

1.点的三面投影及其规律；点的坐标；两点的相对位置；重影点。

2.直线投影图的作法；各种位置直线的投影。

3.平面的表示方法；各种位置平面的投影；平面上的直线和点；直线与特殊位置平面相交；一般位置平面与特殊位置平面相交；直线与一般位置平面相交。

拓展任务

三面正投影体系中，空间有一点的立体模型制作，并将其展开总结：点的三面投影规律。

任务三 立体的投影

一、平面立体和曲面体的投影

1. 体的投影图和投影规律

任何一个构筑物或建筑物,都是由若干个简单的基本几何体组成的。如房屋(图 2-3-1)、水塔(图 2-3-2),都可看作是一些比较复杂的形体,且都可以分解为若干基本几何体。

基本几何体可分为两类:一类是平面体(由平面所围成),如图 2-3-3 所示;另一类是曲面体(由平面和曲面或仅由曲面所围成),如图 2-3-4 所示。

如图 2-3-5 所示为一形体在三面投影体系中的直观图和投影图。其投影图和投影规律与前面所学的点、线、面相同。

棱锥体的投影

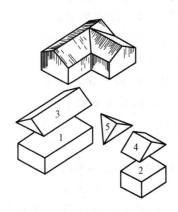

图 2-3-1　房屋的形体分析

1、2—四棱柱；3、4—三棱柱；5—三棱锥

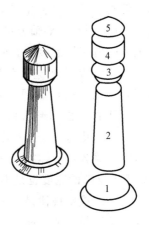

图 2-3-2　水塔的形体分析

1、2—圆锥台；3—倒圆锥台；4—圆柱；5—圆锥

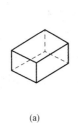 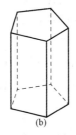 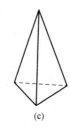 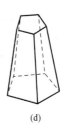

(a)　　　　　(b)　　　　　(c)　　　　　(d)

图 2-3-3　平面体

(a)四棱柱；(b)五棱柱；(c)三棱锥；(d)五棱锥台

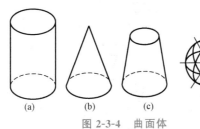

(a)　　　　　(b)　　　　　(c)　　　　　(d)

图 2-3-4　曲面体

(a)圆柱；(b)圆锥；(c)圆锥台；(d)球

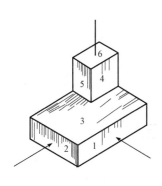

(a)

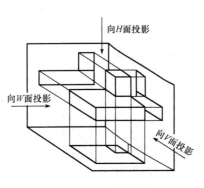

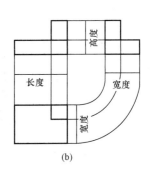

(b)

图 2-3-5　形体的直观图和投影图

(a)直观图；(b)投影图

一般形体都具有长、宽、高三个向度，在三投影面体系中，形体的长度是指形体上最左和最右两点之间平行于 X 轴方向的距离；宽度是指形体上最前和最后两点之间平行于 Y 轴方向的距离；高度是指形体上最高和最低两点之间平行于 Z 轴方向的距离。即形体的长度在 X 轴上度量，形体的宽度在 Y 轴上度量，形体的高度在 Z 轴上度量。下面来分析图 2-3-5(b)所示形体的三面投影图：V 面投影反映了形体正面的形状和形体的长度及高度；H 面投影反映了形体顶面的形状和形体的长度及宽度；W 面投影反映了形体左面的形状和形体的高度及宽度。将这三个投影图联系起来看，形体在 V 面和 H 面上反映的长度是不变的，而且应该左右对齐；形体在 V 面和 W 面上反映的高度是不变的，应该上下对齐；形体在 H 面和 W 面上反映的宽度也是不变的，应该前后对齐。由此可以看出，这三个投影之间的相互关系，与点的投影规律是一致的，即"长对正、高平齐、宽相等"。

　　描绘形体，除用长、宽、高三个向度外，对更复杂的形体，还常用六面视图，即作三个分别平行于 H、V、W 面的新投影面 H_1、V_1、W_1，并在它们上面分别形成从下向上、从后向前、从右向左观看时所得到的视图，分别称为底面图、背面图、右侧面图，如图 2-3-6(a)所示。然后将六个视图展平在 V 面所在的平面上，便得到如图 2-3-6(b)所示的六个视图的排列位置。图中每个视图下方都写出了图名。一般情况下，若六个视图在一张图纸内，并按图 2-3-6(b)所示的位置排列时，可以省略标注视图的名称。

　　六面视图也可按如图 2-3-7 所示的方式排列，称为直接投影法。但此时应在每个视图的下方写出图名。

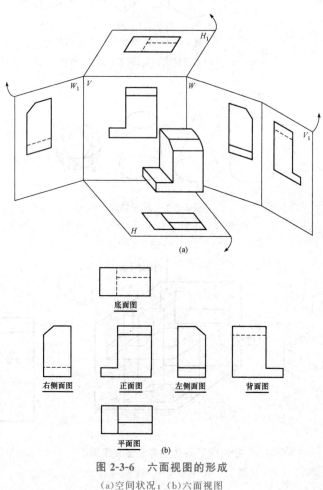

图 2-3-6　六面视图的形成

(a)空间状况；(b)六面视图

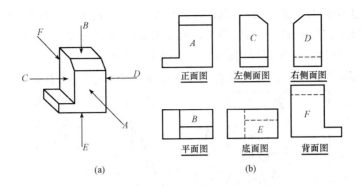

图 2-3-7 用直接投影法画六面视图

(a)空间状况；(b)六面视图

2. 平面立体的投影

平面立体是由若干平面围成的。求作平面几何体的投影，就是作出围成该形体的各个表面或其表面与表面相交棱线的投影，作图时应注意投影中的重影和可见性。

(1)棱柱体的投影。如图 2-3-8 所示为一水平放置的三棱柱，即常见的坡面屋顶。现利用点的投影特点来分析：由图可知，该三棱柱由下列几个平面所围成：

1)水平面 BB_1C_1C——它们在 H 面上的投影反映实形；在 V 面和 W 面上的投影都积聚为一直线。

2)侧平面 ABC 和 $A_1B_1C_1$——它们在 W 面上的投影反映实形，而且重影；在 V 面和 H 面上的投影分别积聚为一直线。

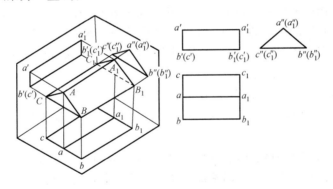

图 2-3-8 三棱柱的投影

3)侧垂面 ABB_1A_1 和 ACC_1A_1——它们在 W 面上的投影都积聚为一直线；在 V 面上的投影是一个相似的矩形，不反映实形，且两者重影；在 H 面上的投影是两个矩形，不反映实形，两个矩形并列连接，与水平面 BB_1C_1C 重影。

同样，也可用直线的投影特点来分析：图中 AA_1、BB_1、CC_1 和 BC、B_1C_1 都是投影面垂直线，它们在与其垂直的投影面上的投影积聚为一点，在另两个投影面上的投影反映实长；图中 AB、A_1B_1 和 AC、A_1C_1 都是投影面平行线，它们在 W 面上的投影都反映实长，在另两个投影面上的投影都短于实长。

由以上对投影的分析，即可根据给定的条件(如实物)作出三棱柱的三面投影图。由于它在 H 面和 W 面上的投影都反映实形，容易作图，故可先作出三棱柱的 H 面和 W 面投影，然后再作出它的 V 面投影。为使图面清晰，投影轴可以省略。但必须注意，上述三个投影图都必须符合前述的投影规律（长对正、高平齐、宽相等）。

（2）棱锥体的投影。现以正五棱锥为例来进行分析，如图 2-3-9 所示。

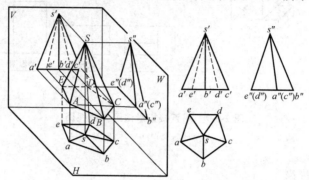

图 2-3-9　正五棱锥的投影

正五棱锥的特点是，底面为一正五边形，侧面为五个相同的等腰三角形。通过顶点向底面作垂线，垂足在底面正五边形的中心，此垂线长度即正五棱锥的高。正五棱锥投影的分析和具体作图方法如下：

正五棱锥底面（正五边形 ABCDE）平行于 H 面，其在 H 面上的投影反映实形（为作图方便，使底面正五边形的 DE 边平行于 V 面），正五边形的 V、W 面投影都积聚为一直线。正五棱锥的五个侧面除三角形 SDE 是侧垂面外，其余都是一般位置平面，因此为作图方便，可以根据正五棱锥的特点，在 V 面上先作出正五棱锥高的投影，其高的垂足应在底面正五边形积聚为一直线的投影的中间，高度属给定条件，这就可以作出顶点 S 的 V 面投影 s'。再自 s' 与底面正五边形各顶点的投影分别连线，即得正五棱锥的 V 面投影，其中棱边 s'd' 和 s'e' 为不可见，应画成虚线。

上述正五棱锥的五个侧面的 H 面投影，可自 s 向底面正五边形的五个顶点连线，形成五个互相拼连的三角形，但都不反映实形。正五棱锥的 W 面投影，可按形体的投影规律求作。

（3）平面立体表面上的直线和点的投影。平面立体表面上的直线和点的投影应符合平面上直线和点的投影特点。现举例说明平面立体上表面点和直线的投影做法。

【例 2-3-1】 已知正三棱锥表面上点 K 的 V 面投影 k'，如图 2-3-10（a）所示，求点 K 其余的两个投影。

解：可以通过点 K 在平面立体表面上先作一辅助线，则点 K 的投影必在此辅助线的同名投影上。具体作法如下：

（1）连接 s'k' 并延长与 a'c' 相交于点 e'，此 s'e' 为平面立体表面上过点 K 所作辅助线的 V 面投影，如图 2-3-10（b）所示。

（2）根据点 e' 求出点 e，连接 se，即辅助线的 H 面投影，如图 2-3-10（c）所示。

（3）自点 k' 向下引垂线，与 se 相交得点 k，即点 K 的 H 面投影。按点的投影规律，可求得点 K 的 W 面投影 k"，如图 2-3-10（d）所示。

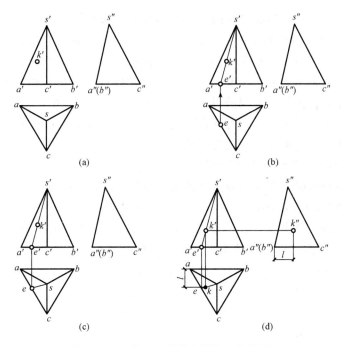

图 2-3-10 作正三棱锥表面上点的投影

3. 曲面体的投影

（1）圆柱体的投影。如图 2-3-11 所示，一直线 AA_1，绕与其平行的另一直线 OO_1 旋转一周，所得轨迹是一圆柱面。直线 OO_1 称为轴，直线 AA_1 称为素线，素线 AA_1 在圆柱面上任一位置时称为圆柱面的素线，故圆柱面也可看作由无数条平行素线与 OO_1 轴等距离排列所围成。若将素线 AA_1 和 OO_1 连成一矩形平面，该平面与 OO_1 轴旋转的轨迹就是圆柱体。圆柱体由两个互相平行且相等的平面圆（即顶面和底面）和一圆柱面所围成。顶面和底面都垂直于圆柱面的素线，顶面和底面的距离即圆柱体的高。

如图 2-3-12 所示为一正圆柱体的直观图和投影图。它的轴与 H 面垂直，即它的顶面和底面是 H 面的平行平面。现对其投影进行分析：该圆柱体的顶面和底面平行于 H 面，所以在 H 面上的投影为一圆，反映顶面和底面的实形，且两者重叠。在 V 面和 W 面上的投影都积聚为一直线，其长度等于圆的直径。在同一投影面上两个积聚投影之间的距离，即该圆柱体的高度。

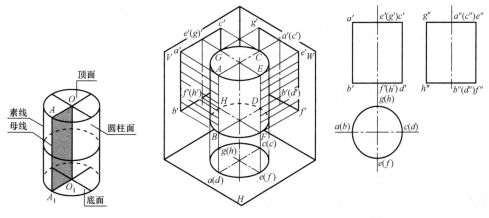

图 2-3-11 圆柱体　　　　　　　　　　图 2-3-12 圆柱体的投影

圆柱面是光滑的曲面，但将圆柱面向 V 面投影时，圆柱面上最左和最右两条素线的投影构成圆柱面在 V 面上的投影中左右两条轮廓线，这种素线称为轮廓素线。轮廓素线是对某一方向的投影而言的曲面上可见与不可见部分的分界线。必须指出，对于不同方向的投影，曲面上的轮廓线是不同的。主要利用这种轮廓素线来作曲面的投影图，故研究圆柱体的投影，就是研究圆柱体轮廓素线的投影。如图 2-3-12 所示的 AB 和 CD 的 V 面投影 $a'b'$ 和 $c'd'$，它们与圆柱体顶面和底面的投影围成一矩形，即圆柱体的 V 面投影。圆柱体的 H 面投影是一个与顶面和底面投影相重合的圆。

圆柱体的 W 面投影作法与上述相同。

求作圆柱体的投影时，首先应画出其轴线。应注意，对某一投影面投影时的轮廓素线，在向另一投影面投影时不必画出。

（2）圆锥体的投影。如图 2-3-13 所示，一直线 SA 绕与它相交的另一直线 SO 旋转，所得轨迹即圆锥面，SO 为轴，SA 称为母线，素线在圆锥面上任一位置时称为圆锥面的素线。圆锥面也可看作由无数条相交于一点并与轴 SO 保持定角的素线所围成。如果将母线 SA 和轴 SO 连成一直角三角形 SOA，该平面绕直角边 SO 旋转，它的轨迹就是正圆锥体。正圆锥体的底面为平面圆，从顶点 S 到底面圆的垂直距离（垂足在底面的圆心，即 SO）为圆锥体的高。

如图 2-3-14 所示，正圆锥体的轴与 H 面垂直（底面平行于 H 面）。对其投影分析如下：因为该圆锥体的底面平行于 H 面，它在 H 面上的投影反映实形，它的 V 面和 W 面投影都积聚为一直线，其长度等于底面圆的直径。

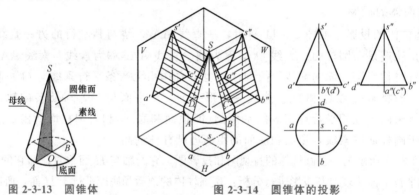

图 2-3-13　圆锥体　　　　　图 2-3-14　圆锥体的投影

圆锥体的顶点 S 的投影比较容易求得。自圆锥体底面的 V 面投影（积聚为一直线）中点作垂线，并在垂线上量取圆锥体高度，即得 s'。其 H 面投影 s 与底面投影的圆心重合。

当将圆锥面向 V 面投射时，锥面上最左和最右两条素线，即 SA 和 SC，都是 V 面平行线，其投影分别为 $s'a'$ 和 $s'c'$，即圆锥体在 V 面上投影的轮廓线。三角线 $s'c'a'$ 即圆锥体在 V 面上的投影。

圆锥体在 W 面上的投影和其在 V 面上的投影相类似。

研究圆锥体的投影，与圆柱体很相似，也是研究其轮廓素线的投影。

（3）曲面体表面上点的投影。

1）圆柱体表面上点的投影。如果要求作圆柱面上点的投影，可在圆柱面上作辅助线（素线）和利用圆柱体有积聚性的投影的方法来解决。

【例 2-3-2】　已知圆柱体表面上的点 K 和点 M 的 V 面投影 k' 和 m'，如图 2-3-15（a）所示，求点 K 和点 M 的其他投影。

解： 具体作法如下：

①从图中可以看出，圆柱面的 W 面投影具有积聚性，因而其面上的点的 W 面投影必定在积聚为一圆的投影的圆周上。又因点 k' 和点 m' 为可见，即点 K 和点 M 是圆柱面的前半部分，故可自点 k' 和点 m' 分别引水平线与 W 面上圆周的右半部分相交，得点 k'' 和点 m''，如图 2-3-15(b)所示。

②在圆柱面上过点 K 和点 M，分别作两条素线 AB 和 CD 并作出它们的投影，再按直线上点的投影作法，求出点 k 和点 m。图 2-3-15(c)所示为圆柱体及其上点 K、点 M 的直观图。

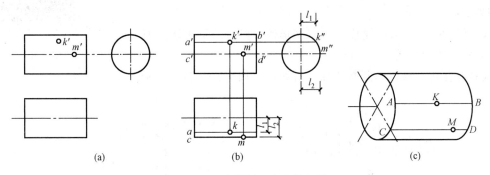

图 2-3-15　求圆柱面上点的投影

2)圆锥体表面上点的投影。求作圆锥面上点的投影的方法有两种：一种是素线法；另一种是纬圆法。

【例 2-3-3】 已知圆锥体表面上点 K 在 V 面上的投影 k'，如图 2-3-16(a)所示，求点 K 的其余两个投影。

解： 用素线法作图步骤如下：

①过点 K 作素线 SE 的三个投影 $s'e'$、se 和 $s''e''$，如图 2-3-16(b)、(c)所示。

②根据直线上点的投影原理，由点 k' 作出点 k 和点 k''。

用纬圆法作图步骤如下：

①过点 K 作一纬圆，因纬圆是 H 面平行面，其在 V 面上的投影应为一条平行于 OX 轴的直线，故过点 k' 作一水平线与圆锥面在 V 面上投影的两轮廓素线分别相交于点 $1'$ 和点 $2'$，此即纬圆的 V 面投影。然后以点 s 为圆心，以 $1'2'$ 的二分之一长为半径作圆，此为纬圆的 H 面投影。自点 k' 向下引垂线，与纬圆的 H 面投影相交于点 k(因点 K 为可见点，所以点 k 位于纬圆的前半部)。

②根据点 k' 和点 k，即可求得点 k''，如图 2-3-16(d)所示。

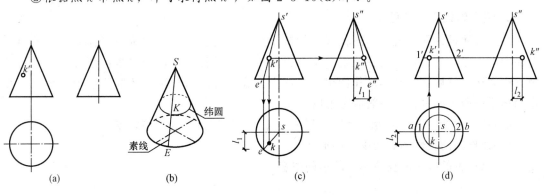

图 2-3-16　求圆锥面上点的投影

二、组合体的投影

1. 组合体的分类

由基本形体组合而成的形体称为组合体。组合体一般由以下三种组合方式组合而成：

(1)叠加式。将组合体看成由若干个基本形体叠加而成，如图2-3-17(a)所示。

(2)切割式。组合体是由一个基本形体，经过若干次切割而成的，如图 2-3-17(b)所示。

(3)混合式。组合体既有叠加又有切割，如图2-3-17(c)所示。

组合体投影图的识读

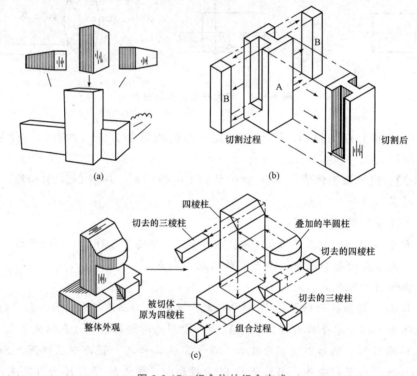

图 2-3-17　组合体的组合方式

(a)叠加式组合体；(b)切割式组合体；(c)混合式组合体

2. 组合体投影图的画法

画组合体投影图，就是画出构成它的若干几何体的投影图。先进行形体分析，即对组合体中基本形体的组合方式、位置关系及投影特性等进行分析，弄清楚各部分的形状特征及投影表达。然后从其基本体作图出发，逐步完成组合体的投影。还要注意组合体在三投影面体系中所放的位置，一般应考虑以下几点：

(1)使形体的主要面或者说使形状复杂而又反映形体特征的面平行于 V 面。

(2)使作出的投影图虚线少，图形清楚。

(3)以最少的投影图反映尽可能多的内容。

如图 2-3-18(a)所示为房屋的模型，其属于叠加式组合体。屋顶是三棱柱，屋身和烟囱是长方体，而烟囱一侧小屋则是由带斜面的长方体构成的。如图 2-3-18(b)所示，可见其选定在正立投影上，反映该形体的主要特征和位置关系，侧立投影反映形体左侧及屋顶三棱柱的特征，而水平投影则反映各组成部分前后左右的位置关系，如图 2-3-18(c)所示。

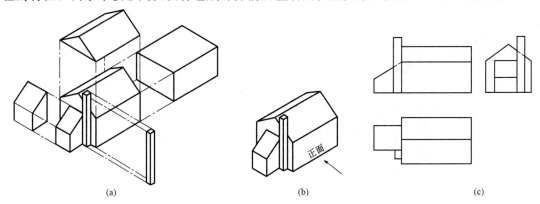

图 2-3-18　房屋的形体分析及三面正投影图

(a)形体分析；(b)直观图；(c)房屋的三面正投影图

如图 2-3-19(a)所示是一种切割型组合体。由一圆柱体挖去一个同轴同高的小圆柱体，成为中空圆管，再在其上端切去一段半圆管。作法为：先将切去的部分补上，画出基本体——圆柱体的三面投影，如图 2-3-19(b)所示，作挖去同轴小圆柱体的投影，如图 2-3-19(c)所示，再作切割上端半圆管后的投影，如图 2-3-19(d)所示。

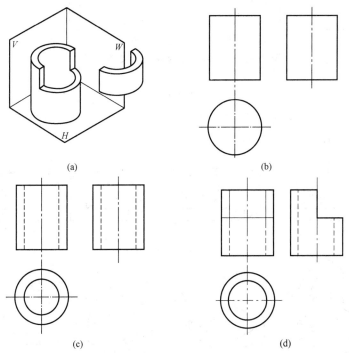

图 2-3-19　切割型组合体及其投影图画法

如图 2-3-20(a)所示是一种混合型组合体。按形体分析先画下方两长方体的三面投影，如图 2-3-20(b)所示。然后从反映实形的 V 面投影开始作图；画出后方长方体及挖去孔洞的三面投影，再作其他投影，如图 2-3-20(c)所示。最后作反映实形的 W 面投影，再作 H 面、V 面投影，因 W 面投影方向孔洞、台阶轮廓均不可见，故用虚线表示，如图 2-3-20(d)所示。

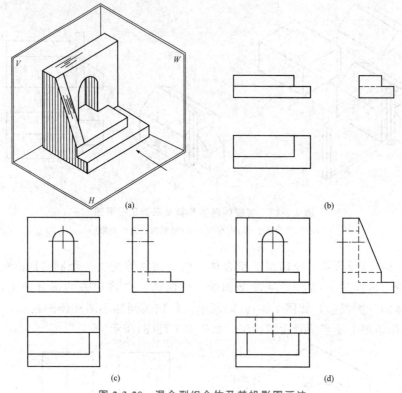

图 2-3-20　混合型组合体及其投影图画法

值得注意的是，将组合体分解为若干基本形体，是一种分析作图过程，实际上组合体是一个整体。故在作图时各基本形体互相叠合时产生的交线是否存在还要具体分析，如图 2-3-21 所示，否则与真实的表面情况不符。

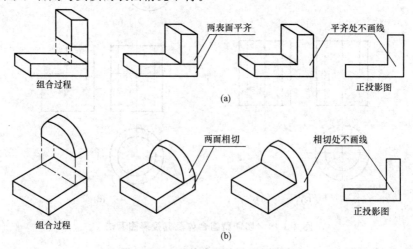

图 2-3-21　形体表面的平齐与相切

(a)表面平齐；(b)表面相切

3. 组合体投影图的识读

根据已知的投影图，运用投影原理和方法，想象出空间物体的形状，这就是投影图的识读。

识读组合体投影图，不但要以点、直线和平面的投影理论作基础，而且要有正确的读图方法。读图时要注意将各个投影联系起来看，不能只看其中的一个或两个投影。如图 2-3-22(a)所示，若只将视线注意在 V、H 面投影上，则至少可得右下方所列的三种答案。

由于答案没有唯一性，显然不能用于施工制作。只有将 V、H 面投影和如图 2-3-22(b)、(c)、(d)所示中任何一个作为 W 投影联系起来识读，才能有唯一准确的答案。

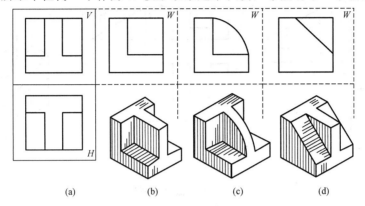

图 2-3-22　将已知投影联系起来看

(a)只注意 V、H 面；(b)答案 1；(c)答案 2；(d)答案 3

识读组合体投影图的方法有形体分析法、线面分析法。

(1)形体分析法。与绘制组合体投影的形体分析一样，即分析投影图上所反映的组合体的组合方式、各基本形体的相互位置及投影特性，然后想象出组合体空间形状的分析方法，即形体分析法。

如图 2-3-23 所示的投影图，特征比较明显的是 V 面投影，结合观察 W、H 面投影可知，该形体是由下部两个长方体上叠加一个中间偏后位置的长方体(后表面与下部两长方体的后表面平齐)，然后再在其上叠加一个宽度与中间长方体相等的半圆柱体组合而成的。在 W 面投影上主要反映了半圆柱体、中间长方体与下部长方体之间的前后位置关系，在 H 面投影上主要反映了下部两个长方体之间的位置关系。综合起来就很容易地想象出该组合体的空间形状。

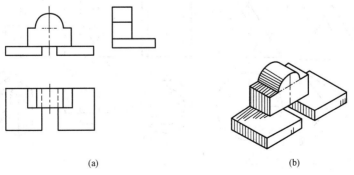

图 2-3-23　形体分析法

(a)投影图；(b)直观图

(2)线面分析法。线面分析法是由直线、平面的投影特性，分析投影图中线和线框的空间意义，从而想象其空间形状，确定整体的分析方法。

如图 2-3-24(a)所示，观察并注意各图的特征轮廓，可知该形体为切割体。因为 V 面、H 面投影有凹形，且 V、W 面投影中有虚线，那么 V、H 面投影中的凹形线框代表什么意义呢？经"高平齐""宽相等"对应 W 投影，可得一斜直线，如图 2-3-24(b)所示。根据投影面垂直面的投影特性可知，该凹形线框代表一个垂直于 W 面的凹字形平面（即侧垂面）。结合 V 面、W 面的虚线投影可知，该形体为顶面有侧垂面的四棱柱在后方中间切去一个小四棱柱后得到的组合体，如图 2-3-24(c)所示中的直观图。

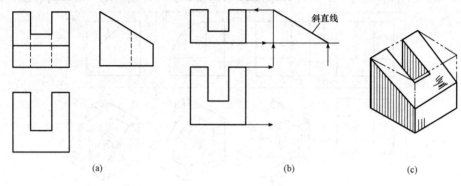

图 2-3-24　线面分析法

在分析投影图中的线或线框时，要注意以下 6 点：

1)可表示形体上一条棱线的投影，如图 2-3-25(a)中的①所示；

2)可表示形体上一个平面的积聚投影，如图 2-3-25(a)中的②所示；

3)可表示曲面体上转向素线的投影，但在其他投影中应有一个具有曲线图形的投影，如图 2-3-25(b)中的③所示；

4)可表示形体上一个平面的投影，如图 2-3-25(a)中的④所示；

5)可表示形体上一个曲面的投影，但其他投影图中应有一曲线形的投影与之对应，如图 2-3-25(b)中的⑤所示；

6)可表示形体上孔、洞、槽或叠加体的投影，如图 2-3-25(c)中的⑥和图 2-3-25(d)中的⑦、⑧所示。

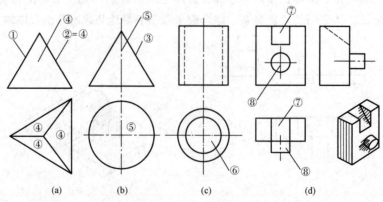

图 2-3-25　投影图中线和线框的意义

(a)三棱锥体；(b)圆锥体；(c)圆筒体；(d)带有槽口并叠加圆柱的形体

组合体形状千变万化，由投影图想象空间形状往往比较困难，所以掌握组合体投影图的识读规律，对于培养空间想象力、提高识图能力，以及今后识读专业图，都有很重要的作用。

三、投影图的尺寸标注

1. 几何体的尺寸标注

平面体一般应标注其长、宽、高三个方向的尺寸，见表2-3-1；曲面体的尺寸标注和平面体相同，只要再标注出曲面体圆的直径和高即可，见表2-3-2。

表2-3-1　平面体的尺寸标注

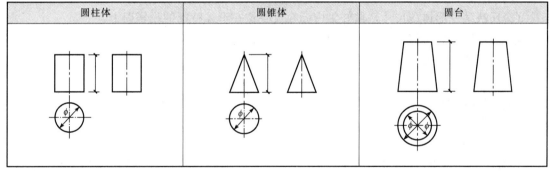

四棱柱体 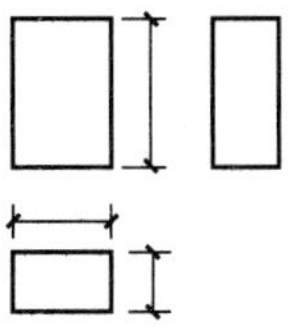	三棱锥体 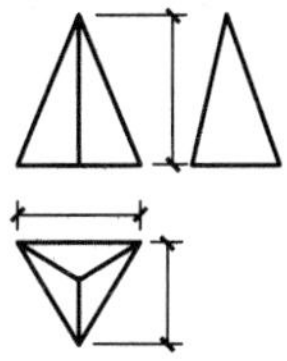	四棱台体 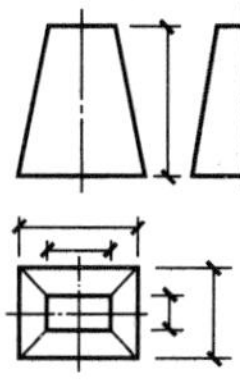

表2-3-2　曲面体的尺寸标注

圆柱体	圆锥体	圆台

2. 组合体的尺寸标注

组合体尺寸由定形尺寸、定位尺寸和总体尺寸三部分组成。

（1）定形尺寸。用于确定组合体中各基本形体自身大小的尺寸称为定形尺寸。通常由长、宽、高三项尺寸来反映。

（2）定位尺寸。用于确定组合体中各基本形体之间相互位置的尺寸称为定位尺寸。

（3）总体尺寸。确定组合体总长、总宽、总高的外包尺寸称为总体尺寸。

组合体尺寸标注之前也需要进行形体分析，弄清楚反映在投影图上的有哪些基本形体，然后注意这些基本形体的尺寸标注要求，做到简洁合理。各基本形体之间的定位尺寸一定要先选好定位基准，再进行标注。总体尺寸标注时注意核对其是否等于各分尺寸之和，做到准确无误。

由于组合体形状变化多，定形尺寸、定位尺寸和总体尺寸有时可以兼代。组合体各项尺寸一般只标注一次。

【例 2-3-4】 标注如图 2-3-26 所示组合体投影图的尺寸。

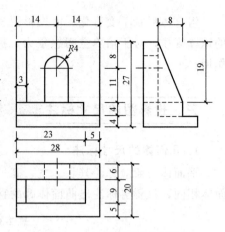

图 2-3-26　组合体的尺寸标注

解： 具体作法如下：

(1)标定形尺寸。如 1/2 圆柱孔的定形尺寸为 V 面的 $R4$ 及 H 面的 6；长方孔高和长的定形尺寸为 V 面的 11 和 8(半圆孔直径)，宽为 H 面上的 6；后方长方体的长和高为 V 面上的 28、27，宽也为 H 面上的 6，如图 2-3-26 所示。

(2)标定位尺寸。1/2 圆柱孔长度方向的定位尺寸为 V 面的 14，高度方向为 $11+2×4＝19$(间接定出)，宽度方向因孔的后侧面与宽度基准重合而不需标注；长方孔的长、宽定位与圆孔相同，所不同的是高度定位尺寸为 V 面的 $4+4＝8$(间接定出)；后方长方体及下方长方体因其侧面与相应长宽高基准面重合，故不需标定位尺寸。三棱柱的定位尺寸宽为 H 面上的 6，高为 V 面上的 $4+4＝8$，长度方向定位尺寸因其左侧面与基准面重合不需标注。

(3)标总体尺寸。总长为 28，总高为 27，总宽为 20。

组合体尺寸标注应注意以下事项：

(1)尺寸应尽量标注在反映形体特征的投影图上。

(2)尺寸排列要注意大尺寸在外，小尺寸在内；在尺寸标注不重复的前提下，尽量使尺寸构成封闭的尺寸链。

(3)反映某一形体的尺寸，最好集中标在反映这一形体特征的投影图上。

(4)两投影图相关的尺寸，应尽量标在两图之间，以便对照识读。

(5)同一图上的尺寸单位要统一。

四、同坡屋面

在房屋建筑中，坡屋面是一种常见的屋顶形式。一般情况下，屋顶檐口的高度处在同一水平面上，各个坡面的水平倾角又相同，故又称为同坡屋面，如图 2-3-27、图 2-3-28 所示。

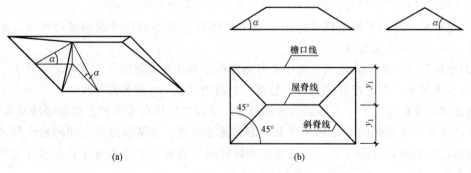

(a)　　　　　　　　　(b)

图 2-3-27　同坡屋面

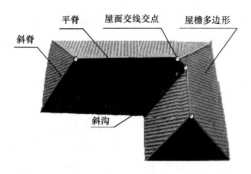

图 2-3-28　同坡屋面屋顶立体图

同坡屋面的基本形式是二坡和四坡。一个简单的四坡屋面，实际上就是一个水平放置的截断三棱柱体，如图 2-3-29 所示。若为两个方向相交的坡屋面，则可看作是三棱柱体的相贯，但由于同坡屋面有其本身的特殊性，在求作屋面交线时可利用形成同坡屋面的几个特性来进行。

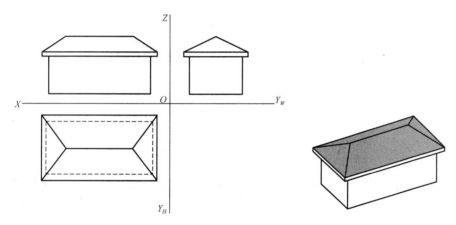

图 2-3-29　四坡屋面房屋的三面正投影

同坡屋面具有以下几个特性：

(1)檐口线平行的两个坡面相交，其交线是一条平行于檐口线的水平线，通称屋脊线。它的 H 面投影必定平行于檐口线的 H 面投影，且与两个檐口线距离相等，如图 2-3-27(b)所示。

(2)檐口线相交的相邻两个坡面，其交线表示一条斜脊或斜沟，它的 H 面投影必定为两檐口线夹角的分角线。由于建筑物的墙角绝大多数是 90°角，故此斜脊或斜沟线的 H 面投影为 45°斜线，如图 2-3-27(b)所示。

(3)如果两斜脊、两斜沟或一斜脊和一斜沟相交，在交点处必还有另一条屋脊线相交。

【例 2-3-5】已知四坡顶房屋的平面图和各坡面的水平倾角 α，求作屋顶的 H 面和 V 面投影，如图 2-3-30 所示。

　　分析：此房屋平面形状是一个 L 形，它是由两个四坡屋面垂直相交的屋顶。

　　解：具体作图方法如下：

(1)将房屋平面划分为两个矩形 $abdc$ 和 $cgfe$，如图 2-3-30(b)所示。

（2）根据同坡屋面的特性，作各矩形顶角的分角线和屋脊线的投影，得部分重叠的两个四坡屋面，如图 2-3-30(c)所示。

（3）L 形平面的凹角 bhf 是由两檐口线垂直相交而成的，坡屋面在此从方向上发生转折，因此，此处必然有一交线，也即分角线。作法是自点 h 作 45°角斜线交于点 2，$h2$ 即一条斜沟的投影线。

（4）图中 $d1$、$g2$、12 各线段都位于两个重叠的坡面上，实际上是不存在的，又有 gh 和 dh 这两条线是假设的，擦去这些图线，即得屋面的 H 面投影，如图 2-3-30(e)所示。

（5）根据给定的坡屋面倾角 α 和已求得的 H 面投影，可作出屋面的 V 面投影，如图 2-3-30(d)所示。如图 2-3-30(f)所示为该屋顶的轴测图。

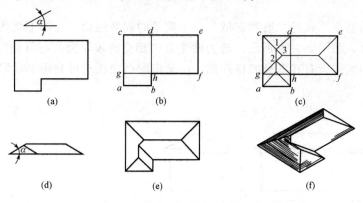

图 2-3-30 坡屋面投影作法

任务小结

1. 体的投影图和投影规律；平面基本几何体的投影；曲面基本几何体的投影，在平面体和曲面体表面求点。

2. 体的截断：平面体的截断和曲面体的截断。

3. 直线贯穿形体；体的相贯：平面体与平面体相贯、同坡屋面、平面体和曲面体相贯、两曲面体相贯。

4. 组合体的组合方式，组合体投影图的画法与读图方法、投影图的尺寸标注。

拓展任务

1. 两坡屋顶的小民居立体模型制作。

2. 观察身边建筑物室外台阶，并用钢卷尺度量其尺寸，利用所学知识绘制台阶的三面正投影图及标注其尺寸。

任务四 轴测投影

✳ **学习目标**

通过本任务的学习，学生应能够：
1. 熟练掌握形体轴测投影规律；
2. 熟练掌握形体轴测投影的画法。

≫ **教学要求**

教学要点	知识要点	权重	自测分数
轴测投影的概念、规律和分类	掌握轴测投影的概念、规律和分类	20%	
正等测投影	熟练掌握正等测投影的画法	40%	
正面斜轴测投影	熟练掌握正面斜轴测投影的画法及立体模型制作	40%	

✳ **素质目标**

1. 具有敬业精神、团队意识与创新能力；
2. 具有一定的计划、组织和协调能力。

一、轴测投影的形成、分类和特性

正投影图能准确、完整地表达形体的真实形状和大小优点，但缺乏立体感，不易看懂。轴测投影图能将一个形体的长、宽、高三个方向的尺寸同时反映出来，图形比较直观，立体感较强，比较容易读懂。轴测投影图虽然直观性较强，但也有缺点，就是作图复杂，度量性差，因此，轴测投影图往往作为正投影图的辅助图样。

1. 轴测投影的形成

轴测投影也是平行投影的一种。为了分析方便，取三条反映长、宽、高三个方向的坐标轴 OX、OY、OZ 与物体上三条相互垂直的棱线重合。用一组平行投影线沿不平行于任一坐标面的某一特定方向，将物体连同其参考直角坐标系一起投射在单一投影面 P 上所得到的具有立体感的图形，称为轴测投影图，简称轴测图，如图 2-4-1 所示。投影面 P 称为轴测投影面。坐标轴 OX、OY、OZ 在轴测投影面上的投影 O_1X_1、O_1Y_1、O_1Z_1 称为轴测轴。两轴测轴之间的夹角称为轴间角。

在轴测投影中平行于轴测轴 O_1X_1、O_1Y_1、O_1Z_1 的线段，与对应的空间形体上平行于坐标轴 OX、OY、OZ 的线段长度之比，即形体上线段的投影长度与其实际长度的比值，称为轴向伸缩系数，分别用 p、q、r 来表示。即 OX 轴向伸缩系数 $p=O_1X_1/OX$；OY 轴向伸缩系数 $q=O_1Y_1/OY$；OZ 轴向伸缩系数 $r=O_1Z_1/OZ$。

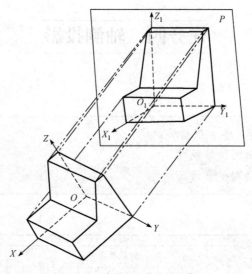

图 2-4-1 轴测投影图的形成

2. 轴测投影的分类

轴测投影可分为正轴测投影和斜轴测投影两大类。当投射方向垂直于轴测投影面，形体长、宽、高三个方向的坐标轴与轴测投影面倾斜，这样所形成的轴测投影图称为正轴测图；当投射方向倾斜于轴测投影面，形体的两个坐标轴与轴测投影面平行，这样所形成的轴测投影图称为斜轴测图。根据三个轴向伸缩系数是否相等，正轴测图又可分为正等轴测图（简称正等测）$p=q=r$ 和正二等轴测图（简称正二测）$p=r\neq q$；同样，斜轴测图也可分为斜等轴测图（简称斜等测）$p=q=r$ 和斜二等轴测图（简称斜二测）$p=r\neq q$。考虑到作图方便和直观效果，常用的是正等测、斜二测，管道工程图中还常用斜等测。

3. 轴测投影的特性

轴测投影具有平行投影的各种特性，具体如下：

（1）平行性。空间平行的直线，其轴测投影仍平行，即原来与坐标轴平行的直线，其轴测投影一定平行于相应的坐标轴。

（2）定比性。空间平行的直线，其轴向伸缩系数相等。物体上与坐标轴平行的线段，与其相应的轴测轴具有相同的轴向伸缩系数。

（3）真实性。空间与轴测投影面平行的直线或平面，其轴测投影均反映实长或实形。

二、正等轴测投影

正等轴测投影图是轴测图中最常用的一种。在正等轴测投影图中，投影方向 S 垂直于轴测投影面 P。空间形体的三个坐标轴与轴测投影面的倾角相等，即正等轴测投影图三个轴测轴之间的夹角均为120°，三个轴向伸缩系数的理论值 $p=q=r\approx0.82$，为作图简便，取简化值 $p=q=r=1$，如图 2-4-2 所示。这对形体的轴测投影图的形状没有影响，只是图形放大了约 1.22 倍，如图 2-4-3 所示。

绘制正等轴测投影图常用的方法有坐标法、叠加法和切割法等。在实际作图中，需要根据形体的形状特点不同而灵活采用这几种不同的作图方法。画正等测图时，首先确定形体在轴测坐标轴间最合适观看的方位；其次画出轴测轴，并按轴测投影特性和正等轴测图的轴向变形系数，确定形体各顶点和主要轮廓线段的位置；最后画出形体的轴测投影图。

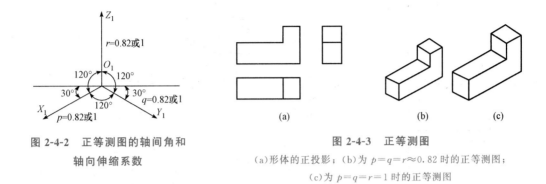

图 2-4-2　正等测图的轴间角和
轴向伸缩系数

图 2-4-3　正等测图

(a)形体的正投影；(b)为 $p=q=r\approx0.82$ 时的正等测图；
(c)为 $p=q=r=1$ 时的正等测图

1. 坐标法

沿坐标轴量取形体关键点的坐标值，用以确定形体上各特征点的轴测投影位置，然后将各特征点连线，即可得到相应的轴测图。

【例 2-4-1】　三棱柱的正投影图如图 2-4-4(a)所示，求作其正等测图。

解：具体作图方法如下：

(1)画出正等轴测轴 O_1X_1、O_1Y_1、O_1Z_1，将坐标原点 O_1 选在三棱柱下底面的后边中点，且使 X_1 轴与其后边重合，如图 2-4-4(a)、(b)所示。

(2)根据三棱柱各角点的坐标，画出底面的轴测图；根据三棱柱的高度，画出三棱柱的上底面及各棱线，如图 2-4-4(c)所示。

(3)擦去多余图线，加深图线即得所需图形，如图 2-4-4(d)所示。

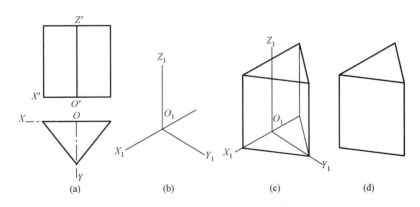

图 2-4-4　三棱柱的正投影图及正等测图

2. 叠加法

由几个基本形体组合而成的组合体，可先逐一画出各部分的轴测图，然后再将它们叠加在一起，得到组合体轴测图，这种画轴测图的方法称为叠加法。

【例 2-4-2】　作组合体的正等测图，如图 2-4-5(a)所示。

分析：将该组合体分解为三个基本形体，如图 2-4-5(a)所示。

解：具体作图方法如下：

(1)画正等测轴，作出底部四棱柱Ⅰ的轴测图，如图2-4-5(b)所示。

(2)在四棱柱Ⅰ的上表面，作出四棱柱Ⅱ、Ⅲ的轴测图，如图2-4-5(c)所示。

(3)擦去被遮挡的棱线和轴测轴，加深图线即得所画形体的正等测图，如图2-4-5(d)所示。

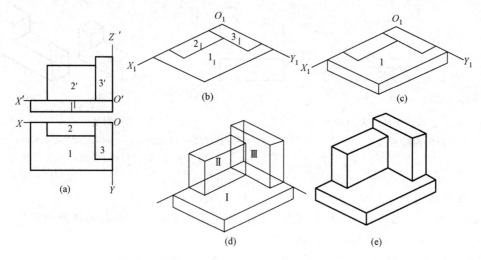

图 2-4-5　组合体正等测图的画法

3. 切割法

当形体被看成由基本形体切割而成时，可先画形体的基本形体，然后再按基本形体被切割的顺序来切掉多余部分，这种画轴测图的方法称为切割法。

【例2-4-3】　作形体的正等测图，如图2-4-6(a)所示。

解：具体作图方法如下：

(1)画出正等轴测轴，并在其上画出形体未截割时的外轮廓正等测图，如图2-4-6(b)所示。

(2)切去三棱柱，如图2-4-6(c)、(d)所示。

(3)擦去被遮挡的棱线和轴测轴，加深图线即得所画形体的正等测图，如图2-4-6(e)所示。

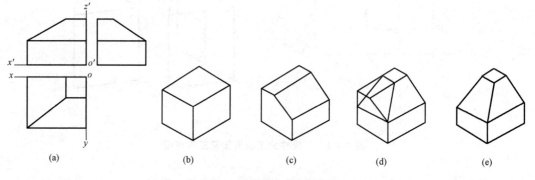

图 2-4-6　截割体正等测图画法

4. 曲面体正等测投影

在轴测图中，圆的轴测投影是一个椭圆。作圆的轴测投影图时，首先作出圆的外切正四边形的轴测投影，然后在其中用四心圆法或八点圆法作出圆的轴测投影(椭圆)。

【例2-4-4】 当圆的外切正方形在轴测投影中成平行四边形时，可用八点圆法作椭圆。

分析： 如图2-4-7(a)所示，1、3、5、7为圆与外切正方形的四个切点，2、4、6、8为圆与外切正方形两对角线的四个交点。

解： 具体作图方法如下：

(1)先作平行四边形$ABCD$及其对角线，得交点O；过O点作两条线分别平行于AB、BC，得交点1、3、5、7，如图2-4-7(b)所示。

(2)过A、1两点作$45°$斜线相交于点E，以点1为圆心，$1E$为半径画圆弧与AD相交于点F、G，过这两个点作辅助线平行于AB，与对角线交于2、4、6、8各点，连接八点即椭圆，如图2-4-7(c)所示。

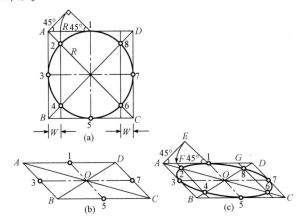

图 2-4-7　八点圆法作椭圆

【例2-4-5】 当圆的外切正方形在轴测投影中成菱形时(适用于圆的正等测图)，可用四心圆法画近似椭圆，如图2-4-8(a)所示。

解： 具体作图方法如下：

(1)先画出圆的外切正四边形的正等测图，为一菱形。连接菱形四边的中点得其两个方向的直径A_1C_1及B_1D_1，如图2-4-8(b)所示。

(2)菱形二钝角的顶点O_2及O_3，连接O_2D_1和O_2C_1、O_3A_1和O_3B_1，分别交菱形长对角线于点O_4、O_5，得四个圆心O_2、O_3、O_4、O_5，如图2-4-8(c)所示。

(3)以O_1D_2为半径，分别以点O_2和O_3为圆心，作上下两段弧线，再以点O_4B_1为半径，分别以点O_4和O_5为圆心，作左右两段弧线，即得椭圆，如图2-4-8(d)、(e)所示。

【例2-4-6】 用正等轴测图画圆柱体，如图2-4-9(a)所示。

解： 具体作图方法如下：

(1)在Z轴上截圆柱高H，上下两点分别作X、Y轴；在上底的X、Y轴上截取圆柱直径作菱形，如图2-4-9(b)所示。

(2)过菱形四边点中各作垂线，得四交点，以其为圆心，作四心近似椭圆；用同样方法画下底椭圆，过两椭圆最大轮廓线作切线，加深图线即得圆柱体的正等测图，如图2-4-9(c)、(d)所示。

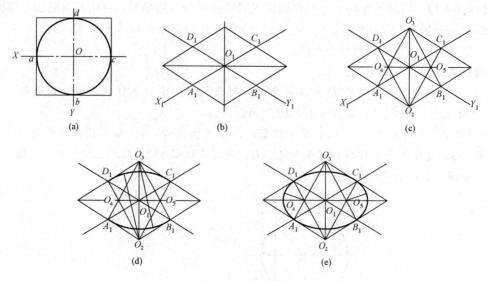

图 2-4-8　四心圆法作椭圆

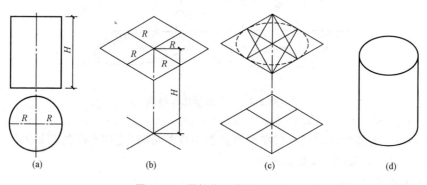

图 2-4-9　圆柱体正等测图画法

三、正面斜轴测投影

当形体的正立面平行于轴测投影面 P，而投射方向倾斜于轴测投影面时所得到的投影，称为正面斜轴测投影，如图 2-4-10 所示。如果它的三个轴向伸缩系数都相等，就叫作斜等测投影（简称斜等测）。如果只有两个轴向伸缩系数相等，就叫作斜二测轴测投影（简称斜二测）。

正面斜二测图的轴间角和轴向伸缩系数，如图 2-4-11 所示。平行于投影面的形体上的外表面反映实形。

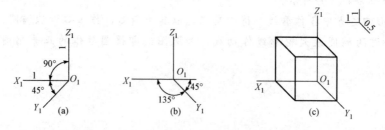

图 2-4-11　正面斜二测图的轴间角和轴向伸缩系数

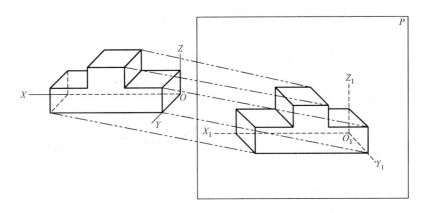

图 2-4-10 正面斜二测图的形成

轴间角：$\angle X_1O_1Z_1=90°$，$\angle Y_1O_1Z_1=\angle Y_1O_1X_1=135°$，$\angle X_1O_1Z_1=90°$，$\angle Y_1O_1Z_1=45°$。

轴向伸缩系数：$p=r=1$，$q=0.5$。

【例 2-4-7】 求作台阶的正面斜二测图，如图 2-4-12(a)所示。

解：具体作图方法如下：

(1)画正面斜轴测轴，使台阶的正面 XOZ 面平行于轴测投影面，为了清楚地反映侧面台阶的形状，将宽向轴(O_1Y_1 轴)画在左侧，与水平轴(O_1X_1 轴)成 45°，如图 2-4-12(b)所示。

(2)过台阶侧面轮廓线的转折点，作 45°斜线，如图 2-4-12(c)、(d)所示。

(3)按变形系数在各斜线上量取正投影中形体宽度的 1/2，并连接各点；擦去被遮挡的棱线和轴测轴，加深图线，完成物体的正面斜二测图，如图 2-4-12(e)所示。

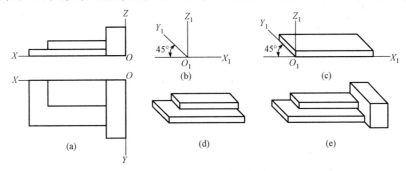

图 2-4-12 台阶的正面斜二测图

四、轴测图类型的选择

轴测图类型的选择，主要考虑下面三个因素：

(1)作图简便。曲线多、形状复杂的物体常用斜轴测，如图 2-4-13(a)所示；方正平直的物体常用正轴测，如图 2-4-13(b)所示。

(2)直观效果好。

1)方形坡顶房屋用正二等轴测图画，比例好，较生动，如图 2-4-14(a)所示；用正三等轴测图画，出现一条直线从屋顶贯穿到墙角，如图 2-4-14(b)所示，形状较差。

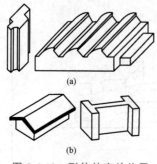

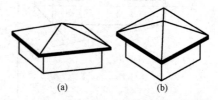

图 2-4-13　形体的安放位置

(a)斜轴测；(b)正轴测

图 2-4-14　轴测图的选用应避免图线贯通

(a)正二等轴测图；(b)正三等轴测图

2)一块砖用正等轴测图画，比例效果好，如图 2-4-15(a)所示；如果用正面斜轴测图画，就显得太长，如图 2-4-15(b)所示。

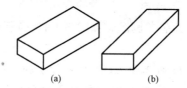

图 2-4-15　轴测图的选用应注意形体的安放位置

3)用同一种轴测图画圆柱，由于圆柱的方向位置不同，会产生不同的效果。在正轴测图中圆柱变形小，如图 2-4-16(a)、(b)、(c)所示；在斜轴测图中圆柱变形大，如图 2-4-16(d)、(f)所示，又扁又斜；只有柱底为正面的斜轴测圆柱形象较明确，如图 2-4-16(e)所示。

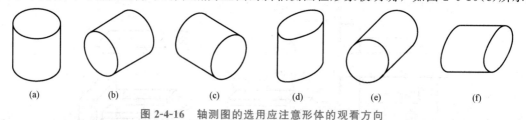

图 2-4-16　轴测图的选用应注意形体的观看方向

(3)图形应清晰反映物体形状。

1)平面和立面上均有 45°关系的物体，如用正等轴测图画，表现不太清楚，如图 2-4-17(a)所示；如用正二等轴测图画，就能较好地表现物体的形状，如图 2-4-17(b)所示。

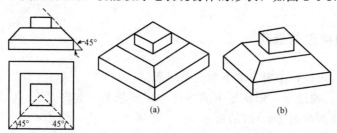

图 2-4-17　轴测图的选用应避免图形重叠

2)刚架节点上有一块45°斜接的角钢，用正面斜轴测图画较简便，但Y轴为45°时，斜角钢有两个面成为两条线，如图2-4-18(a)所示。如Y轴为30°，如图2-4-18(b)所示，斜角钢表现得较充分，图形更为清晰。

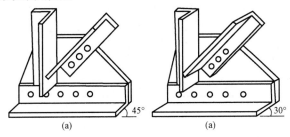

图 2-4-18　轴测图的选用应避免形体被遮挡

画轴测图并不难，但是面对各种不同形状、方位的物体，能选定合适的轴测图，并能得到理想的效果，却需要有熟练的过程。这里仅分析了几个例子作比较，还不能概括所有的情况。要解决轴测图的选择问题，还需要不断通过实践，不断进行分析比较，才能逐渐熟练地选择合适的轴测图，迅速正确地画出各种物体的轴测图。

任务小结

1. 轴测投影的形成、分类和特性；
2. 正轴测投影与斜轴测投影的基本参数及画法；
3. 轴测图类型的选择。

拓展任务

根据柱顶节点轴测投影图进行立体模型制作。

任务五　剖面图与断面图

学习目标

通过本任务的学习，学生应能够：

1. 熟悉剖面图与断面图的形成原理、表达方法；
2. 熟记常用的材料图例；明确各种剖面图、断面图的适用范围；
3. 熟练掌握各种剖面图、断面图的识读与绘制，会综合应用。

教学要点	知识要点	权重	自测分数
剖面图的形成原理和分类	熟练掌握剖面图的画法	20%	
断面图的形成原理和分类	熟练掌握断面图的画法	40%	
各种剖面图、断面图的识读与绘制	熟练掌握剖面图、断面图的识读与绘制	40%	

1. 具有较好的伦理道德、社会公德；
2. 养成科学的工作模式，工作要有思想性、协调性、整体性。

一、剖面图

1. 基本概念

运用形体基本视图，可以将物体的外部形状和大小表达清楚，至于物体内部的不可见部分，在视图中则用虚线表示。如果物体内部的形状比较复杂，在视图中就会出现较多的虚线，甚至虚实线相互重叠或交叉，致使视图很不明确，较难读认，也不便于标注尺寸，如图 2-5-1(a)所示。为了能在图中直接表示出形体的内部形状，假想用一个剖切面将形体切开，移去剖切面与观者之间的部分形体，将剩下的部分形体向基本投影面投射，所得到的投影图称为剖面图。

剖面图与断面图

如图 2-5-1 所示为剖面图的形成过程。剖切平面一般选投影面平行面，以使断面的投影反应实形，形体被剖切后所形成的断面轮廓线用粗实线画出，未被剖切到但可看见的部分的投影轮廓线用细实线画出，看不见的虚线一般省略不画。为使形体被剖到部分与未被剖到部分区别开来，使图形清晰可辨，应在断面轮廓范围内画上表示其材料种类的图例。如未注明形体材料时，用间距相等的 45°细斜线表示，称为剖面线。从图 2-5-1(b)中可以看出，形体被切开移去部分后，其内部结构就显露出来，于是在视图中表示内部结构的虚线在剖面图中变成可见的实线。

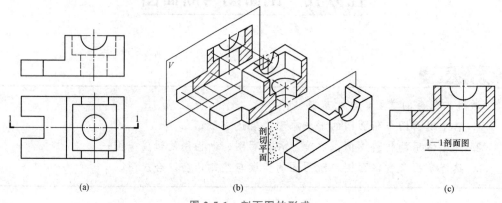

(a)　　　　　　　　　(b)　　　　　　　　　(c)

图 2-5-1　剖面图的形成

2. 各类剖面图的画法

在工程制图中剖面图应用很广泛。下面按剖切范围的大小和剖切方式介绍各类剖面图的画法。

剖切平面的剖切位置要适当，除前面提到的要与投影面平行外，为使画出来的剖面图能全面显示形体内部情况，应使剖切平面通过形体内的孔、洞、槽的对称轴线或对称平面。

在剖面图中剖切平面不必在投影中直接表示出来，而是用剖切符号标注出剖切位置和投射方向。《房屋建筑制图统一标准》(GB/T 50001—2017)规定的剖切符号是用不穿越图形的粗实线表示(长度为6～10 mm)，端部与之垂直的短线是表示画剖面图时的投影方向(长度为4～6 mm)，剖面图编号用数字注写在剖视方向线的端部。剖面图名称用与剖切符号相同的编号命名，并注写在剖面图的下方，如1—1、2—2剖面图等。如图2-5-1(c)所示为"1—1剖面图"。

(1)全剖面图的画法。用剖切面完全地剖开形体所得到的剖面图称为全剖面图，如图2-5-2所示。图2-5-2(b)、(c)、(d)表示从三个不同剖切位置剖切形体后所得到的三个全剖面图，三个剖切平面分别平行于V面、W面、H面。依据剖切平面剖切先后编号为1—1、2—2、3—3，剖面图的图名注写为1—1剖面图、2—2剖面图、3—3剖面图。在实际工作中，可根据形体内部复杂程度和图示要求，画一个或两个全剖面图，而并非一定要全部画出。

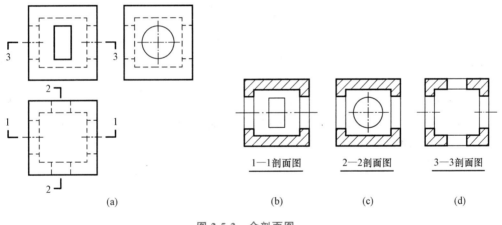

(a)　　　　　　1—1剖面图　　　2—2剖面图　　　3—3剖面图
(b)　　　　　(c)　　　　　(d)

图 2-5-2　全剖面图

(2)半剖面图的画法。如图2-5-3(a)所示为某形体的正投影图，如图2-5-3(b)所示为该形体的全剖面图。当形体的外部和内部均需表达且具有对称面时，在垂直于对称平面的投影面上投影所得的图形，以对称中心线为界，一半画成剖面，另一半画成视图，这种图形称为半剖面图，如图2-5-3(c)所示。它既表示形体的外形也表示形体的内部构造。

需要注意的是，半剖面图和半外形图应以对称面或对称线为界；它一般应画在水平对称轴线的下侧或竖直对称轴线的右侧且不画剖切符号和编号；分界线用细单点画线画出。

(3)阶梯剖面图的画法。若形体上有较多的孔、槽等，当用一个剖切平面不能都剖到时，如图2-5-4(b)所示，则可以假想用几个互相平行的剖切平面通过孔、槽的轴线将形体剖开，所得到的剖面图称为阶梯剖面图。其剖切位置线的转折处用两个端部垂直相交的粗实线表示，如图2-5-4(a)所示。需要注意的是，由于剖切平面是假想的，所以剖切平面转折处由于剖切而使形体产生的轮廓线不应在剖面图中画出，这种转折一般以一次为限，如图2-5-4(c)所示。

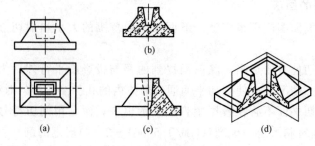

图 2-5-3　半剖面图

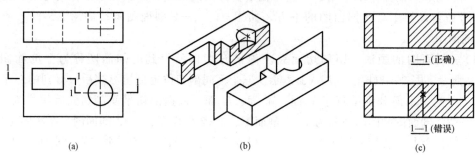

图 2-5-4　阶梯剖面图的画法

（4）局部剖面图的画法。当形体仅需一部分采用剖面图就可以表示内部构造时，可采用将该部分剖开形成局部剖面的形式，称为局部剖面图。投影图与局部剖面面之间，用波浪线分界，如图 2-5-5 所示为杯形基础的局部剖面图。

画局部剖面图时应注意以下几项：

1）局部剖面图部分用波浪线分界，不标注剖切符号和编号。图名沿用原投影图的名称。

2）波浪线应是细线，与图样轮廓线相交。波浪线不能与视图中的轮廓线重合，也不能超出图形轮廓线。

3）局部剖面图的范围通常不超过该投影图形的 1/2。

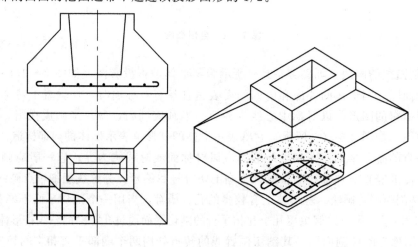

图 2-5-5　杯形基础的局部剖面图

(5)分层剖面图的画法。为了表示建筑物局部的构造层次，并保留其部分外形，可局部分层剖切，由此得到的图形称为分层剖面图。在剖切的范围中画出材料图例，有时还加注文字说明，如图 2-5-6 所示。

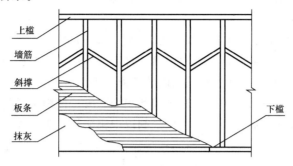

图 2-5-6　板条抹灰隔墙分层剖面图

3. 剖面轴测图的画法

用轴测投影来表示的剖面图叫作剖面轴测图。其画法与一般形体轴测图的绘制方法相同，只是在形体剖面轮廓线范围内要加画剖面线，且该剖面线不再是 45°斜线，而应按轴测投影方向绘制，这样才能使图形具有直观感。如图 2-5-7 所示为杯形基础剖去 1/4 后的正等测图画法。其作图步骤如下：

(1)作出外形的轮廓图；

(2)画出剖切部分的图线并擦掉被剖去的外形轮廓线；

(3)补画剖切后内部可见的轮廓线及材料符号。

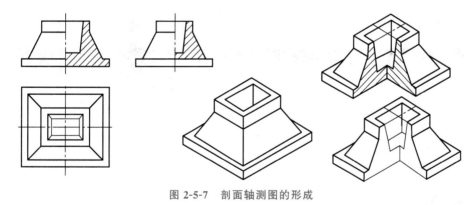

图 2-5-7　剖面轴测图的形成

二、断面图

1. 断面图的形成和分类

当剖切平面剖开物体后，其剖切平面与物体的截交线所围成的截断面，就称为断面。如果只画出该断面的实形投影，则称为断面图，如图 2-5-8(a)所示。断面图主要用于表达形体或构件的断面形状，根据其安放位置不同，一般可分为移出断面图、中断断面图、重合断面图 3 种形式。

2. 断面图的画法

（1）移出断面图的画法。画在视图外的断面图，称为移出断面图。移出断面图的外形轮廓线用粗实线绘制，如图 2-5-8（b）所示。当形体需要作出多个断面图时，可将各个断面整齐地排列在视图的周围。

（2）中断断面图的画法。对于一些较长且均匀变化的单一构件，可以在构件投影图的某一处用折断线断开，然后将断面图画在中间，且不画剖切符号，如图 2-5-8（c）所示。

（3）重合断面图的画法。画在视图以内的断面称为重合断面。画重合断面图时，其比例应与基本投影图相同，且可省去剖切位置线和编号。为了使断面轮廓线区别于投影轮廓线，断面轮廓线应以粗实线绘制，而投影轮廓线则以中粗实线绘制，如图 2-5-8（d）所示。

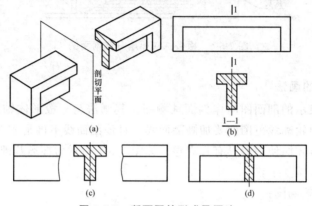

图 2-5-8　断面图的形成及画法
(a)断面图的形成；(b)移出断面图；(c)中断断面图；(d)重合断面图

任务小结

1. 剖面图与断面图的形成、分类和画法。
2. 剖面轴测图的画法。

拓展任务

观察自己身边建筑的室外台阶，选择剖切位置及方式，画剖面图及断面图，标注图名。

项目三 建筑构造

任务一 民用建筑构造概述

学习目标

通过本任务的学习，学生应能够：

1. 了解建筑发展史；
2. 熟悉建筑的构成要素；
3. 掌握民用建筑分类、等级划分的依据；
4. 掌握民用建筑的基本组成；
5. 理解建筑标准化与模数制及轴线的作用。

教学要求

教学要点	知识要点	权重	自测分数
建筑发展史、建筑的构成要素	了解建筑发展史，熟悉建筑的构成要素	20%	
民用建筑分类、等级划分的依据	掌握民用建筑分类、等级划分的依据	30%	
民用建筑的基本组成	熟练掌握民用建筑的基本组成	50%	

素质目标

1. 培养团队协作精神；
2. 具有公平竞争与组织协调的能力。

一、建筑发展历程

1. 原始时期建筑

早在 50 万年前的旧石器时代，中国原始人就已经知道利用天然的洞穴作为栖身之所，北京、辽宁、贵州、广东、湖北、浙江等地均发现有原始人居住过的崖洞。到了新石器时代，黄河中游的氏族部落，利用黄土层为墙壁，用木构架、草泥建造半穴居住所，进而发展为地面上的建筑，并形成聚落。长江流域因潮湿多雨，常有水患兽害，因而发展为杆栏式建筑。据考古发掘，在距今六七千年前，中国古代人已知使用榫卯构筑木架房屋（如浙江余姚河姆渡遗址），黄河流域也发现有不少原始聚落（如西安半坡遗址、临潼姜寨遗址）。木构架的形制已经出现，房屋平面形式也因做法与功用不同而有圆形、方形、吕字形等。这是中国古建筑的草创阶段。

公元前 21 世纪，夏朝建立，标志着原始社会结束，经过夏、商、周三代，到春秋战国时期，在中国的大地上先后营建了许多都邑，夯土技术已广泛使用于筑墙造台。如河南偃师二里头商都城遗址，有长、宽均为百米的夯土台，台上建有八开间的殿堂，周围有廊。此时木构技术较之原始社会已有很大提高，已有斧、刀、锯、凿、钻、铲等加工木构件的专用工具。木构架和夯土技术均已经形成，并取得了一定的进步。这标志着中国古代建筑已经具备了雏形，无论是夯土技术、木构技术还是建筑的立面造型、平面布局，以及建筑材料的制造、运用和色彩、装饰的使用，都初具雏形。这是中国古代建筑以后历代发展的基础。

2. 封建时期建筑

春秋战国时期，各诸侯国皆大兴土木，今天仍可在燕赵古都 30 多所高大的台址上窥见当时宫殿建筑之一斑。

秦始皇统一六国后，开始了中国建筑史上首次规模宏大的工程，如上林苑、阿房宫。汉代建筑规模更大，到汉武帝之时更是大兴宫殿、广辟园囿，较著名的建筑工程有长乐宫、未央宫等。

秦、汉五百年间，由于国家统一，国力强盛，中国古建筑历史上出现了第一次发展高潮。其结构主体的木构架已趋于成熟，重要建筑物上普遍使用斗栱。屋顶形式多样化，庑殿、歇山、悬山、攒尖均已出现，有的被广泛采用。制砖及砖石结构有了新的发展。

魏晋南北朝佛教盛行，给中国建筑艺术蒙上了一层神秘的色彩。寺庙建筑大盛，唐代诗人杜牧有"南朝四百八十寺，多少楼台烟雨中"的感叹。值得一提的是，北朝不仅寺庙建筑众多，而且依山开凿石窟，并在其中造佛像、刻佛经，今天我们仍可见的云冈、龙门石窟都是中国及世界建筑史上的奇观。

隋唐时期的建筑，既继承了前代成就，又融合了外来元素，形成了一个独立而完整的建筑体系，将中国古代建筑推到了成熟阶段，并远播影响了朝鲜、日本。隋唐建筑的主要成就在皇宫建筑方面。隋唐兴建的长安城是中国古代最宏大的城市。唐代增建的大明宫，充分体现了大唐盛世的时代精神。另外，隋唐时期还兴建了一系列宗教建筑，以佛塔为主，如玄奘塔、香积寺塔、大雁塔等。

元大都，明、清北京城的兴建，是中国古代封建帝都建设的总结与终结；木构造技术的变革——拼合梁柱的大量使用、模数制的进一步完成促使设计标准化、定型化及砖石建筑普及。

3. 现代建筑

现代建筑在材料、施工手段、结构形式等方面都有了很大的进步，随着新型建筑材料的广泛应用，框架、网架、悬索、壳体、筒体等结构层出不穷，给建筑的生产提供了极大的发展空间。其中较为瞩目的有首都机场的三号航站楼、中央电视台新址、国家体育场、国家游泳中心、武汉天兴洲长江大桥、国家大剧院等。21 世纪，建筑正向着生态、科技、个性和艺术的方向发展。

二、建筑的分类

1. 按建筑使用性质分类

按建筑使用性质通常可以分为民用建筑、工业建筑、农业建筑，如图 3-1-1 所示。

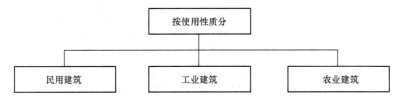

图 3-1-1　按建筑使用性质分类

(1)民用建筑：供人们工作、学习、生活、居住用的建筑物。其包括居住建筑和公共建筑。

1)居住类建筑：供人们生活起居用的建筑物，如住宅、宿舍、公寓等。

2)公共建筑：供人们从事各种社会活动的建筑物，如办公建筑、文教建筑、托幼建筑、科研建筑、医疗建筑、商业建筑、旅馆建筑、展览建筑、通信广播建筑、园林建筑、交通建筑、体育建筑、纪念性建筑等。

(2)工业建筑：为工业生产服务的生产车间及为生产服务的辅助车间、动力用房、仓库等。

(3)农业建筑：供农(牧)业生产和加工用的建筑，如种子库、温室等。

2. 按建筑主要承重结构的材料分类

按建筑主要承重结构的材料可以分为木结构、砖石结构、钢筋混凝土结构、钢结构、混合结构等，如图 3-1-2 所示。

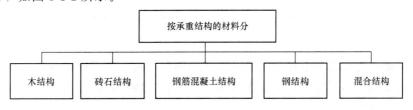

图 3-1-2　按建筑承重结构的材料分类

3. 按建筑结构的承重方式分类

按建筑结构的承重方式可以分为墙承重结构、框架结构、排架结构、剪力墙结构、空间结构等，如图 3-1-3 所示。

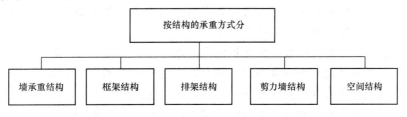

图 3-1-3　按建筑结构的承重方式分类

4. 按建筑高度和层数分类

按建筑高度和层数分类，如图 3-1-4 所示。

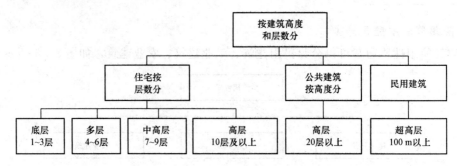

图 3-1-4　按建筑高度和层数分类

三、民用建筑等级划分

1. 按耐久年限分

建筑按耐久年限分为四级，见表 3-1-1。

表 3-1-1　建筑的耐久年限

类别	设计使用年限/年	适用范围
1 级	100 年以上	适用于重要的建筑和高层建筑
2 级	50～100 年	适用于一般性建筑
3 级	25～50 年	适用于次要的建筑
4 级	15 年以下	适用于临时性建筑

2. 按防火性能分

建筑物的耐火等级是衡量建筑物耐火程度的标准，是根据组成建筑物构件的燃烧性能和耐火极限确定的。高层建筑的耐火等级可分为一、二两级；其他建筑物的耐火等级可分为一、二、三、四级。

知识拓展

耐火极限：是指对任一建筑构件按时间—温度标准曲线进行耐火试验，从受到火的作用时起，到失去支持能力或完整性被破坏或失去隔火作用时为止的这段时间，以小时表示。

燃烧性能：是指组成建筑物的主要构件在明火或高温作用下燃烧与否及燃烧的难易程度。其可分为不燃烧体、难燃烧体和燃烧体。

不燃烧体：用不燃烧材料做成的建筑构件，如砖、石、混凝土、金属材料等。

难燃烧体：用难燃烧材料做成的建筑构件，或用燃烧材料制作，而用不燃烧材料做保护层的建筑构件，如沥青混凝土、石膏板、水泥刨花板、抹灰木板条等。

燃烧体：用容易燃烧的材料做成的建筑构件，如木材、纸板、纤维板、胶合板等。

四、民用建筑的构造组成

一幢建筑，一般是由基础、墙或柱、楼地层、楼梯、屋顶和门窗六大部分组成的。另外，还有阳台、雨篷、台阶、通风道等附属部件，如图 3-1-5 所示。

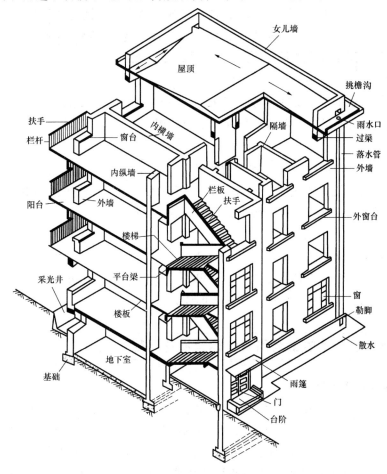

图 3-1-5 民用建筑构造组成

1. 基础

基础是建筑物最下部的承重构件，其作用是承受建筑物的全部荷载，并将这些荷载传递给地基。因此，基础必须具有足够的强度，并能抵御地下各种有害因素的侵蚀。

2. 墙体或柱

墙体或柱是建筑物的承重构件和围护构件。作为承重构件的外墙，其作用是抵御自然界各种因素对室内的侵袭；内墙主要起分隔空间及保证环境舒适的作用。框架或排架结构的建筑物中，柱起承重作用，墙仅起围护作用。因此，要求墙体具有足够的强度、稳定性，以及保温、隔热、防水、防火、耐久与经济等性能。

3. 楼地层

楼地层包括楼板层和地坪层。

（1）楼板层是房屋建筑内部的水平承重构件，按房间层高将整幢建筑物沿水平方向分为若干层；楼板层承受家具、设备和人体荷载及本身的自重，并将这些荷载传递给墙或柱；同时对墙体起着水平支撑的作用。因此，要求楼板层应具有足够的强度、刚度和隔声、防火、防潮、防水的性能。

（2）地坪层是建筑底层与下部土层相接触的部分，它承载着底层房间的地面荷载，并将这些荷载传递给地坪层下的土层。由于地坪层下面往往是夯实的土壤，所以强度要求比楼板低。地坪层直接同家具、设备和人体接触，要求具有良好的耐磨、防潮、防水、保温的性能。有些建筑采用了架空地坪，此时地坪与楼板基本相同。

4. 楼梯

楼梯是楼房建筑的垂直交通设施。供人们上下楼层和紧急疏散之用。故要求楼梯具有足够的通行能力，并且防滑、防火，能保证安全使用。

5. 屋顶

屋顶是建筑物顶部的围护构件和承重构件。抵抗风、雨、雪霜、冰雹等的侵袭和太阳辐射热的影响；又承受风雪荷载及施工、检修等屋顶荷载，并将这些荷载传递给墙或柱。故屋顶应具有足够的强度、刚度及防水、保温、隔热等性能。

6. 门窗

门主要起内外交通联系和分隔房间的作用；窗主要起通风、采光、分隔、眺望等围护作用。处于外墙上的门窗又是围护构件的一部分，要满足热工及防水的要求；某些有特殊要求的房间，门窗应具有保温、隔声、防火的能力。

五、影响房屋构造的主要因素和构造设计原则

1. 影响建筑构造的因素

（1）外力作用的影响。作用在建筑物上的各种外力统称为荷载。荷载可分为恒荷载（如结构自重）和活荷载（如人群、家具、风雪及地震荷载）两类。荷载的大小是建筑结构设计的主要依据，也是结构选型及构造设计的重要基础，起着决定构件尺度、用料多少的重要作用。

（2）自然界其他因素的影响。我国各地区地理位置及环境不同，气候条件有许多差异。太阳的辐射热，自然界的风、雨、雪、霜、地下水等构成了影响建筑物的多种因素。故在进行构造设计时，应该针对建筑物所受影响的性质与程度，对各有关构、配件及部位采取必要的防范措施，如防潮、防水、保温、隔热、设伸缩缝、设隔蒸汽层等。

（3）人为因素的影响。人们在生产和生活活动中，往往遇到火灾、爆炸、机械振动、化学腐蚀、噪声等人为因素的影响，故在进行建筑构造设计时，必须针对这些影响因素，采取相应的防火、防爆、防振、防腐、隔声等构造措施，以防止建筑物遭受不应有的损失。

（4）技术和经济条件的影响。由于建筑材料技术的日新月异，建筑结构技术的不断发展，建筑施工技术的不断进步，建筑构造技术也在不断翻新、丰富。因而，在构造设计中要以构造原理为基础，在利用原有的、标准的、典型的建筑构造的同时，不断发展或创造新的构造方案。

随着建筑技术的不断发展和人们生活水平的日益提高，人们对建筑的使用要求也越来

越高。建筑标准的变化带来建筑质量标准、建筑造价等也出现较大差别，对建筑构造的要求也随着经济条件的改变而发生着大的变化。

2. 建筑构造的设计原则

(1)满足建筑使用功能的要求。房屋建造的地点不同，使用功能不同，往往对建筑构造的要求也不相同。应当根据具体情况，选择合理的房屋构造方案。

(2)确保结构安全。克服外界因素对建筑的损害，提高建筑的抵御能力，并有利于结构安全。在选择受力构件时，应将确保结构安全放在首位。

(3)适应建筑工业化和建筑施工的需要。技术先进，简单合理，方便施工，尽量采用标准设计和通用构配件，以适应建筑工业化的要求。

(4)注重社会、经济和环境效益。在选择房屋的构造方案时应充分考虑建筑的综合效益，经济合理，就地取材，注意环境保护，在保证工程质量的同时控制和降低造价。

(5)注重美观。建筑构造设计不仅要创造出坚固适用的室内外空间环境，还要考虑人们对建筑物美观方面的要求，即在处理建筑的细部构造时，要做到坚固适用、美观大方，丰富建筑的艺术效果，让建筑给人以良好的精神享受。

六、建筑标准化与建筑模数制

1. 建筑标准化

建筑标准化是指在建筑工程方面建立和实现有关的标准、规范、规则等的过程。建筑标准化的目的是合理利用原材料，促进构配件的通用性和互换性，实现建筑工业化，以取得最佳经济效果。

(1)建筑构配件标准化。建筑标准化要求建立完善的标准化体系，其中包括建筑构配件、零部件、制品、材料、工程和卫生技术设备，以及建筑物和它的各部位的统一参数，从而实现产品的通用化、系列化、标准化。

(2)建筑标准化设计。建筑标准化的基础工作是制定标准，包括技术标准、经济标准和管理标准，使得设计有章可循。并且在大量性建筑的设计中推行标准化设计。

(3)工业化建筑体系。通过构配件的标准化、通用化及推进标准化设计可以实现建筑工业化生产，从而节约能源，减少劳动力，提高工作效率。

2. 建筑模数制

建筑模数是建筑设计中选定的标准尺寸单位。其是建筑物、建筑构配件、建筑制品及有关设备尺寸相互间协调的基础。

(1)基本模数。基本模数是建筑模数协调统一标准中的基本尺度的单位，用 M 表示，$1M=100$ mm。

(2)导出模数。导出模数可分为扩大模数和分模数。

1)扩大模数。扩大模数为基本模数的整数倍，以 3M(300 mm)、6M(600 mm)、12M(1 200 mm)、15M(1 500 mm)、30M(3 000 mm)和60M(6 000 mm)表示。

2)分模数。分模数为整数除基本模数，以 1/10M(10 mm)、1/5M(20 mm)和1/2M(50 mm)表示。

(3)模数数列及应用。模数数列是以基本模数、扩大模数、分模数为基础扩展的数值系统，应根据建筑空间的具体情况拥有各自的适用范围，建筑物中的所有尺寸，除特殊情况外，一般都应符合模数数列的规定。表 3-1-2 是我国现行的模数数列。

表 3-1-2 模数数列　　　　　　　　　mm

基本模数	扩大模数						分模数		
1M	3M	6M	12M	15M	30M	60M	$\frac{1}{10}$M	$\frac{1}{5}$M	$\frac{1}{2}$M
100	300	600	1 200	1 500	3 000	6 000	10	20	50
100	300						10		
200	600	600					20	20	
300	900						30		
400	1 200	1 200	1 200				40	40	
500	1 500			1 500			50		50
600	1 800	1 800					60	60	
700	2 100						70		
800	2 400	2 400	2 400				80	80	
900	2 700						90		
1 000	3 000	3 000		3 000	3 000		100	100	100
1 100	3 300						110		
1 200	3 600	3 600	3 600				120	120	
1 300	3 900						130		
1 400	4 200	4 200					140	140	
1 500	4 500			4 500			150		150
1 600	4 800	4 800	4 800				160	160	
1 700	5 100						170		
1 800	5 400	5 400					180	180	
1 900	5 700						190		
2 000	6 000	6 000	6 000	6 000	6 000	6 000	200	200	200
2 100	6 300							220	
2 200	6 600	6 600							250
2 300	6 900							240	
2 400	7 200	7 200	7 200					260	
2 500	7 500			7 500				280	
2 600		7 800						300	300
2 700		8 400	8 400					320	
2 800		9 000		9 000	9 000				350
2 900		9 600	9 600					340	
3 000				10 500				360	
3 100			10 800					380	
3 200			12 000	12 000	12 000	12 000		400	400

（4）定位轴线的确定。定位轴线是用以确定主要结构位置的线，如确定建筑的开间或柱距，进深或跨度的线称为定位轴线。定位轴线还用于确定模数化构件尺寸。

（5）尺寸。在建筑模数协调中可将构件的尺寸分为标志尺寸、构造尺寸、实际尺寸。

1）标志尺寸。用以标注建筑物定位轴线之间的距离（跨度、柱距、层高等），以及建筑制品、建筑构配件、组合件、有关设备位置界限之间的尺寸。

2）构造尺寸。生产、制造建筑构配件、建筑组合件、建筑制品等的设计尺寸。一般情况下，构造尺寸为标志尺寸减去缝隙或加上支承尺寸。

3）实际尺寸。建筑构配件、建筑组合件、建筑制品等生产制作后的实有尺寸。实际尺寸与构造尺寸之间的差数应符合建筑公差的规定。如图 3-1-6 所示为几种尺寸间的关系。

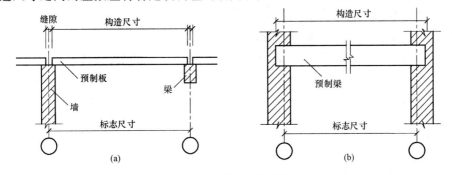

图 3-1-6　几种尺寸间的关系

(a)标志尺寸大于构造尺寸；(b)标志尺寸小于构造尺寸

任务小结

1. 民用建筑的分类，按使用性质、承重结构的材料、结构形式、层数和高度、规模和数量等不同方面进行分类；按耐久年限、耐火等级、重要性和规模等进行分级。

2. 民用建筑一般由基础、墙或柱、楼地层、楼梯、屋顶和门窗六大部分组成。

3. 建筑模数是建筑设计中选定的标准尺寸单位。其是建筑物、建筑构配件、建筑制品及有关设备尺寸相互间协调的基础。基本模数是建筑模数协调统一标准中的基本尺度的单位，用 M 表示，1M＝100 mm。导出模数可分为扩大模数和分模数。

拓展任务

1. 观察你身边的建筑，其主要组成部分是怎样的？

2. 观察你身边的建筑，按建筑分类方法将它们一一分类。

3. 阅读某建筑总设计说明，判断该建筑属于哪种类型。

4. 查阅建筑设计防火规范，了解常用建筑材料的耐火极限和燃烧性能。

任务二　基础与地下室

一、基础和地基的关系

1. 地基、基础及其与荷载的关系

基础是建筑物上部承重结构向下的延伸和扩大部分，它承受建筑物的全部荷载，并把这些荷载连同自身的质量一起传递到地基上。

地基是建筑物基础下面的土层，直接承受着由基础传来的建筑物的全部荷载。地基因此而产生应力和应变，并随土层深度的增加而减少，在到了一定的深度后就可以忽略不计。地基虽然不是建筑物的组成部分，但它与基础一样，对保证建筑物的坚固耐久具有非常重要的作用。地基中直接承受荷载需要计算的土层称为持力层，持力层以下的土层称为下卧层，如图 3-2-1 所示。

基础和地基概述

荷载包括作用在建筑物上的全部恒荷载和活荷载，在设计中采用恒荷载和活荷载组合的设计值。

上部荷载通过竖向传力构件传至基础，基础又将这些荷载连同自身的质量一起传递到地基上。当荷载一定时，可通过加大基础底面积减小单位面积上地基所受到的压力。基础底面积 A 可通过下式来确定：

$$A \geqslant N/f$$

式中　N——建筑物的总荷载；

　　　f——地基承载力。

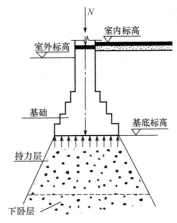

图 3-2-1　地基、基础及与荷载的关系

2. 地基的分类

地基可分为天然地基和人工地基两种类型。

天然地基是指天然状态下即可满足承载力要求、不需人工处理的地基。可做天然地基的岩土体包括岩石、碎石、砂土、黏性土等。

当天然地基达不到承载力要求时，可以对地基进行补强和加固，经人工处理的地基称为人工地基。

人工地基的处理方法有换填法、预压法、强夯法、振冲法、深层搅拌法等。

3. 地基和基础的设计要求

(1)地基应具有足够的承载力和均匀程度。建筑物应尽量选择地基承载力较高而且均匀的地段，如岩石、碎石等。地基土质应均匀，否则基础处理不当，会使建筑物发生不均匀沉降，引起墙体开裂；严重时，甚至影响建筑物的正常使用。

(2)基础应具有足够的强度和耐久性。基础是建筑物的重要承重构件，它承受着上部结构的全部荷载，是建筑物安全的重要保证。因此，基础必须有足够的强度，才能保证其将建筑物的荷载可靠地传递给地基。

基础埋于地下，建成后检查和维修困难，所以，在选择基础的材料与构造形式时，应考虑其耐久性与上部结构相适应。

基础埋置深度

二、基础

1. 基础埋置深度

(3)造价经济合理。基础工程占建筑总造价的 $10\%\sim40\%$，降低基础工程的造价是减少建筑总投资的有效方法。这就要求选择土质好的地段，以减少地基处理的费用。需要特殊处理的地基，也要尽量选用地方材料及合理的构造形式。

(1)基础埋置深度的概念。基础埋置深度是指从设计室外地面至基础底面的垂直距离，简称基础埋深，如图 3-2-2 所示。基础按其埋深大小可分为浅基础和基础。基础埋深不超过 5 m 时称为浅基础；如浅层土质不良，须将基础埋深加大，此时须采取一些特殊的施工手段和相应的基础形

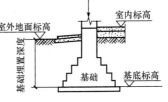

图 3-2-2　基础埋置深度

式来修建，如桩基、沉箱、沉井和地下连续墙等，这样的基础称为深基础。

（2）影响基础埋置深度的因素。基础埋深的大小关系到地基是否可靠、施工难易及造价高低。影响基础埋深的因素很多。其主要影响因素如下：

1）建筑物的使用要求、基础形式及荷载。当建筑物设置地下室、设备基础或地下设施时，基础埋深应满足其使用要求；高层建筑基础埋深随建筑高度的增加适当增大，才能满足稳定性要求；荷载大小和性质也影响基础埋深，一般荷载较大时应加大埋深；受向上拔力的基础，应有较大埋深以满足抗拔力的要求。

2）工程地质条件和水文地质条件。

①工程地质条件。基础应建造在坚实可靠的地基上，而不能设置在承载力低、压缩性高的软弱土层上。在满足地基稳定和变形要求的前提下，基础尽量浅埋，但通常不浅于0.5 m。如浅层土作持力层不能满足要求，可考虑深埋，但应与其他方案进行比较。

②水文地质条件。存在地下水时，在确定基础埋深时一般应考虑将基础埋于地下水水位以上不小于 200 mm 处。当地下水水位较高，基础不能埋置在地下水水位以上时，宜将基础埋置在最低地下水水位以上不少于 200 mm 的深度，且同时考虑施工时基坑的排水和坑壁的支护等因素。地下水水位以下的基础，选材时应考虑地下水对其是否有腐蚀性，如有，应采取防腐措施，如图 3-2-3 所示。

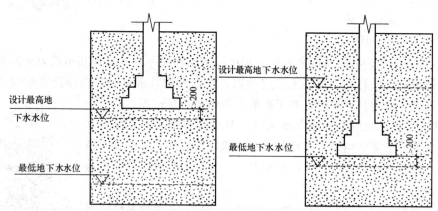

图 3-2-3　基础埋深与地下水水位的关系

3）土的冻结深度。粉砂、粉土和黏性土等细粒土具有冻胀现象，冻胀会将基础向上拱起；土层解冻，基础又下沉，使基础处于不稳定状态。冻融的不均匀使建筑物产生变形，严重时产生开裂等破坏情况，因此，建筑物基础应埋置在冰冻层以下并不小于 200 mm 的深度，如图 3-2-4 所示。

4）相邻建筑物的埋深。新建建筑物基础埋深不宜大于相邻原基础埋深，当埋深大于原有建筑物基础时，基础间的净距应根据荷载大小和性质等确定，一般为相邻基础底面高差的 1～2 倍，如图 3-2-5 所示。当不能满足要求时，应采取加固原有地基或分段施工、设临时加固支撑、打板桩、设置地下连续墙等施工措施。

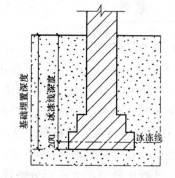

图 3-2-4　基础埋深与冰冻线的关系

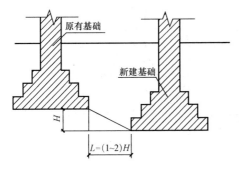

基础按材料及受力特点分类

图 3-2-5　基础埋深与相邻基础的关系

2. 基础的分类与构造

(1)按材料及受力特点分类。

1)刚性基础。刚性基础是指由砖石、毛石、素混凝土、灰土等刚性材料制作的基础。这种基础抗压强度高而抗拉、抗剪强度低。为满足地基允许承载力的要求，需要加大基础底面积，基础底面尺寸的放大应根据材料的刚性角来决定。刚性角是指基础放宽的引线与墙体垂直线之间的夹角，如图 3-2-6 中的 α 角。凡受刚性角限制的基础为刚性基础。

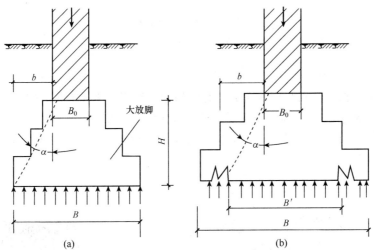

图 3-2-6　刚性基础的受力、传力特点

(a)基础在刚性角范围内传力；(b)基础底面宽度超过刚性角范围而遭破坏

为设计施工方便，将刚性角换算成 α 正切值，即宽高比。如砖基础的大放脚宽高比应≤1：1.5。大放脚的作法，一般采用每两皮砖挑出 1/4 砖(等高式)或每两皮砖挑出 1/4 砖与一皮砖挑出 1/4 砖相间砌筑(间隔式)，如图 3-2-7 所示。

2)柔性基础。钢筋混凝土基础称为柔性基础。钢筋混凝土的抗弯和抗剪性能良好，可在上部结构荷载较大、地基承载力不高等情况下使用，这类基础的高度不受台阶高宽比的限制，故适宜在宽基浅埋的场合下采用。在同样情况下，与混凝土基础比较，采用钢筋混凝土可节省大量的材料和挖土的工作量。钢筋混凝土基础的构造如图 3-2-8 所示。

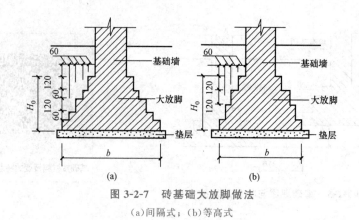

图 3-2-7　砖基础大放脚做法

(a)间隔式；(b)等高式

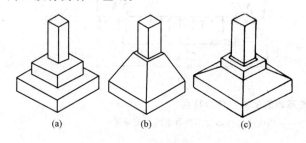

图 3-2-8　钢筋混凝土基础

(a)素混凝土基础与钢筋混凝土基础比较；(b)基础配筋情况

（2）按构造形式分类。

1）独立基础。独立基础常用断面形式有阶梯形、锥形、杯形（图 3-2-9）。其适用于多层框架结构或厂房排架柱下基础，地基承载力不低于 80 kPa 时，其材料通常采用钢筋混凝土、素混凝土等。当柱为预制时，则将基础做成杯口形，然后将柱子插入，并嵌固在杯口内，故称为杯口基础。

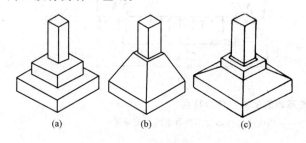

图 3-2-9　独立基础

(a)阶梯形；(b)锥形；(c)杯形

基础按构造形式分类

2）条形基础。条形基础是连续带形，也称带形基础。条形基础有墙下条形基础和柱下条形基础。

①墙下条形基础。一般用于多层混合结构的墙下，低层或小型建筑常用砖、混凝土等刚性条形基础。如图 3-2-10 所示为墙下条形砖基础的示意图。如上部为钢筋混凝土墙，或地基较差、荷载较大时，可采用钢筋混凝土条形基础。

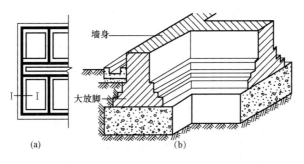

图 3-2-10　墙下条形基础

(a)平面图；(b)Ⅰ—Ⅰ剖面图

②柱下条形基础。因为上部结构为框架结构或排架结构，荷载较大或荷载分布不均匀，地基承载力偏低，为增加基底面积或增强整体刚度，以减少不均匀沉降，常采用钢筋混凝土柱下条形基础，如图 3-2-11 所示。将各柱下基础用基础梁相互连接成一体，就形成井格基础，如图 3-2-12 所示。

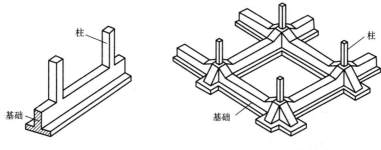

图 3-2-11　柱下条形基础　　　　　　　图 3-2-12　井格基础

3)筏形基础。建筑物的基础由整片的钢筋混凝土板组成，板直接作用于地基土，称为筏形基础或片筏基础。筏形基础的整体性好，可以跨越基础下的局部软弱土。筏形基础常用于地基软弱的多层砌体结构、框架结构、剪力墙结构的建筑，以及上部结构荷载较大且不均匀或地基承载力低的情况，按其结构布置可分为板式和梁板式，其受力特点与倒置的楼板相似，如图 3-2-13 所示。

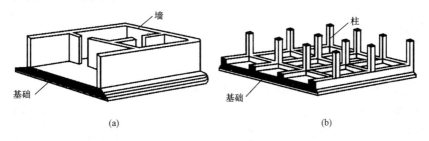

图 3-2-13　筏形基础

(a)板式；(b)梁板式

4)箱形基础。当上部建筑物为荷载大、对地基不均匀沉降要求严格的高层建筑、重型建筑及软弱土地基上多层建筑时，为增加基础刚度，将地下室的底板、顶板和墙整体浇成箱子状的基础，称为箱形基础。箱形基础的刚度较大，且抗震性能好，有较好的地下空间可以利用，能承受很大的弯矩，可用于特大荷载且需设地下室的建筑，如图 3-2-14 所示。

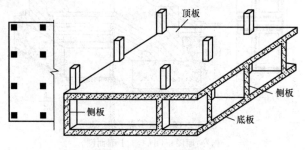

图 3-2-14　箱形基础

5)桩基础。当建筑物荷载较大，地基土层软弱且较厚时，基础不能埋置于软弱土层内；地基的坚实土层较深；或对软弱土层加固困难又不经济时常用桩基础。桩基础具有承载力高、沉降量小的特点，是高层建筑中常用的一种深基础。

桩基础由承台板(梁)和桩身两部分组成，如图 3-2-15 所示。其作用是将上部的荷载通过桩端传至深处较坚硬的土层；或通过桩身侧面与周围土壤的摩擦力传递给地基。前者为端承桩；后者为摩擦桩。

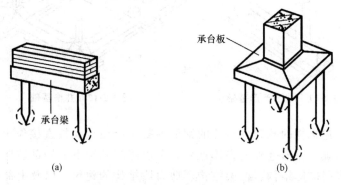

图 3-2-15　桩基础

(a)墙下桩基础；(b)柱下桩基础

三、地下室

1. 地下室的类型和构造组成

(1)地下室的类型。地下室是建筑物首层下面的房间。利用地下空间，可节约建设用地。

地下室按使用功能分，有普通地下室和防空地下室；按顶板标高分，有半地下室(埋深为 1/3～1/2 地下室净高)和全地下室(埋深为地下室净高的 1/2 以上)；按结构材料分，有砖混结构地下室和钢筋混凝土结构地下室。

(2)地下室的构造组成。地下室一般由墙体、底板、顶板、楼梯、门窗等几部分组成，如图 3-2-16 所示。

地下室的类型和构造组成

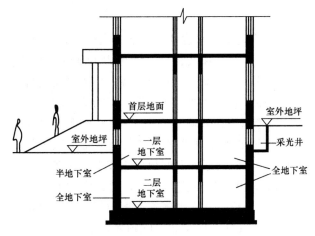

图 3-2-16　地下室的构造组成

1)地下室的墙体。地下室的墙体不仅要承受上部的垂直荷载，还要承受土、地下水及土壤冻结时的侧压荷载，所以采用砖墙时其厚度一般不小于 490 mm。当荷载较大或地下水水位较高时，最好采用钢筋混凝土墙，其厚度不小于 200 mm。

2)地下室的底板。地下室的底板主要承受地下室地坪的垂直荷载，当地下水水位高于地下室地面时，还要承受地下水的浮力，所以底板要有足够的强度、刚度和抗渗能力。

3)地下室的顶板。地下室的顶板主要承受首层地面荷载，可用预制板、现浇板或在预制板上做现浇层，要求有足够的强度和刚度。若为防空地下室，顶板必须采用钢筋混凝土现浇板并按有关规定决定其跨度、厚度和混凝土的强度等级。

4)地下室楼梯。地下室楼梯可与上部楼梯结合设置，层高小或用作辅助房间的地下室可设单跑楼梯。防空地下室的楼梯，至少要设置两部楼梯通向地面的安全出口，并且必须有一个独立的安全出口。

5)地下室的门窗。普通地下室的门窗与地上房间门窗相同，窗口下沿距散水面的高度应大于 250 mm，以免灌水，如图 3-2-17 所示。当地下室的窗台低于室外地面时，为达到采光和通风的目的，应设置采光井。

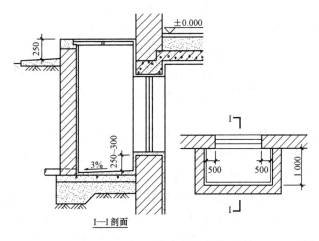

图 3-2-17　地下室采光井

2. 地下室的防潮和防水

（1）地下室的防潮。当最高地下水水位低于地下室底板 300～500 mm，且地基范围内及回填土无形成上层滞水的可能时，墙和底板仅受到土中毛细管水和地表水下渗而造成的无压水的影响，只需做防潮处理；对于现浇混凝土外墙，一般可起到自防潮效果，不必再做防潮处理。对于烧结普通砖墙，其构造要求是墙体必须用水泥砂浆砌筑，灰缝饱满；外墙外侧用 1：2.5 水泥砂浆抹 20 mm 厚，刷冷底子油一道和热沥青两道或涂刷乳化沥青、阳离子合成乳化沥青等防水冷涂料；在防潮层外侧回填黏土或低比例灰土等弱透水性土，宽约为 500 mm，并逐层夯实。另外，地下室的所有墙体都必须设两道水平防潮层。一道设置在地下室底板附近，另一道设置在室外地坪以上 150～200 mm 处，如图 3-2-18 所示。

地下室的防潮和防水

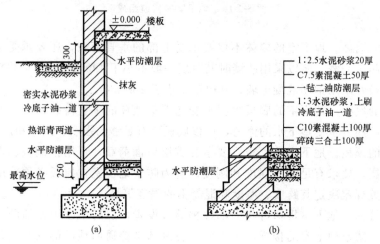

图 3-2-18　地下室防潮构造

（a）墙身防潮；（b）地坪防潮

（2）地下室的防水。当最高地下水水位高于地下室地坪时，地下室的底板和部分外墙将浸在水中，此时地下室外墙受到地下水的侧压力，地坪受到水的浮力的影响，因此必须对地下室外墙和地坪做防水处理，并将防水层连贯起来。地下室防水工程分为四个等级，各地下工程的防水方案应根据工程的重要性和使用要求选定。

目前，我国地下工程防水常用的措施有卷材防水、混凝土构件自防水、涂料防水、塑料防水板防水、金属防水层等。选用何种材料防水，应根据地下室的使用功能、结构形式、环境条件等因素合理确定。

1）卷材防水。卷材防水是以防水卷材和相应的胶粘剂分层粘贴，铺设在地下室底板垫层至墙体顶端的基面上，形成封闭防水层的做法。根据防水层铺设位置的不同，卷材防水可分为外包防水和内包防水，如图 3-2-19 所示。

卷材防水材料分层粘贴在结构层外表面的做法称为卷材外防水。其具体做法是：先浇筑混凝土垫层，在垫层上粘贴卷材防水层（卷材层数视水压大小选定），在防水层上抹 20～30 mm 厚水泥砂浆保护层；再在保护层上浇筑钢筋混凝土底板。在铺设卷材时，须在底板四周预留甩槎，以便与垂直防水卷材衔接。外防水效果好，但维修困难。

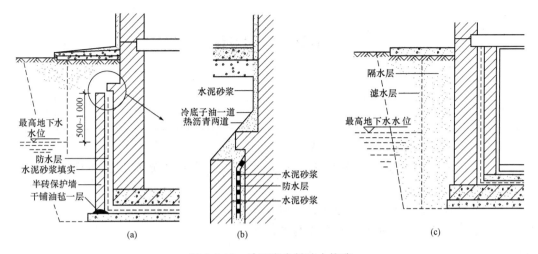

图 3-2-19　地下室卷材防水构造

（a）外包防水；（b）墙身防水层收头处理；（c）内包防水

将防水层粘贴在结构层内表面时称为卷材内防水。内防水效果差，但施工简单，便于维修，常用于修缮工程。

2）混凝土构件自防水。当地下室的墙和底板均采用钢筋混凝土时，常通过调整混凝土的配合比或在混凝土中掺入外加剂等，来改善混凝土的密实性，提高混凝土的抗渗性能，使地下室结构构件的承重、围护、防水功能三者合一。为防止地下水对钢筋混凝土构件的侵蚀，在墙外侧应抹水泥砂浆，然后涂刷热沥青，如图 3-2-20 所示。

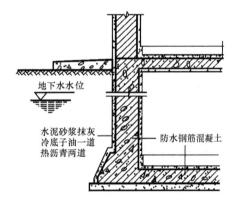

图 3-2-20　混凝土构件自防水

任务小结

1. 基础的作用及其构造；基础与地基的关系；基础的类型及影响基础埋深的因素。

2. 地下室的类型和构造组成。

3. 地下室防潮、防水的基本构造原理与构造方法。

拓展任务

1. 地基与基础是一样的吗？

2. 承台的形式有几种？如何布置？

3. 利用所学知识，自主识读某建筑基础施工图，识读图中有关基础的类型，同学们相互讨论并作识图笔记。

任务三　墙体

学习目标

通过本任务的学习，学生应能够：

1. 掌握墙体的类型及布置方案、墙体的细部构造和墙面常用装修做法及适用范围；

2. 掌握墙体抗震构造、新型墙面的构造做法；

3. 能运用所学知识进行墙体节点构造设计。

教学要求

教学要点	知识要点	权重	自测分数
墙体类型及布置方案	理解墙体的类型及布置方案	10%	
墙体的细部构造	熟练掌握墙体细部构造、低能耗被动式样板间墙体细部构造现场教学	40%	
墙面常用装修做法	熟练掌握墙面常用装修做法、建筑装饰实训室现场教学	50%	

素质目标

1. 强化学生工程伦理教育，培养学生精益求精的大国工匠精神，激发学生科技报国的家国情怀和使命担当；

2. 引导学生了解世情、国情、党情、民情，增强对党的创新理论的政治认同、思想认同、情感认同，坚定中国特色社会主义道路自信、理论自信、制度自信、文化自信。

一、墙的作用与设计要求

1. 墙的作用

(1)承重作用。墙体承受着自重、屋顶、楼板(梁)传递的荷载和风荷载。

(2)围护作用。墙体抵挡了风、雨、雪的侵袭，防止太阳的辐射、噪声干扰及室内热量的散失，起到保温、隔热、隔声、防风、防水等作用。

(3)分隔作用。通过墙体将房屋内部划分成不同的使用空间。

2. 墙的类型

(1)按墙体的位置和方向分类。

墙体概述

94

1)内墙。位于建筑物内部的墙体，可分隔室内空间，同时也起到一定的隔声、防火等作用。

2)外墙。位于建筑物四周与室外接触起着挡风、遮雨、保温、隔热等围护作用的墙体。

3)纵墙。沿建筑物长轴方向布置的墙。

4)横墙。沿建筑物短轴方向布置的墙。

5)外横墙又称山墙。窗与窗、窗与门之间的墙称为窗间墙；窗洞下部的墙称为窗下墙；屋顶上部的墙称为女儿墙，如图 3-3-1 所示。

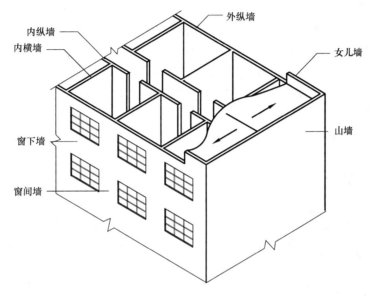

图 3-3-1　墙体各部分名称图

(2)按墙体的受力分类。

1)承重墙：凡直接承受楼板、屋顶等传来荷载的墙称为承重墙。

2)非承重墙：不承受这些外来荷载的墙称为非承重墙。非承重墙又包括：不承受外来荷载，仅承受自身质量并将其传至基础的墙称为自承重墙；在框架结构中，填充在柱子和梁之间的墙称为框架填充墙；仅起分隔空间作用，自身质量由楼板或梁来承担的墙称为隔墙；悬挂在建筑物外部，主要起围护和装饰作用的轻质墙称为幕墙。

(3)按墙体材料分类。按所用材料的不同，墙体有砖和砂浆砌筑的砖墙；利用工业废料制作的各种砌块砌筑的砌块墙；现浇或预制的钢筋混凝土墙；石块和砂浆砌筑的石墙等。

(4)按墙体构造形式分类。按构造形式不同，墙体可分为实体墙、空体墙和复合墙三种。实体墙是由烧结普通砖及其他实体砌块砌筑而成的墙；空体墙内部的空腔可以靠组砌形成，如空斗墙，也可用本身带孔的材料组合而成，如空心砌块墙等；复合墙由两种以上材料组合而成，如加气混凝土复合板材墙，其中混凝土起承重作用，加气混凝土起保温隔热作用。

(5)按墙体施工方法分类。根据施工方法不同，墙体可分为块材墙、板筑墙和板材墙三种。块材墙是用砂浆等胶结材料将砖、石、砌块等组砌而成的，如实砌砖墙；板筑墙是在施工现场立模板现浇而成的墙体，如现浇混凝土墙；板材墙是预先制成墙板，在施工现场安装、拼接而成的墙体，如预制混凝土大板墙。

3. 墙体的承重方案

墙体有横墙承重、纵墙承重、纵横墙承重和墙与柱混合承重四种承重方案。

（1）横墙承重。横墙承重是将楼板及屋面板等水平承重构件搁置在横墙上，如图 3-3-2(a)所示，楼面及屋面荷载依次通过楼板、横墙、基础传递给地基。这一布置方案适用于房间开间尺寸不大、墙体位置比较固定的建筑，如宿舍、旅馆、住宅等。

（2）纵墙承重。纵墙承重是将楼板及屋面板等水平承重构件均搁置在纵墙上，横墙只起分隔空间和连接纵墙的作用，如图 3-3-2(b)所示。这一布置方案适用于使用上要求有较大空间的建筑，如办公楼、商店、教学楼中的教室、阅览室等。

（3）纵横墙承重。这种承重方案的承重墙体由纵横两个方向的墙体组成，如图 3-3-2(c)所示。纵横墙承重方式平面布置灵活，两个方向的抗侧力都较好。这种方案适用于房间开间、进深变化较多的建筑，如医院、幼儿园等。

（4）墙与柱混合承重。房屋内部采用柱、梁组成的内框架承重，四周采用墙承重，由墙和柱共同承受水平承重构件传来的荷载，称为墙与柱混合承重，如图 3-3-2(d)所示。房屋的刚度主要由框架保证，因此水泥及钢材用量较多。这种方案适用于室内需要大空间的建筑，如大型商店、餐厅等。

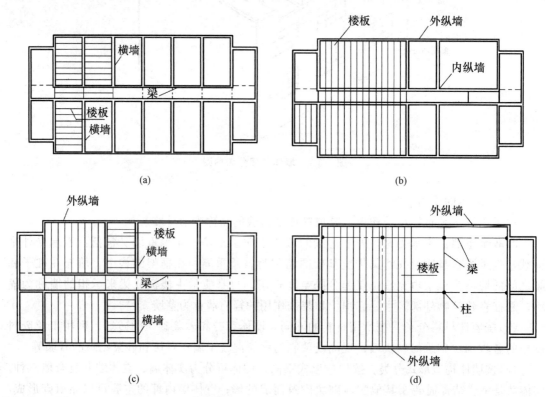

图 3-3-2　墙体承重方案

(a)横墙承重；(b)纵墙承重；(c)纵横墙承重；(d)墙与柱混合承重

4. 墙体的设计要求

（1）墙体必须具有足够的强度和稳定性以保证安全。墙体的强度与所用材料、墙体尺寸及构造和施工方式有关；墙体的稳定性与墙的高度、长度和厚度有关。一般可采用限制墙体高厚比例、增加墙厚、增加墙垛、设置构造柱和圈梁、墙内加筋等办法来保证墙体的稳定性。

（2）具有必要的保温、隔热、隔声、防水、防潮、防火等要求，以满足建筑物室内良好的使用环境和耐久年限。

（3）合理选择墙体材料和构造方式，应采用轻质高强的墙体材料，以减轻墙体自重、提高功能、降低成本、减少污染、保护环境。

（4）适应建筑工业化生产要求，通过提高机械化施工程度，降低劳动强度，提高施工效率。

二、砖墙构造

1. 砖墙的材料、尺寸和组砌方式

（1）砖墙的材料。

1）砖。普通砖是指孔洞率小于15％或没有孔洞的砖。普通砖的规格为240 mm×115 mm×53 mm。在加入灰缝尺寸之后，砖的长、宽、厚之比为4∶2∶1，一个砖长等于两个砖宽加灰缝或等于四个砖厚加三个灰缝。普通实心砖的尺寸关系如图3-3-3所示。

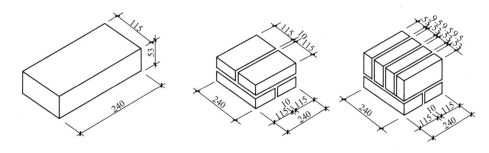

图3-3-3　普通实心砖的尺寸关系

砖的强度由其抗压及抗折等因素确定，用强度等级表示，分别有 MU30、MU25、MU20、MU15、MU10 五个级别。

2）砂浆。砂浆是由胶凝材料（水泥、石灰）和填充料（砂、矿渣、石屑等）混合加水搅拌而成的。其作用是将砖块粘结成砌体，提高墙体的强度、稳定性及保温、隔热、隔声、防潮等性能。

砌筑墙体常用的砂浆有水泥砂浆、混合砂浆和石灰砂浆。水泥砂浆由水泥、砂加水拌和而成，属水硬材料，强度高，但可塑性和保水性较差，适合砌筑潮湿环境下的墙体，如地下室、砖基础等。石灰砂浆由石灰膏、砂加水拌和而成。由于石灰膏为塑性掺合料，所以石灰砂浆的可塑性很好，但它的强度较低，且属于气硬性材料，遇水强度即降低，所以适宜砌筑次要民用建筑地面以上的砌体。混合砂浆由水泥、石灰膏、砂加水拌和而成，既有较高的强度，也有良好的可塑性和保水性，故在民用建筑地面以上砌体中被广泛采用。

砂浆强度是以强度等级划分的，可分为 M15、M10、M7.5、M5、M2.5 五级。

（2）砖墙厚度。砖墙的厚度习惯上以砖长为基数来称呼，如半砖墙、一砖墙、一砖半墙等。工程上以它们的标志尺寸来称呼，如12墙、24墙、37墙等。常用墙厚的尺寸规律见表3-3-1。

表 3-3-1　砖墙厚度尺寸　　　　　　　　　　　　　　　　mm

砖墙断面					
尺寸组成	115×1	115×1+53+10	115×2+10	115×3+20	115×4+30
构造尺寸	115	178	240	365	490
标志尺寸	120	180	240	370	490
工程称谓	一二墙	一八墙	二四墙	三七墙	四九墙
习惯称谓	半砖墙	3/4 砖墙	一砖墙	一砖半墙	两砖墙

（3）砖墙的组砌方式。砖墙的组砌是指砖块在砌体中的排列方式。为了保证墙体的强度，其组砌原则是砖缝必须横平竖直，错缝搭接，砖缝砂浆饱满，厚薄均匀。

1）实心砖墙。实心砖墙是用普通实心砖砌筑的实体墙。在砌筑中，每排列一层砖称为"一皮"，并将垂直于墙面砌筑的砖叫作"顶砖"，将长边沿墙面砌筑的砖叫作"丁砖"。实体墙常见的砌筑方式如图 3-3-4 所示。

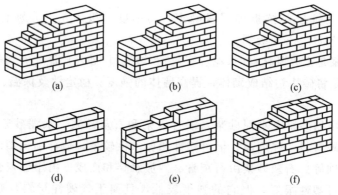

图 3-3-4　砖墙组砌方式
(a)一砖墙一顺一丁砌法；(b)一砖墙三顺一丁砌法；(c)一砖墙梅花丁砌法；
(d)半砖墙全顺式砌法；(e)3/4 砖墙砌法；(f)一砖半墙砌法

2）空斗墙。空斗墙是用实心砖侧砌，或平砌与侧砌相结合砌成的空体墙。其中，垂直于墙面的平砌砖是"眠砖"；平行于墙面的侧砌砖是"斗砖"；垂直于墙面的侧砌砖是"立砖"。墙厚为一砖。空斗墙的砌法有两种，即无眠空斗墙和有眠空斗墙，如图 3-3-5 所示。无眠空斗墙是全由斗砖砌筑成的墙，有眠空斗墙是每隔一至三皮斗砖砌一皮眠砖的墙。

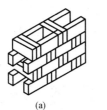 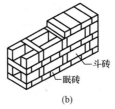 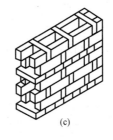

(a) (b) (c)

图 3-3-5　空斗墙砌式

(a)无眠空斗墙；(b)一眠一斗空斗墙；(c)一眠三斗空斗墙

　　3)空心砖墙和多孔砖墙。空心砖墙是指用各种空心砖砌成的墙体。其有承重和非承重两种。砌筑非承重空心砖墙多采用炉渣等工业废料制成的横孔空心砖。砌筑承重空心砖墙一般采用竖孔的烧结多孔砖，因此也称为多孔砖墙。多孔砖墙的砌筑方式有全顺式、一顺一丁式和丁顺相间式，P、M 型多孔砖一般多采用整砖顺砌的方式，上下皮错开 1/2 砖。如出现不足一块空心砖的空隙，用实心砖填砌，如图 3-3-6 所示。用空心砖砌墙时，多用整砖顺砌法，即上下皮错开半砖。在砌转角、内外墙交接、壁柱和独立砖柱等部位时，都不需砍砖，如图 3-3-7 所示。

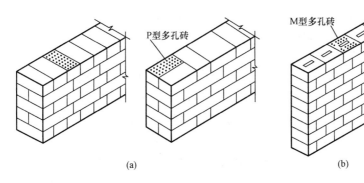

(a) (b)

图 3-3-6　多孔砖墙砌式

(a)P 型多孔砖墙；(b)M 型多孔砖墙

图 3-3-7　空心砖墙砌式

4）复合砖墙。在我国北方采暖地区，为改变建筑采暖能耗大，热环境差的状况，按国家节能政策，可采用复合砖墙。复合砖墙是用砖和轻质保温材料组合构成的既承重又保温的墙体，按保温材料的设置位置不同，可分为外保温墙、内保温墙和夹心墙，如图3-3-8所示。

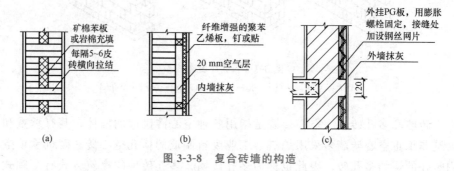

图 3-3-8　复合砖墙的构造
(a)夹芯墙；(b)内保温墙；(c)外保温墙

2. 砖墙的细部构造

(1)勒脚。勒脚是墙身接近室外地面的部分。一般情况下，其高度位于室内地坪与室外地面的高差部分。也有将勒脚高度提高到底层窗台的。勒脚的作用是保护墙身，防止外界碰撞，防止地表水对墙脚的侵蚀，增强建筑物立面美观。所以，要求勒脚坚固、防水和美观。一般采用以下几种构造做法(图3-3-9)：

1)抹灰类。在勒脚部位，抹20～30厚1∶2或1∶2.5的水泥砂浆，或作1∶2水泥白石子水刷石或斩假石，如图3-3-9(a)所示。为了保证抹灰层与砖墙粘结牢固，施工时应注意清扫墙面，浇水润湿，也可在墙面上留槽，使抹灰嵌入，称为咬口，如图3-3-9(b)所示。

2)贴面类。在勒脚部位，镶贴防水性能好的材料，如大理石板、花岗石板、水磨石板、面砖等，如图3-3-9(c)所示。

3)替换墙材类。整个墙脚采用强度高、耐久性和防水性好的材料砌筑，如条石、混凝土等。在山区或取材方便的地方，可用天然石材砌筑勒脚，如图3-3-9(d)所示。

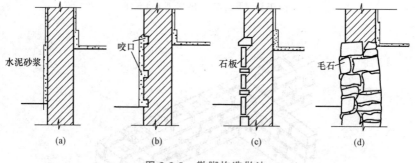

图 3-3-9　勒脚构造做法
(a)抹灰勒脚；(b)带咬口抹灰勒脚；(c)石板贴面勒脚；(d)毛石勒脚

(2)墙身防潮层。在墙身中设置防潮层的目的是防止土壤中的水分沿基础墙上升，使位于勒脚处的地面水渗入墙内，而导致墙身受潮。因此，必须在内、外墙脚部位连续设置防潮层。构造形式上有水平防潮层和垂直防潮层。

1)防潮层的位置。水平防潮层一般应在室内地面不透水垫层(如混凝土)范围以内，通常在−0.060 m 标高处设置，而且至少要高于室外地坪 150 mm，以防雨水溅湿墙身。当地面垫层为透水材料(如碎石、炉渣等)时，水平防潮层的位置应平齐或高于室内地面 60 mm，即在+0.060 m 处。当两相邻房间之间室内地面有高差时，应在墙身内设置高低两道水平防潮层，并在靠土壤一侧设置垂直防潮层，以避免回填土中的潮气侵入墙身。墙身防潮层位置如图 3-3-10 所示。

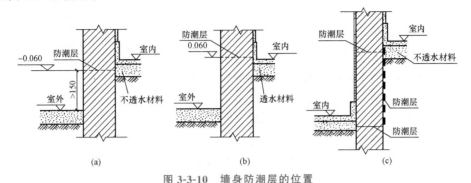

图 3-3-10　墙身防潮层的位置

(a)地面垫层为不透水材料；(b)地面垫层为透水材料；(c)室内地面有高差

2)防潮层的做法。

2)防潮层的做法。

①油毡水平防潮层做法，如图 3-3-11(a)所示。在防潮层部位先抹 20 mm 厚的水泥砂浆找平层，然后干铺油毡一层或用沥青粘贴一毡二油。油毡防潮层具有一定的韧性、延伸性和良好的防潮性能，但日久易老化失效，同时由于油毡使墙体隔离，削弱了砖墙的整体性和抗震能力。

②防水砂浆水平防潮层做法，如图 3-3-11(b)所示。在防潮层位置抹一层 20～25 mm 厚 1∶2 水泥砂浆掺 3％～5％的防水剂配制成的防水砂浆；也可以用防水砂浆砌筑 3～6 皮砖。用防水砂浆作防潮层适用于抗震地区、独立砖柱和振动较大的砖砌体中，但砂浆开裂或不饱满时影响防潮效果。

③细石混凝土水平防潮层做法，如图 3-3-11(c)所示。在防潮层位置铺设 60 mm 厚 C15 或 C20 细石混凝土，内配 3φ6 或 3φ8 钢筋以抗裂。由于混凝土密实性好，有一定的防水性能，并与砌体结合紧密，因此适用于整体刚度要求较高的建筑中。当水平防潮层处设有钢筋混凝土圈梁时，可不另设防潮层，而由圈梁代替防潮层。

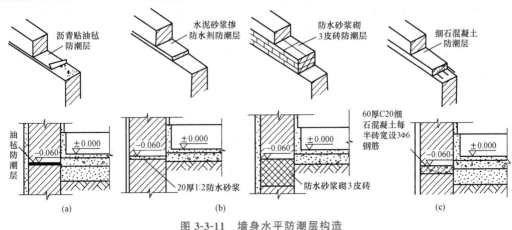

图 3-3-11　墙身水平防潮层构造

(a)卷材防潮层；(b)防水砂浆防潮层、防水砂浆砌 3 皮砖；(c)细石混凝土防潮层

④垂直防潮层做法。在需设垂直防潮层的墙面(靠回填土一侧)先用水泥砂浆抹面,刷上冷底子油一道,再刷热沥青两道;也可以采用掺有防水剂的砂浆抹面的作法,如图 3-3-12 所示。

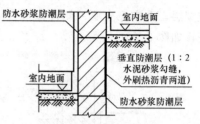

图 3-3-12　墙身垂直防潮层构造

(3)散水与明沟。为了防止屋顶落水或地表水侵入勒脚危害基础,必须沿外墙四周设置散水或明沟,将地表水及时排离。

散水又称散水坡或护坡,是沿建筑物外墙设置的倾斜坡面,坡度一般为 3%～5%。散水可用水泥砂浆、混凝土、砖、块石等材料做面层,其宽度一般为 600～1 000 mm。当屋面为自由落水时,散水宽度应比屋檐挑出宽度大 150～200 mm。由于建筑物的沉降和勒脚与散水施工时间的差异,在勒脚与散水交接处应留有缝隙,缝内填粗砂或碎石子,上嵌沥青胶盖缝,以防渗水。散水整体面层纵向距离每隔 6～12 m 做一道伸缩缝,缝内处理与勒脚和散水相交处构造相同,如图 3-3-13 所示。散水适用于降雨量较小的北方地区。季节性冰冻地区的散水,还需在垫层下加设防冻胀层,防冻胀层应选用砂石、炉渣石灰土等非冻胀材料,其厚度可结合当地经验采用。

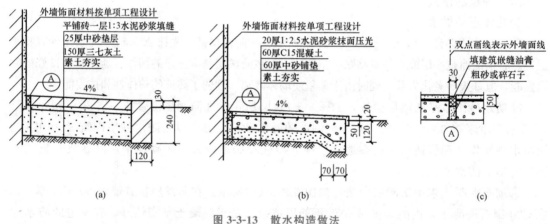

图 3-3-13　散水构造做法

(a)砖铺散水;(b)水泥砂浆散水;(c)散水伸缩缝构造

明沟是设置在外墙四周的排水沟,将水有组织地导向集水井,然后流入排水系统。明沟一般用素混凝土现浇,或用砖石铺砌成宽 180 mm、深 150 mm 的沟槽,然后用水泥砂浆抹面。沟底应有不小于 1% 的坡度,以保证排水通畅。明沟适用于降雨量较大的南方地区。其构造如图 3-3-14 所示。

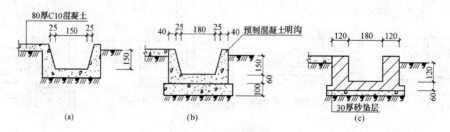

图 3-3-14　明沟的构造

(a)80 厚 C10 素混凝土明沟;(b)预制混凝土明沟;(c)砖砌明沟

(4)窗台。窗台按位置和构造做法不同，可分为外窗台和内窗台。外窗台设于室外；内窗台设于室内。

外窗台应设置排水构造，其目的是防止雨水积聚在窗下、侵入墙身和向室内渗透。因此，外窗台应有不透水的面层，并向外形成不小于20%的坡度，以利于排水。外窗台有悬挑窗台和不悬挑窗台两种。悬挑窗台常采用顶砌一皮砖挑出60 mm，或将一砖侧砌并挑出60 mm，也可采用钢筋混凝土窗台。挑窗台底部边缘处抹灰时应做宽度和深度均不小于10 mm的滴水线或滴水槽，如图3-3-15所示。

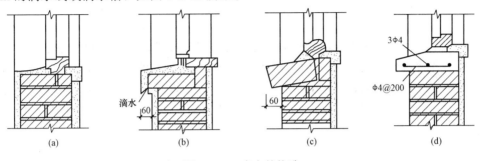

图3-3-15　窗台的构造

(a)不设悬挑窗台；(b)抹滴水的悬挑窗台；(c)侧砌砖窗台；(d)预制钢筋混凝土窗台

内窗台一般水平放置，通常结合室内装修做成水泥砂浆抹面、贴面砖、木窗台板、预制水磨石窗台板等形式。在我国严寒地区和寒冷地区，室内为暖气采暖时，为便于安装暖气片，窗台下留凹龛，称为暖气槽，如图3-3-16所示。暖气槽进墙一般为120 mm，此时应采用预制水磨石窗台板或木窗台板，形成内窗台。预制窗台板支撑在窗两边的墙上，每端伸入墙内不小于60 mm。

(5)门窗过梁。过梁用来支承门窗洞口上部的砌体和楼板传来的荷载，并将这些荷载传递给洞口两侧墙体的承重构件。过梁一般采用钢筋混凝土材料，也有采用砖拱过梁和钢筋砖过梁的形式。但在较大振动荷载、可能产生不均匀沉降以及有抗震设防要求的建筑中，不宜采用砖拱过梁和钢筋砖过梁。

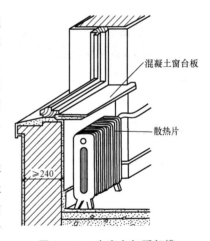

图3-3-16　内窗台与暖气槽

1)砖拱过梁。砖拱过梁是由竖砖砌筑而成的，它利用灰缝上大下小，使砖向两边倾斜、相互挤压形成拱的作用来承担荷载。砖拱过梁分为平拱和弧拱两种，建筑上常用砖砌平拱过梁。高度多为一砖长，灰缝上部宽度不宜大于15 mm，下部宽度不应小于5 mm。中部起拱高度为洞口跨度的1/50。砖的强度不低于MU7.5，砂浆强度不低于M2.5，净跨宜小于或等于1.0 m，不应超过1.8 m，如图3-3-17所示。砖砌弧拱过梁也用竖砖砌筑而成，其最大跨度l与矢高f有关，$f=(1/12 \sim 1/18)l$时，l为2.5～3.5 m；$f=(1/6 \sim 1/5)l$时，l为3～4 m。

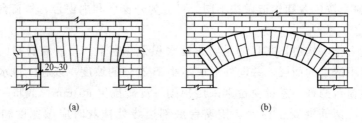

图 3-3-17　砖拱过梁

(a)平拱过梁；(b)弧拱过梁

2)钢筋砖过梁。钢筋砖过梁是配置了钢筋的平砌砖过梁。通常将间距小于 120 mm 的 Φ6 钢筋埋在梁底部厚度为 30 mm 的水泥砂浆层内，钢筋伸入洞口两侧墙内的长度不应小于 240 mm，并设 90°直弯钩埋在墙体的竖缝内。在洞口上部不小于 1/4 洞口跨度的高度范围内（且不应小于 5 皮砖），用不低于 M5 的砂浆砌筑。钢筋砖过梁净跨宜小于或等于 1.5 m，不应超过 2.0 m，如图 3-3-18 所示。

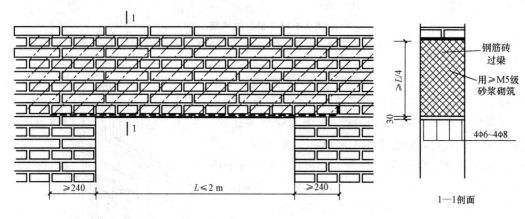

图 3-3-18　钢筋砖过梁

3)钢筋混凝土过梁。钢筋混凝土过梁承载力强，一般不受跨度的限制。预制装配过梁施工速度快，是最常用的一种。过梁宽度同墙厚，高度及配筋应由计算确定，但为了施工方便，梁高应与砖的皮数相适应，如 60 mm、120 mm、180 mm、240 mm 等。过梁在洞口两侧伸入墙内的长度应不小于 240 mm。为了防止雨水沿门窗过梁向外墙内侧流淌，过梁底部外侧抹灰时要做滴水。

过梁的断面形式有矩形和 L 形，矩形多用于内墙和混水墙，L 形多用于外墙和清水墙。在寒冷地区，为防止钢筋混凝土过梁产生热桥问题，也可将外墙洞口的过梁断面做成 L 形。钢筋混凝土过梁形式，如图 3-3-19 所示。

（6）圈梁。圈梁是沿外墙四周及部分内墙的水平方向设置的连续闭合的梁。圈梁配合楼板共同作用，可提高建筑物的空间刚度及整体性，增加墙体的稳定性，减少不均匀沉降引起的墙身开裂。在抗震设防地区，圈梁与构造柱一起形成骨架，可提高抗震能力。

圈梁的构造做法

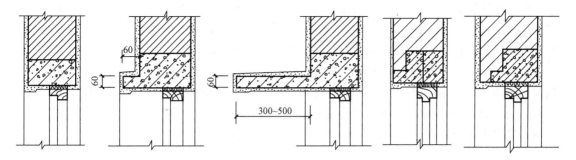

图 3-3-19　钢筋混凝土过梁形式

圈梁有钢筋砖圈梁和钢筋混凝土圈梁两种。钢筋砖圈梁多用于非抗震区，结合钢筋砖过梁沿外墙形成。钢筋混凝土圈梁的宽度同墙厚且不小于 180 mm，高度一般不小于 120 mm。钢筋混凝土圈梁在墙身上的位置，外墙圈梁顶一般与楼板持平，铺预制楼板的内承重墙的圈梁一般设在楼板之下，如图 3-3-20 所示。圈梁最好与门窗过梁合一，在特殊情况下，当遇有门窗洞口致使圈梁局部截断时，应在洞口上部增设相应截面的附加圈梁。附加圈梁与圈梁搭接长度不应小于其垂直间距的 2 倍，且不得小于 1.0 m，如图 3-3-21 所示。但对有抗震要求的建筑物，圈梁不宜被洞口截断。

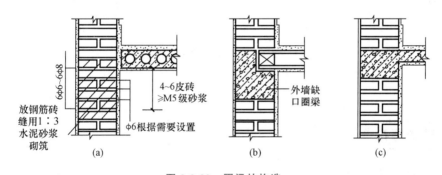

图 3-3-20　圈梁的构造

(a)钢筋砖过梁；(b)板底圈梁；(c)板平圈梁

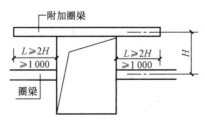

图 3-3-21　附加圈梁

（7）构造柱。钢筋混凝土构造柱是从抗震角度考虑设置的，一般设置在外墙转角处，内外墙交接处，较大洞口两侧及楼梯、电梯间四角等。由于房屋的层数和抗震设防烈度不同，构造柱的设置要求也有所不同。构造柱必须与圈梁紧密连接，形成空间骨架，以增强房屋的整体刚度，提高墙体抵抗变形的能力，并使砖墙在受震开裂后也能"裂而不倒"。

构造柱的最小截面尺寸为 240 mm×180 mm，构造柱的最小配筋量是纵向钢筋 4Φ12，箍筋 Φ6，间距不大于 250 mm。构造柱下端应伸入地梁内，无地梁时应伸入底层地坪下 500 mm 处。为加强构造柱与墙体的连接，构造柱处墙体宜砌成马牙槎，并应沿墙高每隔 500 mm 设 2Φ6 拉结钢筋，每边伸入墙内不少于 1.0 m，施工时应先放置构造柱钢筋骨架，后砌墙，随着墙体的升高而逐段浇筑混凝土构造柱身，如图 3-3-22 所示。由于女儿墙的上部是自由端而且位于建筑的顶部，在地震时易受破坏。一般情况下，构造柱应当通至女儿墙顶部，并与钢筋混凝土压顶相连，而且女儿墙内的构造柱间距应当加密。

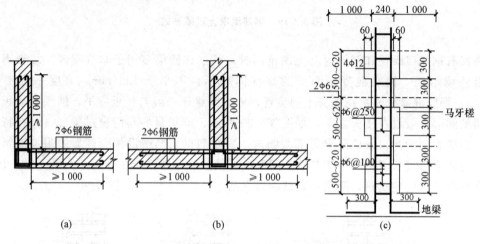

图 3-3-22　构造柱做法
(a)墙体转角处；(b)墙体 T 形接头处；(c)构造柱立面

三、砌块墙构造

砌块墙是将预制块材(砌块)按一定技术要求砌筑而成的墙体。其最大优点是能利用工业废料和地方材料制成，既不占用耕地又解决了环境污染，且制作方便，施工简单。采用砌块墙是我国目前墙体改革的主要途径之一。

1. 砌块的类型和规格

砌块按材料可分为普通混凝土砌块、轻集料混凝土砌块、加气混凝土砌块，以及利用各种工业废料制成的砌块(炉渣混凝土砌块、蒸养粉煤灰砌块等)；按构造形式可分为实心砌块和空心砌块；按砌块在组砌中的作用和位置可分为主砌块和辅砌块；按单块质量和幅面大小可分为小型砌块、中型砌块和大型砌块；按功能可分为承重砌块和保温砌块等。

2. 砌块墙的构造

(1)增加墙体整体性措施。

1)砌块墙的接缝处理。砌块在组砌时应使上、下皮错缝，中型砌块搭接长度不少于砌块高度的 1/3，且不少于 150 mm，小型砌块搭接长度不少于 90 mm。无法满足搭接长度时，应在水平灰缝内设置不小于 2Φ4 的钢筋网片，且网片两端均超过该垂直缝不小于 300 mm。

砌块墙砌筑时的灰缝宽度一般为 10～15 mm，用 M5 砂浆砌筑。当垂直灰缝大于 30 mm 时，则需用 C10 细石混凝土灌实。由于砌块的尺寸大，一般不存在内外皮间的搭接问题，因此更应注意保证砌块墙的整体性。在纵横墙交接处和外墙转角处均应咬接搭砌，如图 3-3-23 所示。

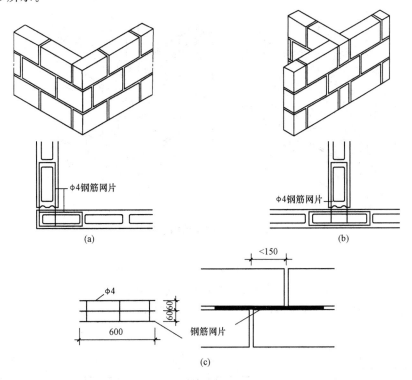

图 3-3-23 砌块墙转角处咬接搭砌

(a)转角搭砌；(b)内外墙搭砌；(c)上、下皮垂直缝小于 150 mm 时的处理

2)设置圈梁。为加强砌块墙的整体性，砌块建筑应在适当的位置设置圈梁。当圈梁与过梁位置接近时，往往用圈梁取代过梁。圈梁分为现浇和预制两种。现浇圈梁整体性好，对加固墙身有利，但施工复杂。预制圈梁一般采用 U 形预制块代替模板，然后在凹槽内配筋，再现浇混凝土，如图 3-3-24 所示。

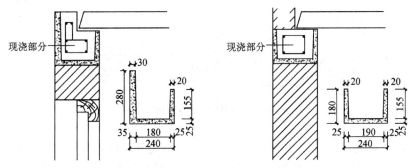

图 3-3-24 砌块预制圈梁

3)设置构造柱。砌块墙的竖向加强措施是在外墙转角及内外墙交接处增设构造柱，将砌块在垂直方向连成整体。构造柱多利用空心砌块上下孔洞对齐，并在孔中用 ϕ12～

Φ14 的钢筋分层插入，再用 C20 细石混凝土分层灌实。构造柱与砌块墙连接处的拉结钢筋网片，每边伸入墙内不少于 1 m，混凝土小型砌块房屋可采用 Φ4 点焊钢筋网片，沿墙高每隔 600 mm 设置，中型砌块可采用 Φ6 钢筋网片，并隔皮设置。砌块墙构造柱，如图 3-3-25 所示。

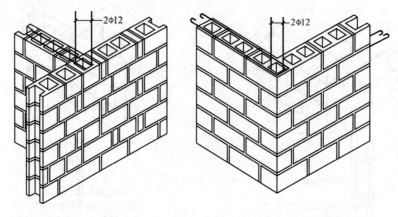

图 3-3-25　砌块墙构造柱

（2）门窗框与墙体的连接。由于砌块的块体较大且不宜砍切，或因空心砌块边壁较薄、门窗框与墙体的连接方式，除采用在砌块内预埋木砖的做法外，还有利用膨胀木楔、膨胀螺栓、铁件锚固及利用砌块凹槽固定等作法。图 3-3-26 所示为根据砌块种类选用的相应连接方法。

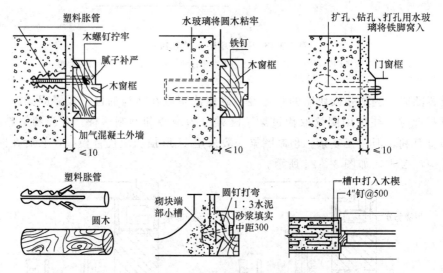

图 3-3-26　门窗框与墙体的连接方法

（3）勒脚防潮构造。砌块吸水性强、易受潮，在易受潮部位，如檐口、窗台、勒脚、落水管附近，应做好防潮处理。特别是勒脚部位，除应设防潮层外，对砌块材料也有一定的要求，通常应选用密实而耐久的材料，不能选用吸水性强的砌块材料。如图 3-3-27 所示为砌块墙勒脚的防潮处理。

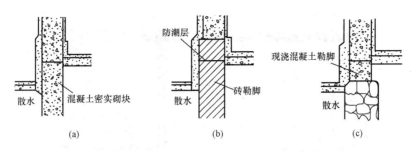

图 3-3-27　勒脚防潮构造

(a)混凝土密实砌块；(b)实心砖砌块；(c)现浇混凝土勒脚

四、隔墙构造

1. 隔墙的概念和要求

(1)隔墙的概念。在建筑中用于分隔室内空间的非承重内墙统称为隔墙。由于隔墙布置灵活，可以适应建筑使用功能的变化，在现代建筑中应用广泛。

(2)砌筑隔墙的要求。隔墙为非承重墙，其自身质量由楼板或墙下小梁承受，因此对隔墙的要求是：稳定、质量小、厚度薄、隔声、防水、防潮、防火及便于安装和拆卸，能随房间使用要求的改变而变化。

2. 隔墙的分类

常见的隔墙可分为块材隔墙、骨架隔墙和板材隔墙。

(1)块材隔墙。块材隔墙是指用普通砖、空心砖、加气混凝土砌块及各种轻质砌块等块材砌筑的墙体。常用的有普通砖隔墙和砌块隔墙。

1)普通砖隔墙。砖砌隔墙多采用普通砖砌筑，分成 1/4 砖厚和 1/2 砖厚两种，以 1/2 砖砌隔墙为主。1/2 砖砌隔墙又称半砖隔墙，标志尺寸为 120 mm，采用普通砖顺砌而成。当砌筑砂浆为 M2.5 时，墙的高度不宜超过 3.6 m，长度不宜超过 5 m；当采用 M5 砂浆砌筑时，高度不宜超过 4 m，长度不宜超过 6 m；高度超过 4 m 时，应在门过梁处设置通长钢筋混凝土带，长度超过 6 m 时，应设置砖壁柱。为保证隔墙的稳定性，一般沿高度每隔 0.5 m 砌入 2φ4 钢筋，还应沿隔墙高度每隔 1.2 m 设置一道 30 mm 厚的水泥砂浆层，内放 2 根 φ6 钢筋。为保证隔墙不承重，在隔墙顶部与楼板相接处，应留有 30 mm 的空隙或用立砖斜砌，以预防楼板结构产生挠度，致使隔墙被压坏。隔墙上有门时，要预埋铁件或将带有木楔的混凝土预制块砌入隔墙中，以固定门框。半砖隔墙构造如图 3-3-28 所示。半砖隔墙坚固耐久，隔声性能较好，但质量大，湿作业量大，不易拆装。

2)砌块隔墙。为了减小隔墙的质量，可采用质轻、块大的各种砌块，目前最常用的是加气混凝土砌块、粉煤灰硅酸盐砌块、水泥炉渣空心砖等砌筑的隔墙。砌块隔墙厚由砌块尺寸决定，一般为 90～120 mm。由于砌块的密度和强度较低，如在砌块隔墙上安装暖气散热片或电源开关、插座时，应预先在墙体内部设置埋件。

砌块大多具有质轻、孔隙率大、隔热性能好等优点，但吸水性强，因此，砌筑时应在墙下先砌 3～5 皮烧结普通砖。砌块不够整块时，宜用烧结普通砖填补。砌块隔墙的其他加固构造方法同普通砖隔墙，如图 3-3-29 所示。

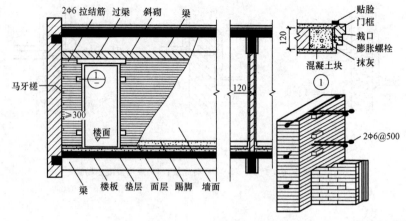

图 3-3-28　半砖隔墙

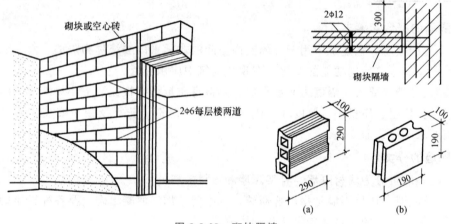

图 3-3-29　砌块隔墙

（2）骨架隔墙。骨架隔墙是以木材、钢材或其他材料构成骨架，将面层钉结、涂抹或粘贴在骨架上形成的隔墙。所以，隔墙由骨架和面层两部分组成。由于是先立墙筋（骨架）后再做面层，因而又称为立筋式隔墙。

木骨架质量小、构造简单、便于拆装，但防水、防潮、防火、隔声性能较差。木骨架隔墙构造如图 3-3-30 所示。轻钢骨架是由各种形式的薄壁型钢制成的，其主要优点是强度高、刚度大、质量小、整体性好、易于加工和大批量生产，且防火、防潮性能好，还可根据需要拆卸和组装。轻钢骨架隔墙构造，如图 3-3-31 所示。石膏骨架、石棉水泥骨架和铝合金骨架，利用工业废料和地方材料及轻金属制成，具有良好的使用性能，同时可以节约木材和钢材，应推广采用。

骨架隔墙的面层有人造板面层和抹灰面层。根据不同的面板和骨架材料，可分别采用钉子、自攻螺钉、膨胀铆钉或金属夹子等，将面板固定于立筋骨架上。隔墙的名称是依据不同的面层材料而定的，如板条抹灰隔墙和人造板面层骨架隔墙等。

板条抹灰隔墙是在木骨架上钉灰板条，然后抹灰。灰板条尺寸一般为 1 200 mm×24 mm×6 mm。板条间留出 7～10 mm 的空隙，使灰浆能挤到板条缝的背面，咬住板条，如图 3-3-32 所示。板条抹灰隔墙耗费木材多，施工复杂、湿作业多，难以适应建筑工业化的要求，目前已经很少采用。

人造板面层骨架隔墙。常用的人造板面层有胶合板、纤维板、石膏板、塑料板等。胶合板、硬质纤维板以木材为原料，多采用木骨架。石膏板多采用石膏或轻金属骨架。面板可用镀锌螺钉、自攻螺钉或金属夹子固定在骨架上。

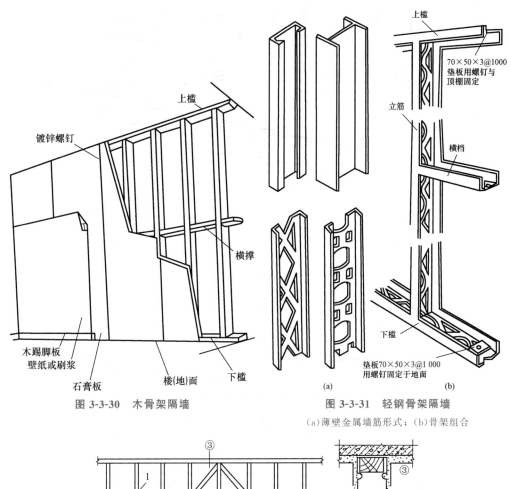

图 3-3-30　木骨架隔墙

图 3-3-31　轻钢骨架隔墙

（a）薄壁金属墙筋形式；（b）骨架组合

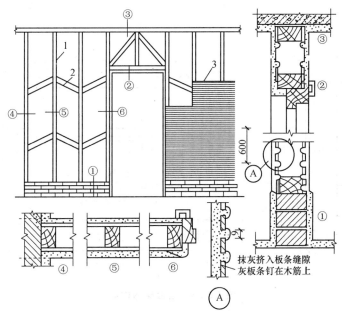

图 3-3-32　板条抹灰隔墙

1—横筋；2—斜撑；3—板条

（3）板材隔墙。板材隔墙是指单板相当于房间净高，面积较大，不依赖于骨架直接装配而成的隔墙。板材隔墙具有质量小、安装方便、施工速度快、工业化程度高等优点。

目前多采用预制条板，如加气混凝土条板、碳化石灰板、石膏珍珠岩板、水泥钢丝网夹芯板及各种复合板等。条板厚度一般为 60～100 mm，宽度为 600～1 000 mm，长度略小于房间净高。安装时，条板下部选用小木楔顶紧，然后用细石混凝土堵严板缝，用胶粘剂粘结，并用胶泥刮缝，平整后再做表面装修。条板隔墙构造如图 3-3-33 所示。

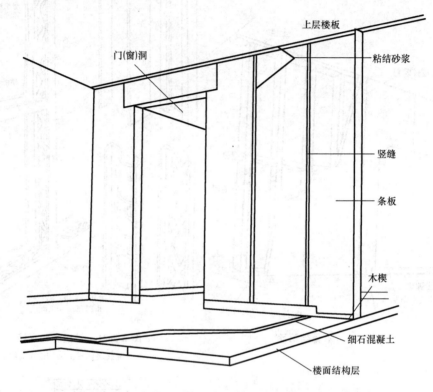

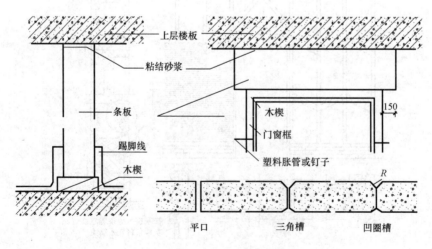

图 3-3-33　条板隔墙构造

五、墙面装修

1. 墙面装修的作用

(1)保护墙面。墙面装修层能防止墙体直接受到风吹日晒、雨淋、冰冻等的影响,提高了墙体的防潮、防水能力,同时能增强墙体的坚固性、耐久性,延长墙体的使用年限。

(2)改善物理性能。装修层增加了墙体的厚度,提高了墙体的保温、隔热能力。内墙面经过装修变得平整、光洁,可以加强光线的反射,提高室内的照度。内墙若采用吸声材料装修,还可以改善室内音质效果。

(3)美观。墙面装修是建筑空间艺术处理的重要手段之一。墙面的色彩、质感、线脚和纹样等都能在一定程度上改善建筑的内外形象和气氛,表现建筑的艺术个性。

2. 墙面装修的分类

(1)按装修部位分类。按装修所处部位不同,有室外装修和室内装修两类。室外装修用于外墙表面,兼有保护墙体和增加美观的作用,要求采用强度高、抗冻性强、耐水性好及具有抗腐蚀性的材料;室内装修则根据室内使用功能不同及装修标准来确定。

(2)按材料和工艺分类。按材料及施工方式的不同,常见的墙面装修可分为抹灰类、贴面类、涂料类、裱糊类和铺钉类五大类。

3. 墙面装修的构造

(1)抹灰类。抹灰又称粉刷,是我国传统的饰面做法,即用砂浆或石碴浆涂抹在墙体表面上的一种装修做法。该做法材料来源广泛、施工操作简便、造价低廉,通过改变工艺可获得不同的装饰效果,因此,在墙面装修中应用广泛。但目前多为手工湿作业,工效低,劳动强度大。

为了避免墙面出现裂缝,保证抹灰层牢固和表面平整,施工时须分层操作。抹灰装饰层由底层、中层和面层三个层次组成,如图 3-3-34 所示。普通抹灰可分为底层和面层;对一些标准较高的中级抹灰和高级抹灰,在底层和面层之间还要增加一层或数层中间层。各层抹灰不宜过厚,总厚度一般为 15~20 mm。

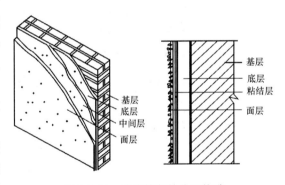

图 3-3-34　墙体抹灰的分层构造

底层抹灰的作用是与基层(墙体表面)粘结和初步找平,厚度为 5~15 mm。中层抹灰主要起找平作用,其所用材料与底层基本相同,也可以根据装修要求选用其他材料,厚度一般为 5~10 mm。面层抹灰主要起装修作用,要求表面平整、色彩均匀、无裂纹,可以做成光滑或粗糙等不同质感的表面。根据面层所用材料的不同,抹灰装修有很多类型,表 3-3-2 列举了一些常见抹灰的做法。

表 3-3-2　墙面抹灰做法举例

抹灰名称	做法说明	适用范围
水泥砂浆墙面	12 mm 厚1：3 水泥砂浆打底 8 mm 厚1：2.5 水泥砂浆抹面	外墙或内墙受水部位
水刷石墙面	15 mm 厚1：3 水泥砂 浆素水泥浆一道 10 mm 厚1：1.5 水泥石子，后用水刷	外墙
斩假石(剁斧石)墙面	12 mm 厚1：3 水泥砂浆 素水泥浆一道 10 mm 厚水泥石屑罩面、赶平压实剁斧斩毛	外墙
纸筋(麻刀)灰墙面	12～17 mm 厚1：2～1：2.5 石灰砂浆 2～3 mm 厚纸筋(麻刀)灰罩面	内墙

(2)贴面类。贴面类装修是指将各种天然石材或人造板、块，通过绑、挂或直接粘贴于基层表面的装修作法。其具有耐久性好、装饰性强、容易清洗等优点。常用的贴面材料有花岗石板和大理石板等天然石板，水磨石板、水刷石板、剁斧石板等人造石板，以及面砖、瓷砖、马赛克等陶瓷和玻璃制品。质地细腻、耐候性差的各种大理石、瓷砖等一般适用于内墙面的装修，质感粗犷、耐候性好的材料，如面砖、马赛克、花岗石板等适用于外墙装修。

1)天然石板及人造石板墙面装修。常见天然石板有花岗石板、大理石板和青石板等；常见人造石板有预制水磨石板、人造大理石板等，是由水泥、彩色石子、颜料等配制而成的，现常用的安装方法有石材拴挂法和干挂石材法，如图 3-3-35 所示。

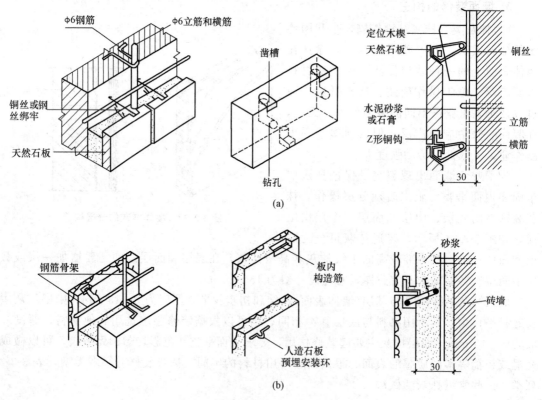

图 3-3-35　石材拴挂法构造

(a)天然石板墙面装修；(b)人造石板墙面装修

①石材拴挂法（湿法挂贴）。先在墙内或柱内预埋 Φ6 铁箍，间距依石材规格而定，然后在铁箍内立 Φ6～Φ10 竖筋，在竖筋上绑扎横筋，形成钢筋网，将天然石板上下边钻小孔；最后，用钢丝绑扎固定在钢筋网上。上、下两块石板用不锈钢卡销固定，板与墙面之间预留 20～30 mm 的缝隙，上部用定位活动木楔做临时固定。校正无误后，在板与墙之间浇筑 1：3 水泥砂浆，待砂浆初凝后，取掉定位活动木楔，继续上层石板的安装。

②石材干挂法（连接件挂接法），是用型钢做骨架，板材侧面开槽，用专用的不锈钢或铝合金挂件连接于型钢上，因而将饰面石材与结构可靠地连接，其间形成空气间层不作灌浆处理，可在缝中垫泡沫条，打硅酮条密封，如图 3-3-36 所示。

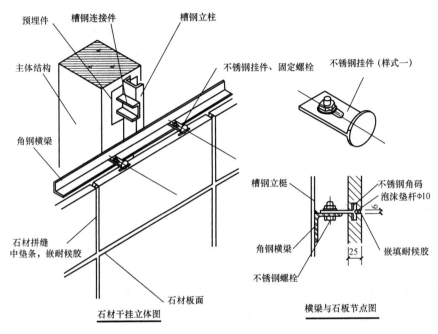

图 3-3-36　石材干挂法构造

2）陶瓷面砖、陶瓷马赛克墙面装修。面砖多数以陶土和瓷土为原料，压制成型后煅烧而成。面砖可分为挂釉和不挂釉、平滑和有一定纹理质感等类型。施工方法为面砖应先放入水中浸泡，安装前取出晾干或擦干净。安装面砖前应先将墙面清洗干净，安装时先用 15 mm 1：3 水泥砂浆打底找平，再用 5 mm 厚 1：1 水泥细砂浆将面砖粘贴于墙上，如图 3-3-37 所示。

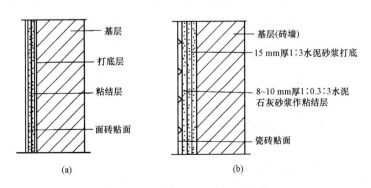

图 3-3-37　面砖、瓷砖粘贴构造
（a）外墙面砖贴面；（b）内墙瓷砖贴面

陶瓷马赛克以优质陶土烧制而成,有挂釉和不挂釉之分。陶瓷马赛克生产时,先按设计的图案将小块材正面向下贴在 300 mm×300 mm 的牛皮纸上,粘贴前先用 15 mm 1:3 水泥砂浆打底找平,然后用 1:1 水泥细砂浆将马赛克贴于饰面基层上(牛皮纸面向外),用木板压平,待半凝后将纸洗掉,同时修整饰面,如图 3-3-38 所示。

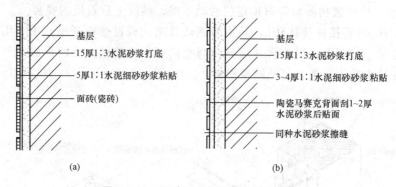

图 3-3-38　面砖、陶瓷马赛克墙面装修

(a)面砖(瓷砖)墙面构造;(b)陶瓷马赛克墙面构造

(3)涂料类。涂料类墙面装修是指利用各种涂料敷于基层表面,形成完整、牢固的膜层,从而起到保护和装饰墙面作用的一种装修作法。其具有造价低、装饰性好、工期短、工效高、质量小,以及操作简单、维修方便、更新快等特点,因而,在建筑上得到广泛的应用和发展。涂料按其成膜物的不同,可分为无机涂料和有机涂料两大类。

建筑涂料的施涂方法,一般有刷涂、滚涂和喷涂。施涂溶剂型涂料时,后一遍涂料必须在前一遍涂料干燥后进行涂刷,否则易发生皱皮、开裂等质量问题;施涂水溶性涂料时,要求与做法同上。每遍涂料均应施涂均匀,各层结合牢固。当采用双组分和多组分的涂料时,应严格按产品说明书规定的配合比使用,根据使用情况可分批混合并在规定的时间内用完。

(4)裱糊类。裱糊类墙面装修是将各种装饰性的墙纸、墙布、织锦等卷材类的装饰材料裱糊在墙面上的一种装饰做法。常用的装饰材料有 PVC 塑料壁纸、复合壁纸、玻璃纤维墙布等。裱糊类墙体饰面装饰性强、造价较经济、施工方法简捷高效、材料更换方便,并且在曲面和墙面转折处粘贴,可以顺应基层,获得连续的饰面效果。在裱糊工程中,基层涂抹的腻子应坚实、牢固,不得粉化、起皮和裂缝。为达到基层平整效果,通常在清洁的基层上用胶皮刮板刮腻子数遍。刮腻子的遍数视基层的情况不同而定,抹完最后一遍腻子时应打磨,光滑后再用软布擦净。裱糊工程的质量标准是粘贴牢固,表面色泽一致,无气泡、空鼓、翘边、皱折和斑污,斜视无胶痕,正视(距离墙面 1.5 m 处)不显拼缝。

(5)铺钉类。铺钉类墙面装修是指利用天然木板或各种人造板,用镶、钉、粘等固定方式对墙面进行装修处理。这种做法与骨架隔墙类似,一般适用于装修要求较高或有特殊使用功能的建筑中。

铺钉类装修一般由骨架和面板两部分组成。骨架有木骨架和金属骨架之分。木骨架一般由截面为 50 mm×50 mm 的墙筋和横档组成,通过预埋在墙上的木砖钉固到墙身上。为防止骨架与面板受潮而损坏,可先在墙体上刷热沥青一道再干铺油毡一层,也可在墙面上抹 10 mm 厚混合砂浆并涂刷热沥青两道。金属骨架中的墙筋多采用冷轧薄钢板制成槽形断面。

装饰面板多为人造板,如纸面石膏板、硬木条、胶合板、装饰吸声板、纤维板、彩色钢板及铝合金板等。

硬木条板装饰是将各种截面形式的条板密排竖直镶钉在横撑上，构造如图 3-3-39 所示。

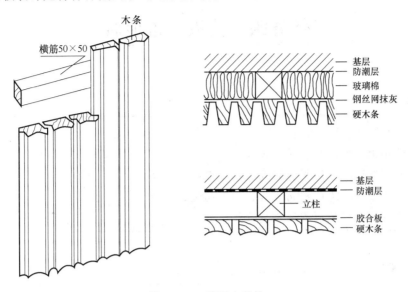

图 3-3-39　墙面木装饰

任务小结

1. 墙体起着承重、围护、分隔作用；具备足够的强度和稳定性，隔热、隔声、防火、防水、防潮等多方面的要求。

2. 墙体的承重方案有横墙承重、纵墙承重、纵横墙承重及墙与柱混合承重四种类型。

3. 为保证墙体的强度，砖墙的组砌原则是：砖缝必须横平竖直，错缝搭接，砖缝砂浆饱满，厚薄均匀。

4. 墙体细部构造包括墙身防潮、勒脚、散水、窗台、门窗过梁、圈梁和构造柱等。

5. 在建筑中用于分隔室内空间的非承重内墙，统称为隔墙。常见的隔墙可分为块材隔墙、骨架隔墙和板材隔墙。

6. 常见的墙面装修可分为抹灰类、贴面类、涂料类、裱糊类和铺钉类五大类。

拓展任务

1. 从轴线编号能了解到图纸的什么信息？

2. 观察你身边建筑的散水，作笔记记录你能观察到哪些构造。

3. 油毡防潮，防水砂浆防潮，细石混凝土防潮各有何特点？

4. 圈梁可做过梁吗？反过来呢？

5. 自主识读某建筑施工图墙身详图，作识图笔记。

6. 查阅标准图集相关知识，了解图集的种类和正确使用图集的方法。

7. 自主识读某建筑施工图中各房间内墙做法，交流不同墙面构造层次，并作识图笔记。

任务四　楼板与楼地面

学习目标

通过本任务的学习，学生应能够：

1. 熟悉楼地层的类型和适用范围；
2. 掌握钢筋混凝土楼板和楼地面的细部构造方法；
3. 掌握阳台和雨篷的结构类型、细部构造；
4. 能完成一般楼地面细部构造设计。

教学要求

教学要点	知识要点	权重	自测分数
钢筋混凝土楼板	熟悉钢筋混凝土楼板	20%	
楼地面的细部构造	熟练掌握楼地面的细部构造、建筑装饰实训室现场教学	40%	
阳台和雨篷的细部构造	熟练掌握阳台和雨篷的细部构造	40%	

素质目标

1. 引导学生把国家、社会、公民的价值要求融为一体，提高个人的爱国、敬业、诚信、友善修养，自觉把小我融入大我，不断追求国家的富强、民主、文明、和谐和社会的自由、平等、公正、法治；

2. 将社会主义核心价值观内化为精神追求，外化为自觉行动。

一、楼地层的作用与设计要求、组成

1. 楼地层的作用与设计要求

楼板层是建筑物中分隔上下楼层的水平构件。其不仅承受并传递垂直荷载和水平荷载，还应具有一定的隔声、防火、防水能力；同时，建筑物中的各种水平设备管线，也将在楼板层内安装。

地坪层是指建筑物室内与土壤直接相接或接近土壤的水平构件。其承受本层作用其上的全部荷载，并将这些荷载均匀地传递给其下面的土层或通过其他构件传递给土层。

因此，楼板层和地坪层的设计应满足以下要求：

(1)楼板层和地坪层必须具有足够的强度和刚度，以保证结构的安全。

(2)为避免楼板层上下空间的相互干扰，楼板层应具备一定的隔声能力。

(3)根据使用的实际需求和建筑质量等级，要求其具有防潮、防水、防火、保温(隔热)等性能。

（4）在现代建筑中，各种服务设施日趋完善，家用电器更加普及，有更多的管线将借楼层和地层来敷设，以保证室内平面布置更加灵活，空间使用更加完整。

（5）一般楼层和地层占建筑物总造价的20%～30%，选用时应考虑就地取材。

2. 楼地层的构造组成

楼地层是楼板层与地坪层的总称。楼板层主要由面层、结构层和顶棚三部分组成；地坪层由面层、垫层和基层三部分组成。根据使用的实际需要，可在楼地层里设置附加层，如图3-4-1所示。

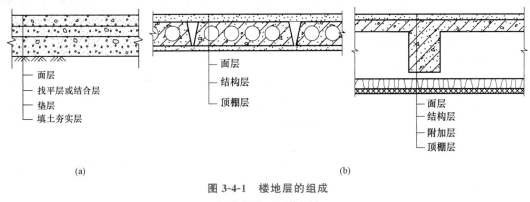

图3-4-1　楼地层的组成

（a）地坪层；（b）楼板层

（1）楼地面层。楼地面层又称为楼面或地面，起着保护楼板层、承受并传递荷载的作用，同时对室内具有很重要的清洁及装饰作用，并满足隔声、保温、防水等要求。

（2）结构层。结构层即楼层和地层的承重部分。其主要功能是承受作用其上的全部荷载并将这些荷载传递给墙、柱或直接传递给土壤；楼层还对墙身起水平支撑作用，以加强建筑物的整体刚度。

（3）附加层。附加层又称功能层，其主要作用是隔声、保温隔热、防水、防潮、防腐蚀、防静电及作为管线敷设层等。其是现代楼板结构中不可或缺的部分。根据需要，附加层有时和面层合二为一，有时又和吊顶合为一体。

（4）顶棚层。顶棚层位于楼层的最下层，主要作用是保护楼板、安装灯具、装饰室内、敷设管线等。

二、钢筋混凝土楼板

楼板按所用的结构层材料不同，可分为木楼板、钢筋混凝土楼板、压型钢板组合楼板等，如图3-4-2所示。

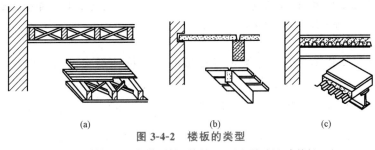

图3-4-2　楼板的类型

（a）木楼板；（b）钢筋混凝土楼板；（c）压型钢板组合楼板

由于钢筋混凝土楼板具有造价低廉、容易成型、强度高、耐火性和耐久性好、便于工业化生产且施工方便的特点，是目前应用最广泛的楼板类型。

钢筋混凝土楼板根据施工方法不同，可分为现浇式、预制装配式和装配整体式三种。

1. 现浇式钢筋混凝土楼板

现浇式钢筋混凝土楼板是指在施工现场通过支模、绑扎钢筋、整体浇筑混凝土及养护等工序而成型的楼板。这种楼板具有整体性好、刚度大、利于抗震、梁板布置灵活等特点，但其模板耗材大、施工进度慢、施工受季节限制。其适用于地震区及平面形状不规则或防水要求较高的房间。

现浇钢筋混凝土楼板按受力和传力情况，可分为板式楼板、梁板式楼板、无梁楼板及压型钢板组合楼板。

（1）板式楼板。楼板下不设置梁，将板直接搁置在墙上的，称为板式楼板。板有单向板与双向板之分，如图3-4-3所示。当长边与短边长度之比大于2.0时，称其为单向板；当长边与短边长度之比不大于2.0时，称其为双向板。板式楼板底面平整、美观、施工方便，其适用于小跨度房间，如走廊、厕所和厨房等。

（2）梁板式楼板。由板、梁组合而成的楼板，称为梁板式楼板（又称为肋梁楼板）。根据梁的构造情况，又可分为单梁式、复梁式和井梁式楼板。

1）单梁式楼板。当房间尺寸不大时，可以只在一个方向设梁，梁直接支承在墙上，称为单梁式楼板，如图3-4-4所示。

2）复梁式楼板。有主次梁的楼板称为复梁式楼板，如图3-4-5所示。

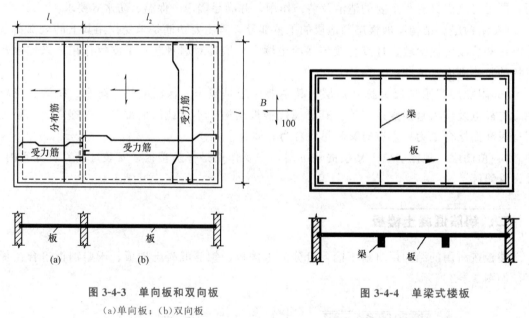

图 3-4-3　单向板和双向板
（a）单向板；（b）双向板

图 3-4-4　单梁式楼板

3）井梁式楼板。井梁式楼板是梁板式楼板的一种特殊形式。当房间尺寸较大，并接近正方形时，常沿两个方向布置等距离、等截面高度的梁（不分主、次梁），形成井格形的梁板结构。井梁式楼板常用于建筑物的门厅、大厅、会议室、小型礼堂等，如图3-4-6所示。

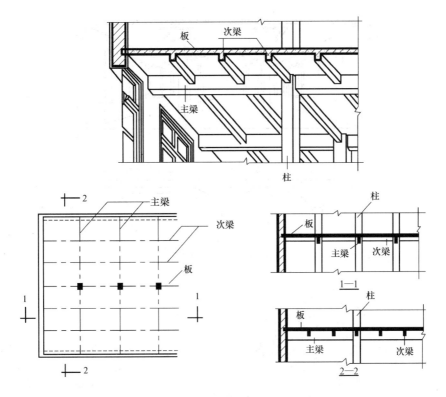

图 3-4-5　复梁式楼板

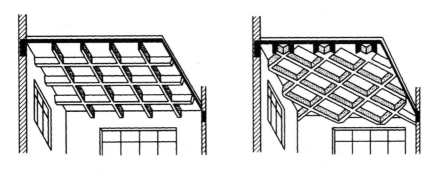

图 3-4-6　井梁式楼板

（3）无梁楼板。无梁楼板是在楼板跨中设置柱子来减小板跨，不设梁的楼板，如图 3-4-7 所示。在柱与楼板连接处，柱顶构造可分为有柱帽和无柱帽两种。无梁楼板增加了室内净高尺寸，顶棚平整，适用于仓库建筑。

（4）压型钢板组合楼板。压型钢板组合楼板是以截面为凹凸形的压型钢板做衬板与现浇混凝土浇筑在一起构成的楼板结构。压型钢板承受施工时的荷载，也是楼板的永久性模板。这种楼板简化了施工程序，加快了施工进度，并且具有较强的承载力、刚度和整体稳定性，但耗钢量较大，适用于多层、高层的框架或框架-剪力墙结构的建筑。压型钢板组合楼板的基本构造形式如图 3-4-8 所示。

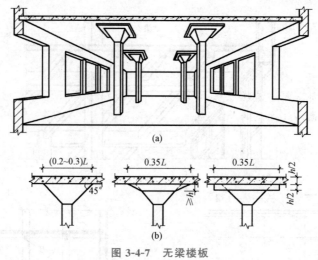

图 3-4-7 无梁楼板

(a)无梁楼板透视图；(b)柱帽形式

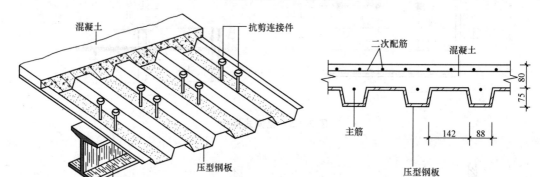

图 3-4-8 压型钢板组合楼板

2. 预制装配式钢筋混凝土楼板

预制装配式钢筋混凝土楼板是指在构件预制厂或施工现场预先制作，然后在施工现场装配而成的楼板。这种楼板可节省模板、改善劳动条件、提高生产效率、加快施工速度并利于推广建筑工业化，但楼板的整体性差。其适用于非地震区、平面形状较规整的房间中。预制楼板又可分为预应力和非预应力两种。预应力与非预应力构件相比，可节省材料，减小质量，降低造价。

(1)预制装配式钢筋混凝土楼板的类型。

1)实心平板。预制实心平板的跨度一般在 2.5 m 以内，板厚为跨度的 1/30，一般为 60～100 mm，板宽为 400～800 mm，如图 3-4-9 所示。由于板的跨度小，多用于过道和小房间的楼板，也可用作搁板、沟盖板、阳台拦板等，施工时对起吊机械要求不高。

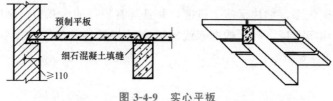

图 3-4-9 实心平板

2)槽形板。槽形板由板和边肋组成，是一种梁板结合的构件，即在实心板两侧设纵向边肋，构成槽形截面。其具有质量小、省材料、造价低、便于开孔等优点。槽形板作楼板时，有正置(肋向下)和倒置(肋向上)两种，如图 3-4-10 所示。正置槽形板由于板底不平，通常做吊顶遮盖，为避免板端肋被压坏，可在板端伸入墙内部分堵砖填实；倒置槽形板虽板底平整，但在上面需要另做面层，且受力不如正置槽形板合理，但可在槽内填充轻质材料，以解决楼板的隔声和保温隔热问题。

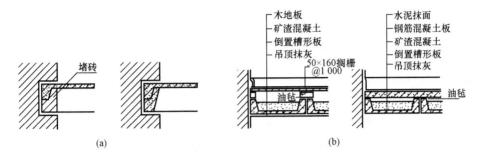

图 3-4-10　槽形板

(a)正槽板板端支承在墙上；(b)倒槽板的楼面及吊顶构造

3)空心板。空心板是将平板沿纵向抽空而成，孔洞形状有圆形、椭圆形和矩形等，如图 3-4-11 所示。其中，以圆孔板的制作最为方便，应用最广。空心板是一种梁板结合的预制构件，其结构计算理论与槽形板相似，两者材料消耗也相近，但空心板上下板面平整，且隔声效果优于槽形板，因此是目前广泛采用的一种形式。空心板不能随意开洞。在安装时，空心板孔的两端常用砖或混凝土填塞，以免端缝灌浇时漏浆，并保证板端的局部抗压能力。

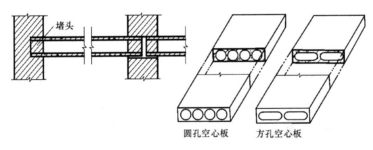

图 3-4-11　空心板

(2)预制装配式钢筋混凝土楼板的布置。在进行楼板结构布置时，应先根据房间开间、进深的尺寸确定构件的支承方式，然后选择板的规格，进行合理的安排。结构布置时应注意以下几点原则：

1)尽量减少板的规格、类型。板的规格过多，不仅给板的制作增加麻烦，而且施工容易搞错。

2)为减少板缝的现浇混凝土量，应优先选用宽板，窄板作调剂用。

3)板的布置应避免出现三面支承情况，即楼板的长边不得搁置在梁或砖墙内；否则，在荷载作用下板会产生裂缝，如图 3-4-12 所示。

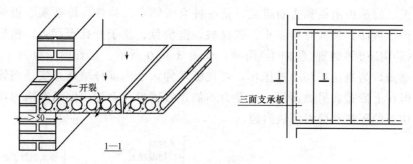

图 3-4-12 三面支承板

4)按支承楼板的墙或梁的净尺寸计算楼板的块数，不够整块数的尺寸可通过调整板缝或于墙边挑砖或增加局部现浇板等办法来解决，如图 3-4-13 所示。当缝差超过 200 mm 时，应考虑重新选板或采用调缝板。

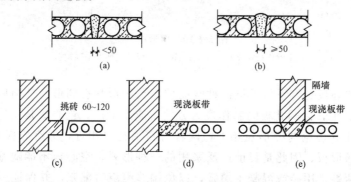

图 3-4-13　板缝差的处理

（a)调整板缝；（b)配筋灌缝；（c)挑砖；（d)墙边设现浇板带；（e)隔墙设现浇板带

5)遇有上下管线、烟道、通风道穿过楼板时，为防止圆孔板开洞过多，应尽量将该处楼板现浇。板的支承方式有板式和梁板式两种，如图 3-4-14 所示。预制板直接搁置在墙上的称为板式结构布置；若先搁梁，再将板搁置在梁上，称为梁板式结构布置。

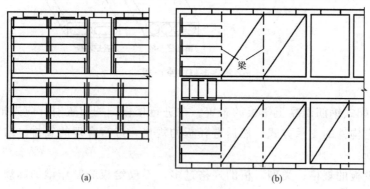

图 3-4-14　预制楼板的结构布置

（a)板式结构布置；（b)梁板式结构布置

(3)预制装配式钢筋混凝土楼板的安装节点构造。

1)板缝构造。安装预制板时，为使板缝灌浆密实，要求板块之间离开一定距离，以便填入细石混凝土。板间的接缝有端缝和侧缝两种。

①端缝一般以细石混凝土灌注，必要时可将板端留出的钢筋交错搭接在一起，或加钢筋网片后再灌注细石混凝土，以加强连接。对整体性要求较高的建筑，可在板缝配筋或用短钢筋与预制板吊钩焊接，如图 3-4-15 所示。

②侧缝一般有 V 形缝、U 形缝和凹槽缝三种形式。如图 3-4-16 所示，缝内灌水泥砂浆(细缝)或细石混凝土(粗缝)，其中凹槽缝板的受力状态较好，但灌缝较困难，常见的为 V 形缝。

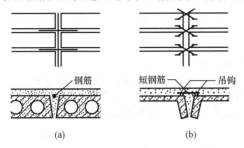
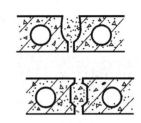

图 3-4-15　整体性要求较高时的板缝处理

(a)板缝配筋；(b)用短钢筋与预制板吊钩焊接

图 3-4-16　楼板侧缝的接缝形式

2)板与墙、梁的连接构造。预制板直接搁置在砖墙或梁上时，均应有足够的支承长度。支承于梁上时，其搁置长度不小于 80 mm；支承于墙上时，其搁置长度不小于 100 mm，并在梁上或墙上抹 M5 水泥砂浆，厚度为 20 mm，以保证连接效果。另外，为增加建筑物的整体刚度，板与墙、梁之间或板与板之间常用钢筋拉结。拉结程度随抗震要求和对建筑物整体性要求不同而异，各地均有不同的拉结锚固措施。如图 3-4-17 中所示的锚固钢筋的配置可供参考。

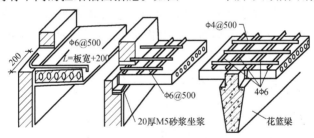

图 3-4-17　锚固钢筋的配置

3)楼板上隔墙的处理。预制钢筋混凝土楼板上设置隔墙时，宜采用轻质隔墙，可搁置在楼板的任何位置；若隔墙自重较大时，如采用砖隔墙、砌块隔墙等，则应避免将隔墙搁置在一块板上，通常将隔墙设置在两块板的接缝处；当采用槽形板或小梁搁板的楼板时，隔墙可直接搁置在板的纵肋或小梁上；当采用空心板时，须在隔墙下的板缝处设现浇板带或梁来支承隔墙，如图 3-4-18 所示。

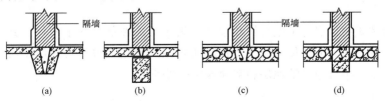

图 3-4-18　楼板上隔墙的处理

(a)隔墙搁置于纵肋上；(b)隔墙搁置于小梁上；(c)隔墙下设现浇板带；(d)隔墙下设梁

3. 装配整体式钢筋混凝土楼板

装配整体式钢筋混凝土楼板是指预制构件与现浇混凝土面层叠合而成的楼板。其既可节省模板、提高其整体性，又可加快施工速度，但其施工较复杂。常用的装配整体式钢筋混凝土楼板有密肋填充块楼板和叠合式楼板两种。

(1)密肋填充块楼板。密肋填充块楼板的密肋小梁有现浇和预制两种。现浇密肋填充块楼板是以陶土空心砖、矿渣混凝土实心块等作为肋间填充块来现浇密肋和面板而成。预制小梁填充块楼板是在预制小梁之间填充陶土空心砖、矿渣混凝土实心块、炉渣空心块等，上面现浇面层而成，如图 3-4-19 所示。

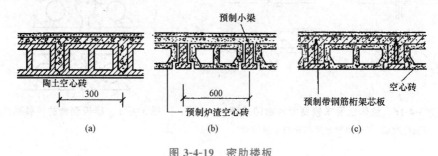

图 3-4-19　密肋楼板

(a)现浇空心砖楼板；(b)预制小梁填充块楼板；(c)带骨架芯板填充块楼板

(2)叠合式楼板。叠合式楼板是由预制薄板和现浇钢筋混凝土层叠合而成的装配整体式楼板。预制板既是叠合楼板结构的组成部分，又是现浇钢筋混凝土叠合层的永久性模板，现浇叠合层内可敷设水平管线。预制板底面平整，可直接喷涂或粘贴其他装饰材料作顶棚。为了保证预制薄板与叠合层有较好的连接，薄板上表面需做处理，如将薄板表面做刻槽处理、板面露出较规则的三角形结合钢筋等，如图 3-4-20(a)所示，叠合楼板的总厚度一般为150～250 mm，如图 3-4-20(b)、(c)所示。

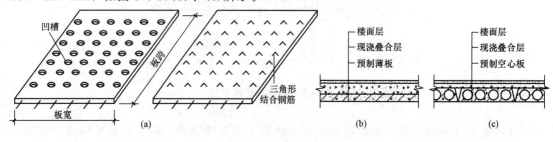

图 3-4-20　叠合楼板

(a)预制薄板的板面处理；(b)预制薄板叠合楼板；(c)预制空心板叠合楼板

三、地层构造

地层是指建筑物底层与土壤直接相接或接近土壤的那部分水平构件。其承受作用其上的所有荷载，并将这些荷载传递给它下面的土壤或通过地垄墙等传递给土壤。地层按其与土壤之间的关系，可分为实铺地层和空铺地层两种类型。

1. 实铺地层

实铺地层由基层、垫层和面层三部分组成，如图 3-4-21 所示。面层和垫层一起称为地面。

（1）基层。基层为地坪层的承重层，一般为土壤，可采用原土夯实或素土分层夯实。当荷载较大时，则需要进行换土或加入碎砖、砾石等并夯实，以增加其承载能力。

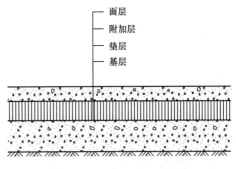

图 3-4-21　地面的构造组成

（2）垫层。垫层为承重层和面层之间的填充层，一般起找平和传递荷载的作用。由于土壤强度较低，因此垫层一般较厚、强度较大、刚度较好，能较好地承受上部荷载并将其均匀地传递给基层。垫层常采用 C10 素混凝土或焦渣混凝土等做垫层，厚度为 60～100 mm。

（3）面层。面层是指地层最上面的部分，起着保护垫层和装饰室内的作用。面层应满足耐磨、平整、易清洁、不起尘、防水、导热系数小等要求。为了满足某些特殊使用功能要求，还需要在面层和垫层之间加设附加层，如防潮层、防水层、管线敷设层、保温隔热层等。

2. 空铺地层

空铺地层常用于底层地面，由于占用空间多、费材料，因而采用较少。但为防止房屋底层房间受潮或满足某些特殊使用要求，如舞台、体育比赛场、幼儿园等的地层需要有较好的弹性，需将地层架空形成空铺地层。其构造作法是在垫层上砌筑地垄墙到预定标高，地垄墙顶部用 20 mm 厚 1：3 水泥砂浆找平，并设压沿木，钉木龙骨和横撑，其上铺木地板。这样利用地层与土层之间的空间进行通风，便可带走地潮，如图 3-4-22 所示。

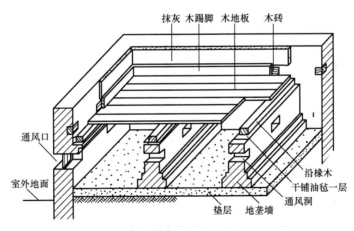

图 3-4-22　空铺式木地面

寒冷地区采暖房间的空铺地层须有保温措施，以防室温由地层散失。

四、楼地面构造

1. 楼地面的设计要求

（1）具有足够的坚固性，且要求表面平整、光洁、不起灰和易清洁。

（2）保温性能好，保证寒冷季节脚部舒适。

（3）具有一定的弹性，当人们行走时不致有过硬的感觉，能减少噪声。

（4）满足美观要求，楼地面是室内的装饰层，应具有与建筑功能相适应的外观形象。

（5）对某些有特殊功能要求的室内楼地面，应满足防潮、防水、防火、耐腐蚀性能要求等。

总之，在进行楼地面的设计或施工时，应根据房间的使用功能和装修标准，选择适宜的面层和附加层，从构造设计到施工，确保地面具有坚固、耐磨、平整、不起灰、易清洁、有弹性、防火、防水、防潮、保温、防腐蚀等特点。

2. 常用地面类型

楼地面是指楼板层和地坪层的面层。楼板层的面层和地坪层的面层在构造和要求上是一致的，均属室内装修范畴，统称地面。楼地面的名称是依据面层所用的材料来命名的。根据面层所用的材料及施工方法的不同，常用楼地面可分为四大类型，即整体地面、块材地面、卷材地面和涂料地面。

（1）整体地面。用现场浇筑的方法做成整片的地面称为整体地面。常用的有水泥地面、细石混凝土地面、水磨石地面、菱苦土地面等。

1）水泥地面。水泥地面是在一般民用建筑中采用较多的一种地面。原因在于水泥地面构造简单、坚固、能防潮防水而造价又较低。但水泥地面蓄热系数大，冬天感觉冷。空气湿度大时易产生凝结水，而且表面起灰，不易清洁。

水泥地面有单层和双层构造之分。单层做法是先刷素水泥砂浆结合层一道，再用15～20 mm 厚1：2 水泥砂浆压实抹光。双层做法是先以15～20 mm 厚1：3 水泥砂浆打底、找平，再以5～10 mm 厚1：2 或1：2.5 的水泥砂浆抹面，如图3-4-23 所示。双层做法能减少地表面干缩裂纹和起鼓现象。

2）细石混凝土地面为了增强楼板层的整体性和防止楼面产生裂缝及起砂，现不少地区在做楼板面层时，采用30～40 mm 厚C20 细石混凝土层，在初凝时用铁滚滚压出浆水抹平后，待其终凝前再用铁板压光，作为地面。其主要优点是经济、施工简单、不易起尘。

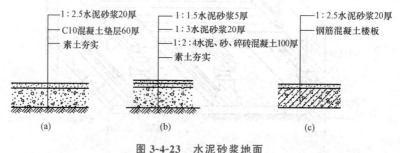

图 3-4-23 水泥砂浆地面
(a)底层地面单层做法；(b)底层地面双层做法；(c)楼层地面

3）水磨石地面。水磨石地面是将水泥作胶结材料，大理石或白云石等中等硬度的石屑作集料而形成的水泥石屑面层，经磨光、打蜡而成。这种地面坚硬、耐磨、光洁、不透水、装饰效果好，常用于较高要求的地面。水磨石地面一般可分为两层施工。首先，在刚性垫层或结构层上用10～20 mm 厚的1：3 水泥砂浆找平；然后，在找平层上按设计图案嵌10 mm 高分格条(玻璃条、钢条、铝条等)，并用1：1 水泥砂浆固定；最后，将拌和好的水泥石屑浆铺入压实，经浇水养护后磨光、打蜡，如图3-4-24 所示。

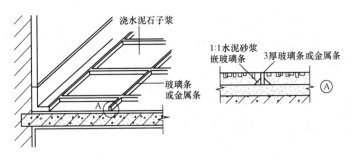

图 3-4-24 水磨石地面

（2）块材地面。块材地面是利用各种天然或人造的预制块材或板材，通过铺贴形成面层的楼地面。按面层材料不同，有陶瓷板块地面、石板地面、木地面等。

1）陶瓷板块地面。用于地面的陶瓷板块有缸砖、陶瓷马赛克、釉面陶瓷地砖、瓷土无釉砖等。这类地面的特点是表面致密光洁、耐磨、耐腐蚀、吸水率低、不变色，但造价偏高，一般适用于用水的房间及有腐蚀的房间，如厕所、盥洗室、浴室和试验室等。缸砖等陶瓷板块地面的铺贴方式是在结构层或垫层找平的基础上撒素水泥（撒适量清水），用 5～10 mm 厚 1∶1 水泥砂浆铺平拍实，再用干水泥擦缝，如图 3-4-25 所示。

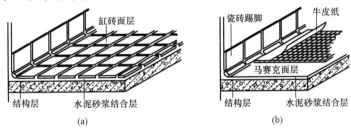

图 3-4-25 陶瓷板块地面

(a)缸砖或瓷砖地面；(b)马赛克地面

2）石板地面。石板地面包括天然石地面和人造石地面。天然石有大理石和花岗石等。人造石有预制水磨石、人造大理石等。与陶瓷板块地面相比，大理石板、水磨石板不耐磨，主要优点是装饰效果好。磨光花岗石板的耐磨性与装饰效果极佳，但价格十分高昂，是高档的地面装饰材料。

石板尺寸较大，一般为 500 mm×500 mm 以上，铺设时需预先试铺，合适后再正式粘贴。粘贴表面的平整度要求高，其构造做法是在混凝土垫层上先用 20～30 mm 厚 1∶3～1∶4 干硬性水泥砂浆找平，再用 5～10 mm 厚 1∶1 水泥砂浆铺贴石板，缝中灌稀水泥浆擦缝。如图 3-4-26 所示为花岗石、大理石地面构造。

3）木地面。木地面的主要特点是有弹性、不起灰、不返潮、易清洁、保温性好，但耐火性差，保养不善时易腐朽且造价较高，一般用于装修标准较高的住宅、宾馆、体育馆、健身房、剧院舞台等建筑中。实铺木地面的构造可分为铺钉式和粘贴式两种地面类型。

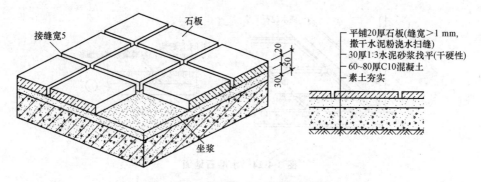

图 3-4-26　花岗石、大理石地面构造

①铺钉式实铺木地面有单层和双层做法。单层做法是将木地板直接钉在钢筋混凝土基层上的木搁栅上，而木搁栅绑扎在预埋于钢筋混凝土楼板内或混凝土垫层内的 10 号双股镀锌钢丝上。木搁栅为 50 mm×60 mm 方木，中距 400 mm；横撑为 50 mm×50 mm，中距 80 mm。若在木搁栅上加设 45°斜铺木板，再钉长条木板或拼花地板，就形成了双层做法。为了防腐，可在基层上刷冷底子油一道，热沥青玛𝑟脂两道，木龙骨及横撑等均满涂氟化钠防腐剂。另外，还应在踢脚板处设置通风口，使地板下的空气流通，以保持干燥，如图 3-4-27(a)、(b) 所示。

②粘贴式实铺木地面是将木地面用粘结材料直接粘贴在钢筋混凝土楼板或混凝土垫层上的砂浆找平层。其做法是先在钢筋混凝土基层上用 20 mm 厚 1∶2.5 水泥砂浆找平，然后刷冷底子油和热沥青各一道作为防潮层，再用胶粘剂随涂随铺 20 mm 厚硬长条地板。当面层为小细纹拼花木地板时，可直接用胶粘剂刷在水泥砂浆找平层上进行粘贴，如图 3-4-27(c) 所示。

木地板做好后应刷油漆并打蜡，以保护地面。

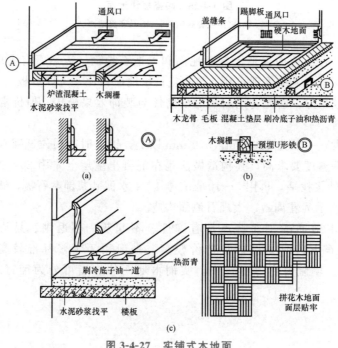

图 3-4-27　实铺式木地面

(a)铺钉式单层做法；(b)铺钉式双层做法；(c)粘贴式木地面

（3）卷材地面。卷材地面是用成卷的铺材铺贴而成。常见卷材有软质聚氯乙烯塑料地毡、橡胶地毡及地毯等。

1）软质聚氯乙烯塑料地毡。该地毡有一定的弹性，耐凹陷性能好，但不耐燃，尺寸稳定性差，主要用于医院、住宅等。施工是在清理基层后按照设计弹线，在塑料板底涂满氯丁橡胶粘结1～2遍之后进行铺贴，如图3-4-28所示。

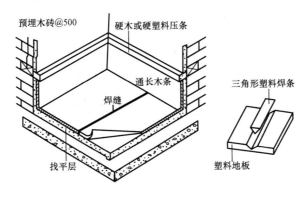

图 3-4-28　软质聚氯乙烯塑料地毡

2）橡胶地毡。该地毡是以橡胶粉为基料，掺入填充料、防老化剂、硫化剂等制成的卷材，耐磨、防滑、防潮、绝缘、吸声并富有弹性。橡胶地毡可以干铺，也可以用胶粘剂粘贴在水泥砂浆找平层上。

3）地毯。地毯类型较多，按地毯面层材料不同，有化纤地毯、羊毛地毯、棉织地毯等。柔软舒适、吸声、保温且施工简便，有固定和不固定两种铺设方法。固定法是将地毯粘贴在地面上，或将地毯四周钉牢。地毯下可以通过铺设一层泡沫橡胶垫层，改善地面弹性和消声性能。

（4）涂料地面。涂料地面是利用涂料涂刷或涂刮而成的。其是水泥砂浆地面的一种表面处理形式，用以改善水泥砂浆地面在使用和装饰方面的不足。地板漆是传统的地面涂料，它与水泥砂浆地面粘结性差，易磨损、脱落，目前已逐步被人工合成高分子材料所取代。

人工合成高分子涂料是用合成树脂代替水泥或部分代替水泥，再加入填充料、颜料等搅拌混合而成的材料，经现场涂布施工，硬化以后形成整体的涂料地面。其突出特点是无缝、易于清洁且施工方便、造价较低，可以提高地面的耐磨性、韧性和不透水性。其适用于一般建筑水泥地面装修。

3. 地面的细部及防潮防水

（1）踢脚板和墙裙。为保护墙面，防止外界碰撞损坏墙面或擦洗地面时弄脏墙面，通常在墙面靠近地面处设踢脚板（又称踢脚线）。踢脚板的材料一般与地面相同，故可看作是地面的一部分，即地面在墙面上的延伸部分。踢脚线通常凸出墙面，也可与墙面平齐或凹进墙面，其高度一般为100～150 mm。当采用多孔砖或空心砖砌筑墙体时，为保证室内踢脚质量，楼地面以上应改用三皮实心砖砌筑。图3-4-29所示为常用的缸砖踢脚线、木踢脚线、水泥踢脚线构造。

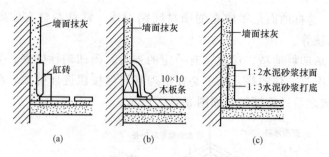

图 3-4-29 踢脚线构造

(a)缸砖踢脚线；(b)木踢脚线；(c)水泥踢脚线

墙裙是踢脚线沿墙面往上的继续延伸，作法与踢脚类似，常用不透水材料做成。如油漆、水泥砂浆、瓷砖、木材等，通常为贴瓷砖的做法。墙裙的高度和房间的用途有关，一般为900～1 200 mm；对于受水影响的房间，高度为900～2 000 mm。其主要作用是防止人们在建筑物内活动时碰撞或污染墙面，并起一定的装饰作用。

(2)地面的防潮、防水。由于地下水水位升高、室内通风不畅、房间湿度增大，引起地面受潮，使室内人员感觉不适，造成地面、墙面，甚至家具霉变，还会影响结构的耐久性、美观和人体健康。因此，应对可能受潮的房屋进行必要的防潮处理。

在用水频繁的房间，如厕所、盥洗室、浴室、试验室等，地面容易积水且易发生渗漏水现象，应做好楼地面的排水和防水。

1)地面排水。为排除室内积水，地面应有一定坡度，一般为1‰～1.5‰，同时应设置地漏，使水有组织地排向地漏；为防止积水外溢，影响其他房间的使用，有水房间地面应比相邻房间的地面低20～30 mm；若不设此高差，即两房间地面等高时，则应在门口做20～30 mm 高的门槛，如图3-4-30 所示。

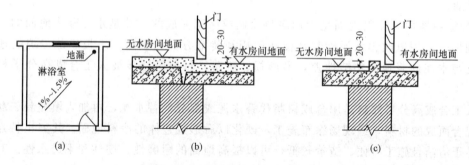

图 3-4-30 有水房间的排水与防水

(a)有水房间；(b)地面低于无水房间；(c)与无水房间地面平齐，设门槛

2)地面防水。有水房间楼板以现浇钢筋混凝土楼板为佳，面层材料通常为整体现浇水泥砂浆、水磨石或瓷砖等防水性较好的材料。对于防水要求较高的房间，还应在楼板与面层之间设置防水层。常见的防水材料有卷材、防水砂浆和防水涂料。为防止房间四周墙脚受水，应将防水层沿周边向上泛起至少150 mm，如图3-4-31(a)所示；当遇到门洞时，应将防水层向外延伸250 mm 以上，如图3-4-31(b)所示。

当竖向管道穿越楼地面时，也容易产生渗透，处理方法一般有两种：一种是对于冷水管道，可在竖管穿越的四周用C20 干硬性细石混凝土填实，再以卷材或涂料做密封处理，如图3-4-31(c)所示；另一种是对于热水管道，为防止由于温度变化引起管壁周围材料胀缩变形，常在穿管位置预埋比竖管管径稍大的套管，高出地面30 mm左右，并在缝隙内填塞弹性防水材料，如图3-4-31(d)所示。

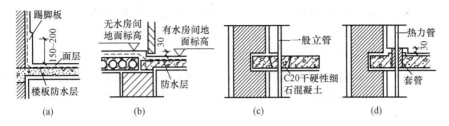

图 3-4-31 楼地面防水构造

(a)防水层沿周边上卷；(b)防水层向无水房间延伸；

(c)一般立管穿越楼层；(d)热力管穿越楼层

五、顶棚的构造

顶棚又称为天棚或天花板，是楼板层或屋顶下面的装修层。其目的是保证房间清洁整齐，封闭管线、增强隔声和装饰效果。

顶棚按构造方式不同，可分为直接式顶棚和吊顶棚两种类型。

1. 直接式顶棚

直接式顶棚是在楼板下直接做饰面层，构造简单、造价较低，常见有以下三种：

(1)喷刷顶棚。当楼板底面平整、室内装饰要求不高时，可直接或稍加修补刮平后喷刷大白浆、石灰浆等，以增强顶棚的反射光照作用。

(2)抹灰顶棚。当楼板底面不够平整且室内装饰要求较高时，可在楼板底面先抹灰再喷刷涂料。抹灰可用纸筋灰、水泥砂浆、混合砂浆等。其中，纸筋灰最为常用。纸筋灰的常见做法是先用10％火碱水清洗楼板底面，刷素水泥浆一道，以1：3：9的水泥石灰膏砂浆打底7 mm厚，纸筋灰罩面3 mm厚，最后喷刷涂料，如图3-4-32(a)所示。

(3)粘贴顶棚。对于楼板底不需敷设管线而装饰要求较高的房间，可在楼板底面用砂浆打底找平后，用胶粘剂粘贴墙纸、泡沫塑料板、铝塑板或吸声板，起到一定的保温、隔热和吸声作用，如图3-4-32(b)所示。

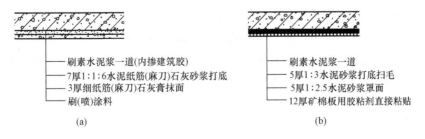

图 3-4-32 顶棚构造

(a)抹灰顶棚；(b)粘贴顶棚

2. 吊顶棚

所谓吊顶棚，是指顶棚的装饰表面悬吊于屋面板或楼板下，并与屋面板或楼板留有一定距离的顶棚，俗称吊顶。吊顶棚可结合灯具、通风口、音响、喷淋、消防设施等进行整体设计，形成变化丰富的立体造型，改善室内环境，满足不同使用功能的要求。

（1）吊顶的构造组成。吊顶由吊筋、龙骨和面板三部分组成。

1）吊顶龙骨。吊顶龙骨可分为主龙骨与次龙骨。主龙骨为吊顶的承重结构；次龙骨则是吊顶的基层。主龙骨通过吊筋或吊件固定在楼板结构上；次龙骨用同样的方法固定在主龙骨上。龙骨可用木材、轻钢、铝合金等材料制作，其断面大小视其材料品种、是否上人和面层构造做法等因素而定。

2）吊顶面层。吊顶面层可分为抹灰面层和板材面层两大类。抹灰面层为湿作业施工，费工、费时；板材面层既可加快施工速度，又容易保证施工质量。板材吊顶有木制板材、矿物板材和金属板材等。

（2）吊顶的类型。按吊顶所用材料不同，可分为木质板材吊顶、矿物板材吊顶、金属板材吊顶三种类型。

1）木质板材吊顶。吊顶龙骨一般用木材制作，分格大小应与板材规格相协调。为了防止木质板材因吸湿而产生凹凸变形，面板宜锯成小块板铺钉在次龙骨上，板块接头必须留3～6 mm 的间隙，作为预防板面翘曲的措施。板缝根据设计要求，可做成密缝、斜槽缝、立缝等形式，如图 3-4-33 所示。

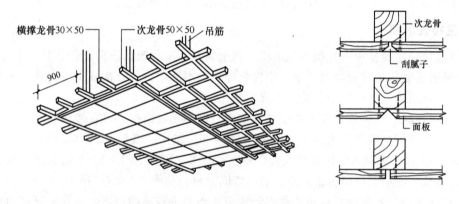

图 3-4-33　木质板材吊顶构造

2）矿物板材吊顶。矿物板材吊顶常用石膏板、石棉水泥板、矿棉板等板材做面层，轻钢或铝合金型材做龙骨。这类吊顶的优点是质量小、施工安装方便、无湿作业、耐火性能优于植物板材吊顶和抹灰吊顶，故在公共建筑或高级工程中应用较广。

轻钢与铝合金龙骨的布置方式有龙骨外露的布置方式（图 3-4-34）和不露龙骨的布置方式两种。不露龙骨的布置方式的主龙骨仍采用槽形断面的轻钢型材，但次龙骨采用 U 形断面轻钢型材，用专门的吊挂件将次龙骨固定在主龙骨上，面板用自攻螺钉固定于次龙骨上，如图 3-4-35 所示。

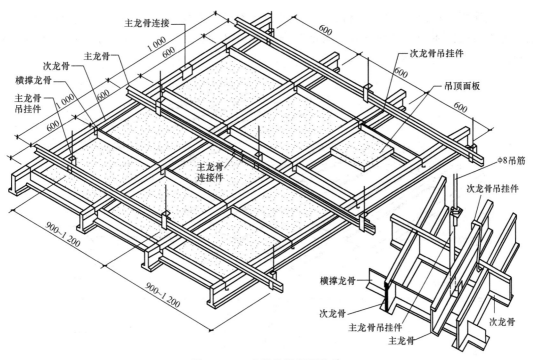

图 3-4-34　龙骨外露吊顶构造

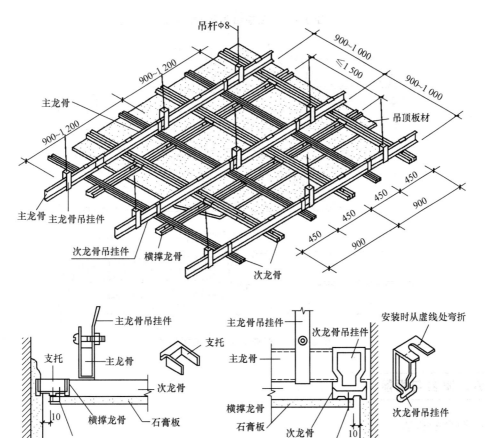

图 3-4-35　不露龙骨吊顶构造

3)金属板材吊顶。金属板材吊顶多以铝合金条板作面层，龙骨采用轻钢型材。根据条板的布置方式的不同，吊顶可分为密铺铝合金条板吊顶（图 3-4-36）和开敞式铝合金条板吊顶（图 3-4-37）。

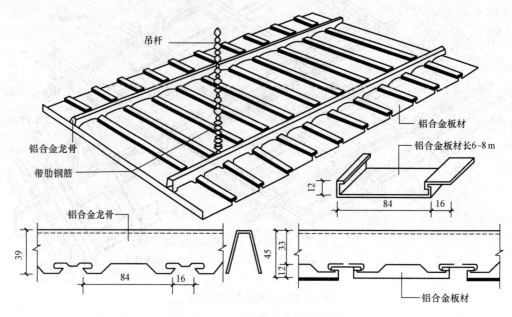

图 3-4-36　密铺铝合金条板吊顶

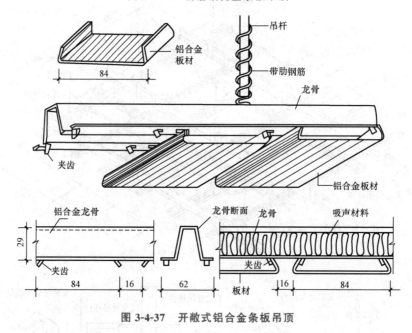

图 3-4-37　开敞式铝合金条板吊顶

六、阳台与雨篷

1. 阳台的构造

阳台是楼房建筑中常见的组成部分，更是多层住宅、高层住宅和旅馆等建筑中不可缺少的室外平台。其能为楼上的居住人员提供一定的室外活动与休息空间。

（1）阳台的类型。阳台按其与外墙的位置关系，可分为凸阳台、凹阳台与半凸半凹阳台；按其在外墙上所处的位置不同，有中间阳台和转角阳台之分，如图3-4-38所示。当阳台的长度占有两个或两个以上开间时，称为外廊。住宅阳台按照功能的不同可分为生活阳台和服务阳台，生活阳台设主立面，主要供人们休息、活动、晾晒衣物等；服务阳台与厨房相连，主要供人们从事家庭服务操作与存放杂物。

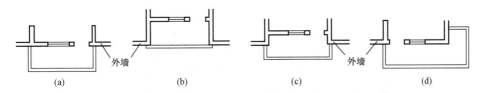

图3-4-38　阳台的类型

(a)凸阳台(中间阳台)；(b)凹阳台；(c)半凹半凸阳台；(d)转角阳台

（2）阳台的结构。布置凹阳台其实是楼板层的一部分，所以，它的承重结构布置可按楼板层的受力分析进行，采用搁板式布板方法。

凸阳台的受力构件为悬挑构件，涉及结构受力、倾覆等问题，构造上要特别重视。凸阳台的承重方案大体可分为挑梁式和挑板式两种类型。当出挑长度在1 200 mm以内时，可采用挑板式；大于1 200 mm时，可采用挑梁式。

1）搁板式。将阳台板直接搁置在墙上。这种结构形式稳定、可靠、施工方便，多用于凹阳台，如图3-4-39(a)所示。

2）挑板式。挑板式阳台的一种做法是将房间楼板直接向墙外悬挑形成阳台板。这种阳台构造简单，施工方便，但预制板型增多，并且对寒冷地区保温不利。这种纵墙承重住宅阳台的长宽可不受房屋开间的限制而按需要调整。挑板式阳台的另一种做法是将阳台板和墙梁现浇在一起，利用梁上部墙体的质量来防止阳台倾覆，如图3-4-39(b)、(c)所示。

3）挑梁式。即从承重墙内外伸挑梁，其上搁置预制楼板，阳台荷载通过挑梁传递给承重墙。这种结构布置简单，传力直接、明确，但由于挑梁尺寸较大，阳台外形笨重，为美观考虑，可在挑梁端头设置面梁。既可以遮挡挑梁头，又可以承受阳台栏杆质量，还可以加强阳台的整体性，如图3-4-39(d)所示。

（3）栏杆和扶手。阳台栏杆是设置在阳台外围的保护设施，主要供人们扶倚之用，以保障人身安全。其高度一般为1.0～1.2 m，栏杆间净距不大于110 mm。栏杆的立面形式有实心栏杆、空花栏杆和由空花栏杆、实心栏杆组合成的组合式栏杆。按材料不同，可分为砖砌栏杆、钢筋混凝土栏杆（板）和金属栏杆等。

扶手有金属和钢筋混凝土两种。金属扶手一般用$\phi50$钢管与金属栏杆焊接。钢筋混凝土扶手应用广泛，形式多样，一般直接用作栏杆压顶，宽度有80 mm、120 mm、160 mm。当扶手上需放置花盆时，需在外侧设保护栏杆，一般高度为180 mm～200 mm，花台净宽为240 mm。栏杆及扶手构造如图3-4-40所示。

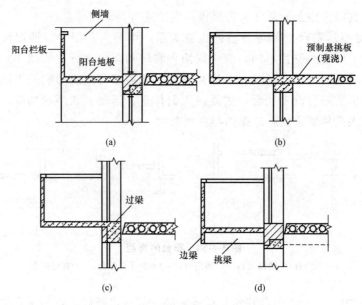

图 3-4-39　阳台的结构布置形式

(a)搁板式；(b)预制或现浇悬挑板；(c)从过梁上挑出阳台板；(d)挑梁式

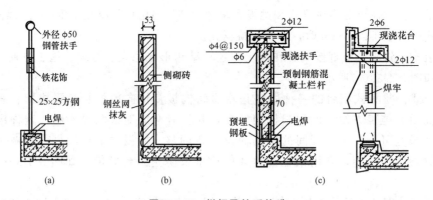

图 3-4-40　栏杆及扶手构造

(a)金属栏杆；(b)砖砌栏杆；(c)预制钢筋混凝土栏杆

（4）阳台排水。阳台排水有外排水和内排水两种。

1）外排水的做法：在阳台一侧或两侧设排水口，阳台地面向排水口做 1%～2% 的坡，排水口内埋设 φ40～φ50 镀锌钢管或塑料管（称为水舌），外挑长度不小于 80 mm，以防雨水溅到下层阳台，如图 3-4-41(a)所示。

2）内排水的做法：在阳台内设置排水立管和地漏，将雨水直接排入地下管网，保证建筑立面美观，如图 3-4-41(b)所示。

2. 雨篷的构造

雨篷位于建筑物出入口的上方，用来遮挡雨雪，给人们提供一个从室外到室内的过渡空间，并起到保护门和丰富建筑立面的作用。雨篷的设计要求：反映建筑物的性质、特征，与建筑物的整体和周围环境相协调；满足挡雨、照明等功能要求，既有适宜的尺度，又配备相应的照明设施；保证雨篷结构和构造的安全性。

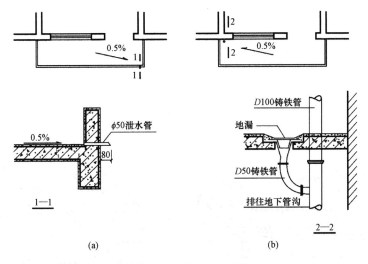

图 3-4-41　阳台排水构造

(a)水舌排水；(b)排水管排水

雨篷在构造上需解决好两个问题：一是防倾覆，保证雨篷梁上有足够的压重；二是板面上要做好排水和防水。钢筋混凝土雨篷通常沿板四周用砖砌或现浇混凝土做凸檐挡水，板面用防水砂浆抹面，并向排水口做出 1% 的坡度。防水砂浆应顺墙上卷至少 300 mm，如图 3-4-42 所示。

雨篷形式多样，按照材料和结构形式的不同，可分为钢筋混凝土雨篷、钢结构悬挑雨篷、玻璃采光雨篷等。钢筋混凝土悬挑构件，大型雨篷下常加立柱形成门廊。较小的雨篷常为挑板式，由雨篷梁悬挑雨篷板，雨篷梁兼作过梁。板悬挑长度一般为 700～1 500 mm。挑出长度较大时，一般做成挑梁式，为使底板平整，可将挑梁上翻。钢结构悬挑雨篷一般由支撑系统、骨架系统和板面系统三部分组成。玻璃采光雨篷是用阳光板、钢化玻璃做雨篷面板的新型透光雨篷。其特点是结构轻巧，造型美观，透明新颖，富有现代感，也是现代建筑中广泛采用的一种雨篷。

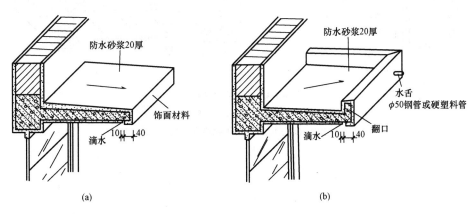

图 3-4-42　雨篷构造

(a)自由落水雨篷；(b)上翻口有组织排水雨篷

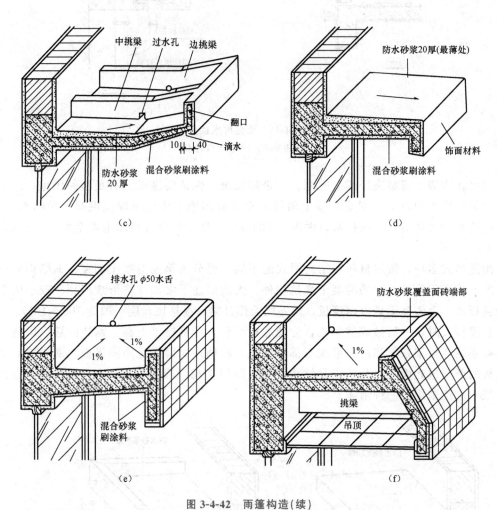

图 3-4-42　雨篷构造(续)

(c)折挑倒梁有组织排水雨篷；(d)下翻口自由落水雨篷；
(e)上下翻口有组织排水雨篷；(f)下挑梁有组织排水带吊顶雨篷

1. 楼板层是建筑物中分隔上下楼层的水平构件，它不仅承受自重和其上的使用荷载，并将其传递给墙或柱，而且对墙体也起着水平支撑的作用。楼板按所用材料不同，可分为木楼板、砖拱楼板、钢筋混凝土楼板、压型钢板组合楼板等类型。

2. 根据施工方法的不同，钢筋混凝土楼板可分为现浇式、装配式和装配整体式三种。现浇板常用的有板式楼板、梁板式楼板、无梁楼板及压型钢板组合楼板。预制板的类型主要有实心平板、槽形板、空心板等，在使用时应选择合理的承重方案，做好结构布置，处理好板与板的连接构造，板与墙、梁的连接构造，隔墙下楼板的构造等。常用的装配整体式楼板有密肋楼板和叠合式楼板两种。

3. 地面主要由面层、垫层和基层三部分组成。对有特殊要求的地坪，常在面层和垫层之间增设附加层。根据面层所用的材料及施工方法的不同，常用地面可分为整体地面、块材地面、卷材地面和涂料地面四种类型。在用水频繁的房间，应做好楼地面的排水和防水。

4. 顶棚是楼板层或屋顶下面的装修层，其目的是保证房间清洁整齐、封闭管线、增强隔声和装饰效果。顶棚按构造方式不同，有直接式顶棚和吊顶棚两种类型。

5. 凹阳台一般采用搁板式布板方法，凸阳台的承重方案大体可分为挑梁式和挑板式两种类型。

6. 雨篷形式多样，按照材料和结构形式的不同，可分为钢筋混凝土雨篷、钢结构悬挑雨篷、玻璃采光雨篷等。雨篷在构造上需解决好两个问题：一是防倾覆，保证雨篷梁上有足够的压重；二是板面上要做好排水和防水。

拓展任务

1. 楼板层中承受荷载并将其传递的是哪个部分？

2. 整体现浇钢筋混凝土楼板有何优缺点？单梁式楼板、复梁式楼板、井式楼板，其荷载是如何传递的？各自适用于什么样的建筑？

3. 自主识读某住宅建筑施工图中各房间楼地面做法，任选两种不同做法绘制楼地面构造图。

任务五　楼梯

学习目标

通过本任务的学习，学生应能够：

1. 掌握楼梯的类型和组成；

2. 掌握楼梯的构造和设计方法；

3. 熟悉室外台阶与坡道的构造；

4. 了解电梯和电动扶梯设计的基本要求；

5. 能完成楼梯建筑施工图设计。

一、楼梯的分类与组成

凡两层以上的建筑物就有竖向交通设施，如楼梯、电梯、自动扶梯、爬梯、台阶、坡道等。电梯主要用于层数较多的建筑物内，设有电梯或自动扶梯的建筑物，也一定同时设有楼梯。

1. 楼梯的分类

（1）按位置不同分，有室内楼梯与室外楼梯两种。

（2）按使用性质分，室内有主要楼梯、辅助楼梯；室外有安全楼梯、防火楼梯。

楼梯的分类及组成

（3）按材料分，有木质、钢筋混凝土、混合式及金属楼梯。

（4）按楼梯间平面形式分，有开敞楼梯间、封闭楼梯间及防烟楼梯间，如图 3-5-1 所示。

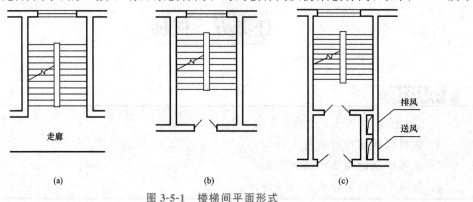

图 3-5-1　楼梯间平面形式

（a）开敞楼梯间；（b）封闭楼梯间；（c）防烟楼梯间

（5）按平面形式不同分，楼梯的形式如图3-5-2所示。

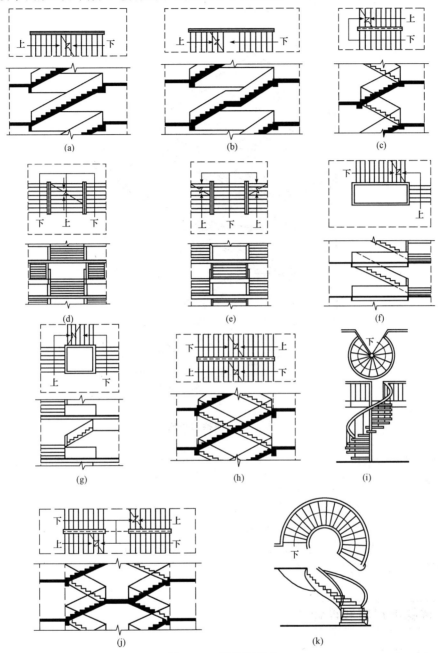

图 3-5-2　楼梯的形式
（a）直行单跑楼梯；（b）直行双跑楼梯；（c）平行双跑楼梯；（d）平行双分式楼梯；
（e）平行双合式楼梯；（f）折行双跑楼梯；（g）折行三跑楼梯；（h）交叉式楼梯；
（i）螺旋式楼梯；（j）剪刀式楼梯；（k）弧形楼梯

2. 楼梯的组成

楼梯一般由楼梯段、楼梯平台和栏杆扶手组成，如图3-5-3所示。

（1）楼梯段。楼梯段是楼梯的主要使用和承重构件。其由若干个踏步组成。为减少人们上下楼梯时的疲劳和适应人体行走的习惯，梯段踏步的步数不宜超过 18 级，但也不宜少于 3 级，以免步数太少时不被人察觉而使人摔倒。

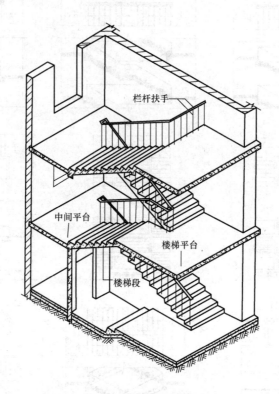

图 3-5-3　楼梯的组成

（2）楼梯平台。楼梯平台是指连接两梯段之间的水平部分。按平台所处的位置与标高，与楼层标高相一致的平台称为楼层平台；介于两个楼层之间的平台，称为中间平台或休息平台。平台的主要作用在于缓解疲劳。同时，平台还是梯段之间转换方向的连接处。楼梯平台还用来分配从楼梯到达各楼层的人流。

（3）栏杆扶手。栏杆扶手是设在楼梯及平台边缘的安全保护构件。要求坚固、可靠，并保证有足够的安全高度。

二、楼梯的尺度和设计

1. 楼梯的尺度

（1）楼梯的坡度及踏步尺寸。楼梯的坡度是指楼梯梯段沿水平面倾斜的角度。楼梯坡度小，行走就比较舒适，但楼梯间进深加大，占用的面积就大；反之，坡度大，行走就容易疲劳。为保证楼梯通行顺畅、安全，楼梯常见坡度为 20°～45°，其中 30° 左右较为通用。当坡度小于 20° 时，采用坡道；当坡度大于 45° 时，由于坡度较陡，需要借助扶手的助力扶持，此时则采用爬梯，竖向交通设施的坡度范围如图 3-5-4 所示。

楼梯的尺度

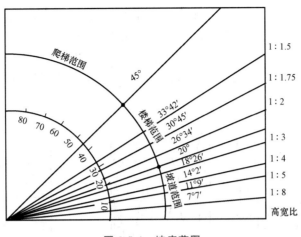

图 3-5-4　坡度范围

楼梯的坡度可以用梯段与水平面夹角表示，也可以用踏步的高宽比来表示。在实际工程中，多采用踏步的高宽比表示。踏步的高宽比需要根据人流行走的舒适、安全和楼梯间的尺度、面积等因素进行综合权衡。踢面高度与踏面宽度之和与人行步距有关，通常按下列公式计算踏步尺寸：

$$2h+b=600\sim620(\mathrm{mm})\text{ 或 }h+b=450(\mathrm{mm})$$

式中　h——踢面高度（mm）；

　　　b——踏步宽度（mm）。

不同性质的建筑中，楼梯踏步的最大和最小尺寸的要求不同，具体见表 3-5-1。

表 3-5-1　常用楼梯踏步适宜尺寸

名称	住宅	幼儿园	学校、办公楼	医院、疗养院	剧院、会堂
踏步高 h/mm	150～175	120～150	140～160	120～150	120～150
踏步宽 b/mm	250～300	260～280	280～340	300～350	300～350

当楼梯间深度受到限制，致使踏面尺寸较小时，可以采取加做踏口（或凸缘）或做踢面倾斜的方式加宽踏面。一般踏口（或凸缘）挑出尺寸为 20～25 mm，如图 3-5-5 所示。

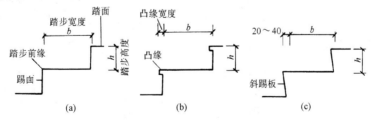

图 3-5-5　踏步形式和尺寸

(a)一般形式；(b)加做踏口形式；(c)踢面倾斜形式

（2）楼梯段及平台尺寸。梯段或平台的净宽是指扶手中心线至墙面或梯段两侧扶手中心线间的水平距离；梯段扶手中心线距离梯段侧边的距离是 100 mm。因此，在实际工程中都是根据栏杆构造，在设计时通过控制梯段宽度来保证梯段净宽。

楼梯的宽度必须满足上下人流及搬运物品的需要，应根据紧急疏散时要求通过的人流股数确定，并不少于两股人流。每股人流宽以 $0.55+(0\sim0.15)$m 宽度考虑，其中 $0\sim0.15$ m 为人流在行进中的摆幅，人流较多的公共建筑应取上限。休息平台的宽度要不小于梯段宽度，以方便搬运家具、设备和通行的顺畅。楼梯段净宽度示意如图 3-5-6 所示。

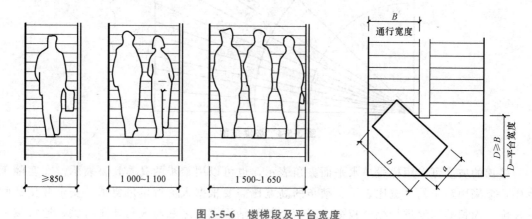

图 3-5-6　楼梯段及平台宽度

两梯段长边之间的空隙叫作楼梯井。楼梯井的主要功能是消防水管的传递不因消防人员跑动卡于其中、方便施工和安装栏杆扶手。其宽度一为在 100 mm 左右，但楼梯井净宽大于 200 mm 时，必须采取防止儿童攀滑的措施。

楼梯段的长度 L 是每一梯段的水平投影长度，其值为 $L=b\times(N-1)$，其中 b 为踏步踏面宽度，N 为每一梯段踏步数。

（3）楼梯的净空高度。楼梯的净空高度包括楼梯段净高和平台处净高。楼梯段净高以踏步前缘处到顶棚垂直线的净高度计算。这个净高保证人们行走不受影响，一般应大于人体上肢伸直向上，手指触到顶棚的距离。此高度应不小于 2 200 mm。平台处净高应不小于 2 000 mm，平台下部作出入口的净高不应小于 2 000 mm。梯段的起始、终止踏步的前缘与顶部凸出物的外缘线应不小于 300 mm，如图 3-5-7 所示。

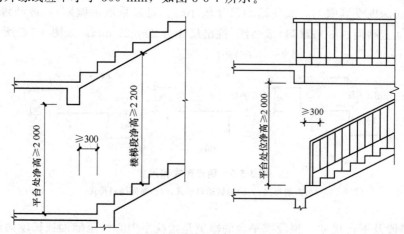

图 3-5-7　楼梯及平台处净高要求

在居住建筑中，通常利用楼梯间作为出入口，同时居住建筑的层高较低，故应着重处理底层楼梯平台下通行时的净高。

(4)栏杆和扶手高度。扶手高度是指踏面宽度中点至扶手面的竖向高度，一般高度为900 mm。供儿童使用的扶手高度为600 mm，室外楼梯栏杆、扶手高度应不小于1 100 mm，如图3-5-8所示。

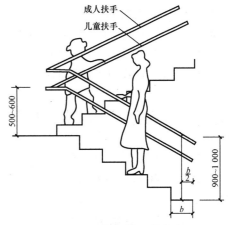

图3-5-8　栏杆扶手的高度

2. 楼梯的设计(工程实例)

(1)设计步骤。

1)根据建筑物的使用性质，初选踏步高h，确定踏步数N，$N=H/h$，尽量采用等跑楼梯，故N宜为偶数；如所求出的N为奇数或非整数，取N为偶数，反过来调整步高。根据$2h+b=600\sim620$ mm，确定踏步宽度b，$b=(600\sim620)-2h$。

2)根据踏步数N和踏步宽度b，计算梯段水平投影长度L，$L=(0.5N-1)b$。

3)确定梯段宽度B和梯井宽度C，梯井宽度$C=60\sim200$ mm。根据楼梯间开间确定梯段宽度B，$B=(开间-C-墙厚)/2$。

4)初步确定中间平台宽D_1，$D_1\geqslant$梯段宽B。

5)根据中间平台宽度D_1及梯段长度L，计算楼层平台宽度D_2，$D_2=进深-D_1-L$。

对于封闭平面的楼梯间，$D_2\geqslant$梯段宽B。对于开敞式楼梯，当楼梯间外为走廊时，D_2可以略小。

6)进行楼梯段净高的验算，有时也会重新调整楼梯的踏步数及踏步的高、宽尺寸。

7)绘制出楼梯的平面图及剖面图，如图3-5-9所示。

楼梯设计

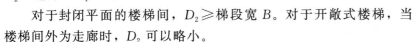

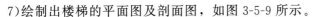
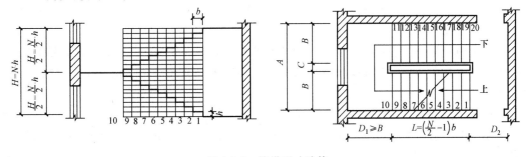

图3-5-9　楼梯尺寸计算

(2)设计实例。

【例3-5-1】 某5层住宅楼，层高为2 900 mm，楼梯间开间为2 700 mm，进深为5 700 mm，室内外高差为600 mm，要求在底层楼梯平台下做出入口，试设计一个平行双跑楼梯，如图3-5-10所示。

解： 由图可知，本楼梯为一封闭式楼梯平面。

(1)因为是住宅楼梯，坡度可陡一些。根据表3-5-1，初选踏步尺寸：踏步高 $h=160$ mm。

(2)每层踏步数 $N=2\,900/160=18.125$（级），取 $N=18$ 级。

(3)踏步高 $h=2\,900/18=161.11$（mm）。按照 $2h+b=600$ mm，得出 $b=600-2\times161.11=277.8$（mm）$\approx280$ mm，符合表3-5-1规定的范围。

住宅楼梯设计举例

(4)每一梯段的水平投影长度 $L=(18\times0.5-1)\times280=2\,240$（mm）。

(5)确定梯井宽。取梯井宽$=100$ mm。

(6)梯段宽 $B=(2\,700-2\times120-100)/2=1\,180$（mm）。

(7)确定中间平台宽 D_1。$D_1\geqslant B$，确定 $D_1=1\,200$ mm

(8)确定楼层平台宽 D_2。$D_2=5\,700-1\,200-2\times120-2\,240=2\,020$（mm）$>B=1\,180$ mm，且满足入户门的开启要求。

(9)底层平台下做出入口时净高的验算：平台梁高一般取 350 mm，净高 $H=9\times161.11-350=1\,099.99$（mm）$<2\,000$ mm，不满足净高要求。

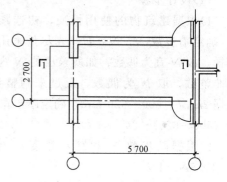
图 3-5-10　楼梯间平面图

解决办法：

1)降低底层平台下局部地坪的标高，使其为-0.45 m，净高 $H=9\times161.11-350+450=1\,549.99$（mm）$<2\,000$ mm，不满足要求。

2)将第一层楼梯设计成长短跑。第一跑为长跑，其踏步数为 N，则 $N\times161.11-350\geqslant2\,000$ mm，得 $N\geqslant14.59$ 级，取 $N=15$ 级。

第一跑梯段长 L_1 及楼层平台宽度 D_2：$L_1=(15-1)\times280=3\,920$（mm）；

$D_2=5\,700-L_1-D_1-240=5\,700-3\,920-1\,200-240=340$（mm），入户门无法开启，不可行。

3)将前两种做法结合起来。设第一跑踏步数为 N，平台梁高350 mm，降低底层平台下的地坪标高，使其为-0.45 m，则 $N\times161.11-350+450\geqslant2\,000$ mm，得 $N\geqslant11.79$ 级，取 $N=12$。

第一跑梯段长 $L_1=(12-1)\times280=3\,080$（mm）。

底层平台下的净高 $H=12\times161.11-350+450=2\,033.32$（mm）$>2\,000$（mm），满足净高要求。

$D_2=5\,700-120-120-1\,200-3\,080=1\,180$（mm）$=B=1\,180$ mm，满足入户门开启要求。

$N_2=18-12=6$（级）。

(10)绘制楼梯平面图及剖面图，如图3-5-11所示。

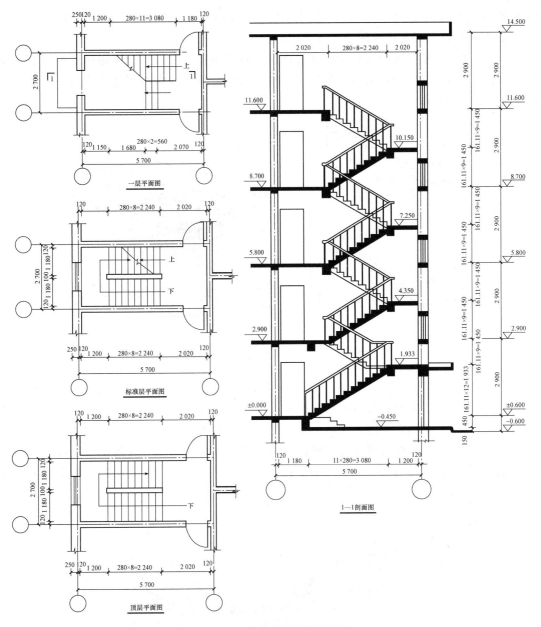

图 3-5-11 楼梯平面图及剖面图

三、钢筋混凝土楼梯的构造

1. 现浇钢筋混凝土楼梯

（1）现浇钢筋混凝土楼梯特点。现浇钢筋混凝土楼梯是指楼梯段、楼梯平台等整体浇筑在一起的楼梯。其结构整体性好，刚度大，对抗震较为有利，并能适应各种楼梯形式。但在施工过程中，要经过支模板、绑扎钢筋、浇筑混凝土等作业，受外界环境因素影响较大。在拆

钢筋混凝土楼梯

模之前，不能利用它进行垂直运输，适用于异形的楼梯或对抗震设防要求较高的建筑中。

（2）现浇钢筋混凝土楼梯的分类及其构造。

1）板式楼梯。板式楼梯段作为一块整浇板，斜向搁置在平台梁上。楼梯段相当于一块斜放的板，平台梁之间的距离即板的跨度，楼梯段应沿跨度方向布置受力钢筋。现浇钢筋混凝土板式楼梯如图 3-5-12 所示。

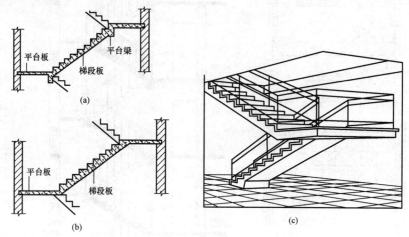

图 3-5-12　现浇钢筋混凝土板式楼梯

（a）不带平台板的板式梯段；（b）带平台板的板式梯段；（c）悬挑平台板的板式楼梯段

2）梁板式楼梯。梁板式楼梯由踏步、楼梯斜梁、平台梁和平台板组成。其适用于荷载较大、楼梯段的跨度也较大的建筑物。梁板式楼梯在结构上有双梁布置和单梁布置之分。

①双梁式梯段。双梁式楼梯是将梯段斜梁布置在踏步的两端，梯梁在踏步板之下，踏步板外露的称为正梁式楼梯，又称为明步；梯梁在踏步板之上，形成反梁，踏步包在里面的称为反梁式楼梯，又称为暗步，如图 3-5-13 所示。

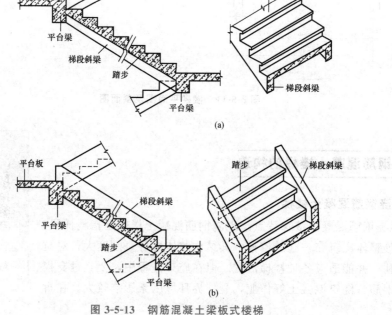

图 3-5-13　钢筋混凝土梁板式楼梯

（a）正梁式楼梯；（b）反梁式楼梯

②单梁式楼梯。单梁式楼梯是近年来公共建筑中采用较多的一种结构形式。这种楼梯的每一个梯段是由一根梯梁支撑踏步的。梯梁布置可分为单梁悬臂式和单梁挑板式两种。前者将梯段斜梁布置在踏步的一端，而将踏步另一端向外悬臂挑出；后者是将梯段斜梁布置在踏步的中间，让踏步从梁的两端挑出，如图 3-5-14 所示。单梁楼梯受力复杂，楼梯梁受弯又受扭，但楼梯外形轻巧、美观，故常作为建筑空间造型之用。

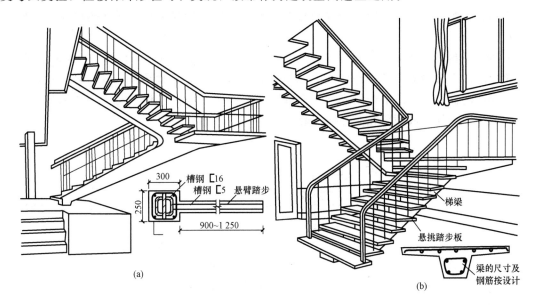

图 3-5-14　单梁式楼梯

(a)单梁悬臂式楼梯；(b)单梁挑板式楼梯

2. 装配式钢筋混凝土预制楼梯

预制装配式楼梯有利于节约模板、提高工业化程度、加快施工进度。其是目前各类建筑施工中普遍采用的一种形式。按预制构件尺寸的不同，可分为小型构件装配式楼梯和中、大型构件装配式楼梯两种。

(1)小型构件装配式楼梯。小型构件装配式楼梯是将楼梯的梯段和平台分别划分成若干部分，预制成构件装配而成。其特点是构件小、质量小、数量多、便于安装，由于装配程度比较繁杂，施工速度慢，现场湿作业多，适用于施工吊装能力较差的情况。

1)预制踏步板的断面形式。钢筋混凝土预制踏步板的断面形式，有三角形、L 形和一字形三种，如图 3-5-15 所示。

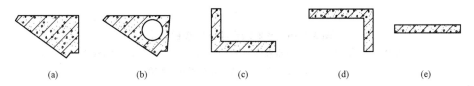

图 3-5-15　预制踏步板的断面形式

(a)实心三角形踏步；(b)空心三角形踏步；(c)正置 L 形踏步；(d)倒置 L 形踏步；(e)一字形踏步

2)预制踏步的支承结构。预制踏步的支承方式主要有梁承式、墙承式和悬挑式三种。

①梁承式楼梯。梁承式楼梯是指预制踏步支承在梯梁上，形成梁式梯段，楼梯梁支承

在平台梁上。任何一种形式的预制踏步都可采用这种支承方式。采用三角形踏步，做明步楼梯可选矩形断面的斜梁；做暗步楼梯可选用 L 形断面的斜梁。用一字形或正反 L 形踏步，均用锯齿形斜梁，如图 3-5-16 所示。三角形踏步楼梯段底面平整，一字形和 L 形踏步板底面呈锯齿状。

踏步与斜梁之间应用水泥砂浆作结合层，L 形及一字形可利用预制踏步板上的预留孔和锯齿形斜梁每个台阶上预留的插铁套接在一起，然后用砂浆窝牢，插铁还可作为栏杆的固定点。

斜梁与平台梁的连接，一般将平台梁作成 L 形断面，梯梁搁置在 L 形平台梁的翼缘上，或在矩形断面平台梁的两端局部做成 L 形断面，形成缺口，将梯梁插入缺口内。这样，不会由于梯梁的搁置，导致平台梁底面标高降低而影响平台净高。梯梁与平台梁的连接，一般采用预埋铁件焊接或预留孔洞和插铁套接。

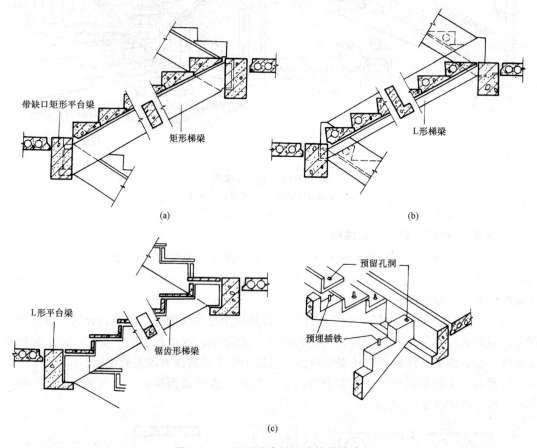

(a)   (b)

(c)

图 3-5-16　预制踏步梁承式楼梯构造

(a)三角形踏步与矩形梯梁配合(明步楼梯)；(b)三角形踏步与 L 形梯梁组合(暗步楼梯)；

(c)L 形(或一字形)踏步与锯齿形梯梁组合

②墙承式楼梯。墙承式楼梯是将预制踏步的两端支承在墙上，将荷载直接传递给两侧的墙体。预制踏步一般采用 L 形，或加砌立砖做踢板的一字形。墙承式楼梯不需要设梯梁和平台梁，故构造简单，制作、安装简便，节约材料，造价低。这种支承方式主要适用于直跑楼梯。若为双跑平行楼梯，则需要在楼梯间中部设墙，以支承踏步，但造成楼梯间的

空间狭窄，视线受阻，给人流通行和家具设备搬运带来不便。为减少视线遮挡，避免碰撞，可在墙上适当部位开设观察孔，如图3-5-17所示。

③悬挑式楼梯。悬挑式楼梯是将踏步的一端固定在墙上，另一端悬挑，利用悬挑的踏步承受梯段全部荷载，并直接传递给墙体。预制踏步采用L形或一字形。

悬挑式楼梯不设梯梁和平台梁，构造简单，造价低，且外形轻巧。预制踏步安装时，须在踏步临空一端设临时支撑，以防倾覆，故施工较麻烦。另外，受结构方面的限制较大，抗震性能较差，地震区不宜采用，通常适用于非地震区、梯段宽度不大的楼梯，如图3-5-18所示。

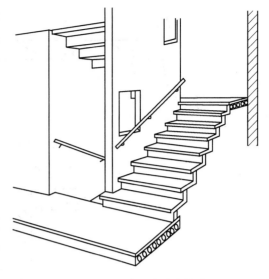

图3-5-17 墙承式楼梯构造

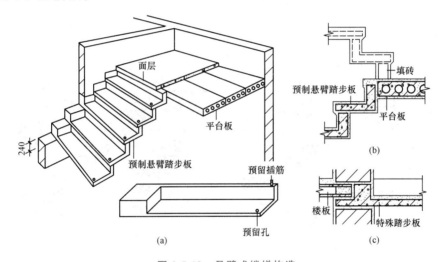

图3-5-18 悬臂式楼梯构造

(a)安装示意图；(b)平台转弯处节点；(c)遇楼板处节点

(2)中、大型构件装配式楼梯。

1)中型构件装配式楼梯。中型构件装配式楼梯一般由楼梯段和带平台梁的平台板两个构件组成。平台板采用槽形板，其中一个边肋尺寸加大并留出缺口，以便搁置梯段用，如图3-5-19所示。顶层楼梯平台板的细部处理与其他各层不同，支撑梯段的边肋一般留有缺口，另一半则不留缺口。但应预留埋件或插孔，以便安装栏杆。

中型构件装配式楼梯安装时，应先在L形平台梁上坐浆，再将梯段的两端搁置在平台梁上，使构件间的接触面贴紧。另外，还要将梯段预留孔套接在平台梁的预埋件上或将预埋件焊接，再用水泥砂浆填实，使梯段与平台梁连接在一起，避免受力后移动，如图3-5-20所示。

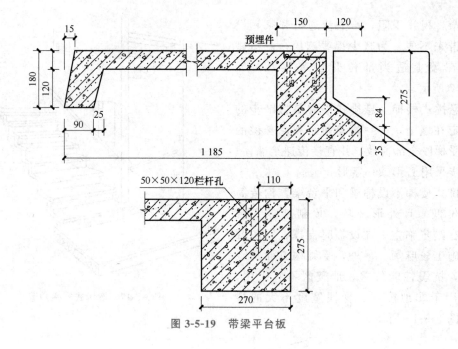

图 3-5-19　带梁平台板

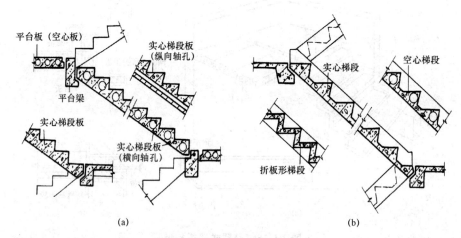

(a) (b)

图 3-5-20　预制楼梯段构造

(a)预制板式楼梯；(b)预制梁式楼梯

2)大型构件装配式楼梯。大型构件装配式楼梯是将整个梯段和平台预制成一个构件。这种楼梯的构件数量少，装配化程度高，施工速度快，但施工时需要大型的起重运输设备，目前我国主要用于大型装配式建筑中，如图 3-5-21 所示。

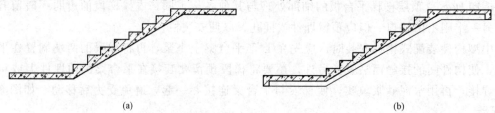

(a) (b)

图 3-5-21　大型构件装配式楼梯形式

(a)板式楼梯；(b)梁式楼梯

楼梯的细部构造

四、楼梯的细部构造

1. 踏步面层

踏步面层应当平整光滑，耐磨性好。楼梯踏步面层的材料视装修要求而定，经常与门厅或走廊地面面层采用相同的材料。面层材料要便于清扫，并且应当具有相当的装饰效果。常见的踏步面层有水泥砂浆、水磨石、地面砖、各种天然石材等，如图 3-5-22 所示。

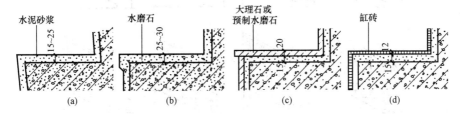

图 3-5-22　踏步面层构造

(a)水泥砂浆面层；(b)水磨石面层；(c)天然石材面层；(d)缸砖面层

2. 踏步前缘

在踏步前缘应有防滑和耐磨措施，通常是在踏口处做防滑条。防滑条材料可采用铁屑水泥、金刚砂、塑料条、橡胶条、金属条、马赛克等，如图 3-5-23 所示。

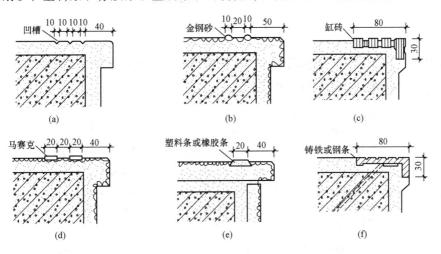

图 3-5-23　踏步防滑处理

(a)防滑凹槽；(b)金刚砂防滑条；(c)缸砖防滑条；(d)马赛克防滑条；(e)橡胶防滑条；(f)铸铁防滑条

3. 栏杆、栏板和扶手

楼梯的栏杆、扶手是梯段上的安全保护构件。根据梯段宽度可设置在楼梯和平台的一侧边缘处，也可设置在楼梯和平台的两侧边缘处。栏杆、栏板和扶手是装饰效果很强的建筑构件，对采用的材质、格调、色彩均有较高的要求。

(1)栏杆和栏板。

1)栏杆。栏杆多用方钢、圆钢、扁钢等型材焊接或铆接成各种图案，既起防护作用，又有一定的装饰效果。常见栏杆形式如图 3-5-24 所示。

栏杆应有足够的强度，能够保证在人多拥挤时楼梯的使用安全。栏杆垂直构件之间的净距不应大于 110 mm。经常有儿童活动的建筑，栏杆的分格应设计成不宜儿童攀登的形式，以确保安全。

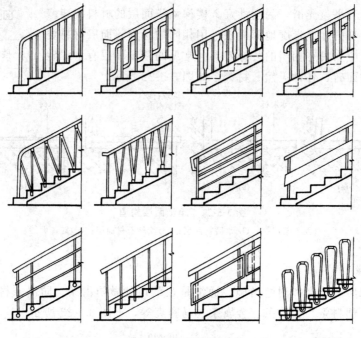

图 3-5-24 栏杆形式

栏杆的垂直构件必须与楼梯段有牢固、可靠的连接，连接形式应当根据工程实际情况和施工能力合理选择。常见的连接方式如图 3-5-25 所示。

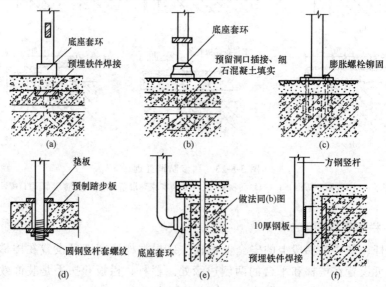

图 3-5-25 栏杆与梯段的连接

(a)预埋铁件焊接；(b)预留洞口插接；(c)膨胀螺栓连接；

(d)螺栓连接；(e)预留洞口插接；(f)预埋铁件焊接

2)栏板。栏板是用实体材料制作的，常用的材料有钢筋混凝土、加设钢筋网的砖砌体、木材、钢化玻璃等。栏板的表面应平整光滑，便于清洗。栏板可以与梯段直接相连，也可以安装在垂直构件上。图 3-5-26 所示为楼梯栏板构造。

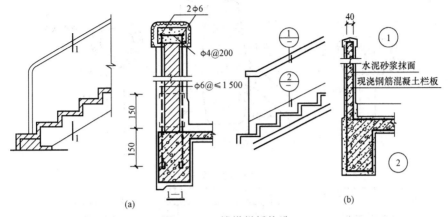

图 3-5-26　楼梯栏板构造

(a)60 mm 厚砖砌栏板；(b)现浇钢筋混凝土栏板

组合式栏板是将空花栏杆与实体栏板组合而成的一种栏杆形式。空花部分多用金属材料制成，栏板部分可用砖砌体、有机玻璃、钢化玻璃等，两者共同组成组合式栏板，如图 3-5-27 所示。

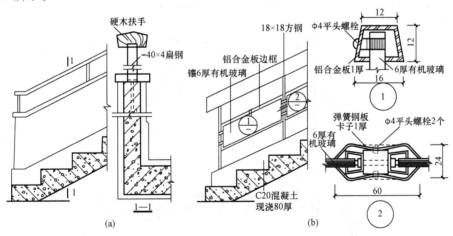

图 3-5-27　组合式栏板构造

(a)金属与钢筋混凝土组合；(b)金属与玻璃组合

(2)扶手。栏杆或栏板顶部供人们行走倚扶用的连续构件，称为扶手。一般采用硬木、塑料和金属材料制作。硬木扶手常用于室内楼梯。金属和塑料是室外楼梯扶手常用的材料。栏板顶部的扶手还可用水泥砂浆或水磨石抹面而成，也可用大理石、预制水磨石板或木材贴面制成。

当采用木材与塑料扶手时，一般在扶手顶部设通长扁钢与扶手底面或侧面槽口榫接，用木螺钉固定。金属扶手与金属栏杆的连接一般采用焊接或铆接。常见扶手的类型及连接形式如图 3-5-28 所示。

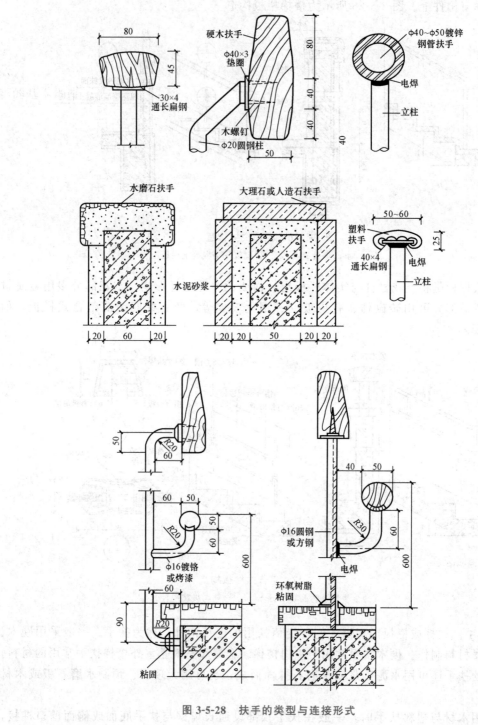

图 3-5-28　扶手的类型与连接形式

五、其他垂直交通联系设施

1. 台阶与坡道

台阶与坡道设置在建筑出入口高差处。室内外交通联系一般多采用台阶，当有车辆通行或有无障碍要求或室内外地面高差较小时，可采用坡道。

（1）台阶的形式。台阶由踏步和平台两部分组成。台阶的平面形式种类较多，较常见的台阶形式有单面踏步、两面踏步、三面踏步、单面踏步带花池（花台）等，如图3-5-29所示。

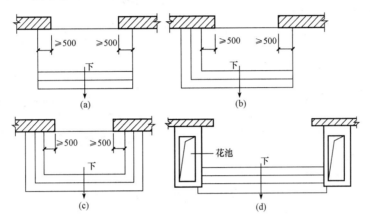

图3-5-29 常见台阶的形式

（a）单面踏步；（b）两面踏步；（c）三面踏步；（d）单面踏步带花池

（2）台阶的构造。室外台阶的平台为防止雨水积聚或倒溢，其表面应比室内地面低20～60 mm，且向外做3％左右的坡度，以利于雨水排除。室外台阶构造与地坪层相似，由面层、结构层和垫层组成。台阶构造如图3-5-30所示。为防止建筑主体结构下沉时拉裂台阶，可加强主体与台阶之间的联系以形成整体沉降；也可将台阶与主体完全断开，加强缝隙处理。

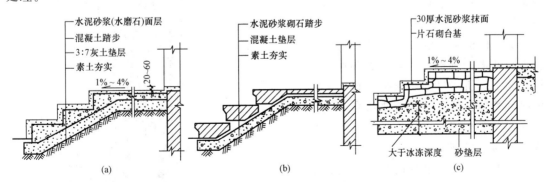

图3-5-30 台阶构造

（a）混凝土台阶；（b）石台阶；（c）换土地基台阶

（3）坡道的形式与构造。在门口外侧为了便于各种车辆通行须设置坡道。坡道宽度应比门洞口两边各大出 600 mm，坡度一般为 10%～15%，最大不超过 30%。当坡度大于 10% 时，应在坡道表面作齿槽防滑处理。坡道与墙体交接处应留出 10 mm 的缝隙。

坡道常采用实铺的构造形式，其构造要求与台阶基本相同。在寒冷地区的坡道，垫层下面为防止土冻胀，需设置砂垫层，如图 3-5-31 所示。

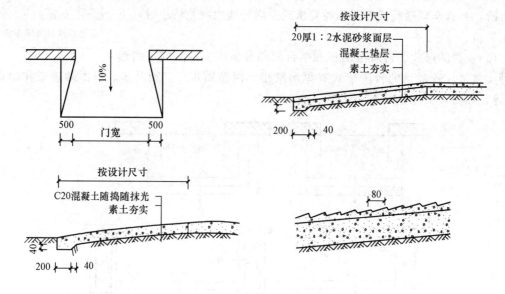

图 3-5-31　坡道构造

2. 电梯与自动扶梯

（1）电梯。电梯是高层住宅与公共建筑等不可或缺的垂直交通联系设施，可分为客梯、货梯和消防电梯。电梯由以下几部分组成：

1）电梯井道。电梯井道是电梯运行的通道，内部安装有轿厢、导轨、平衡重、缓冲器等，如图 3-5-32 所示。井道必须保证所需的垂直度和规定的内径，保证设备安装及运行不受妨碍。

2）电梯机房。电梯机房的位置一般设置在电梯井道的顶部，少数设在顶端本层、底层或地下。机房尺寸须根据机械设备尺寸的安排和管理、维修等需要来决定，可向某一方向或两个相邻方向扩大。机房应有良好的采光和通风措施。

3）电梯门套。电梯门套装修的构造做法与电梯厅的装修统一考虑，可用水泥砂浆抹灰，水磨石或木板装修，高级的还可采用大理石或金属装修。

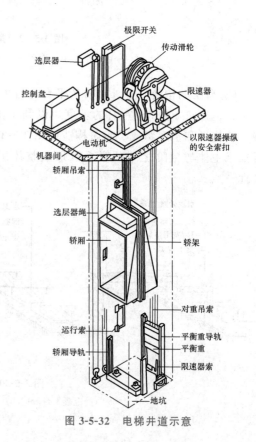

图 3-5-32　电梯井道示意

（2）自动扶梯。自动扶梯多用于有大量人流出入的公共建筑中，其坡度比较平缓，运行速度为 0.5～0.7 m/s，宽度有单人和双人两种，如图 3-5-33 所示。

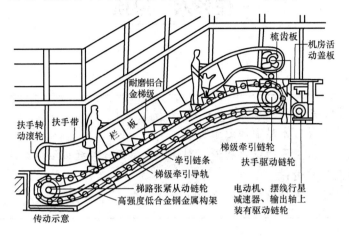

图 3-5-33　自动扶梯示意

任务小结

1. 楼梯是建筑中的重要组成构件，由楼梯段、平台和栏杆扶手组成。常见楼梯平面形式有直跑楼梯、双跑楼梯、多跑楼梯、剪刀楼梯、螺旋式楼梯等。楼梯的位置应明显，具有明确的导向性，同时构造合理，安全坚固，也要有一定的美观性。

2. 楼梯的细部构造包括踏步面层处理、踏步前缘处理、栏杆扶手的构造及相关的连接处理。

3. 室外台阶与坡道是在建筑出入口处设置的。其平面形式有单面踏步式、两面踏步式、三面踏步式等，构造方法依其所采用的材料而有所不同。

4. 电梯是垂直交通工具，由轿厢、电梯井道及运载设备等构成。自动扶梯适用于有大量人流上下的公共建筑中。

拓展任务

1. 观察校内楼梯，你发现了哪些类型的楼梯？

2. 阅读某建筑楼梯施工图，该工程楼梯属于哪种类型？

3. 量一量你学生公寓楼楼梯的各个尺度，并将其和相关规范规定作比较；阅读楼梯详图中楼梯的各个尺度。

4. 观察你身边各种楼梯踏步的防滑处理、栏杆扶手形式、栏杆与踏步的连接、栏杆与扶手的连接。

5. 阅读实际工程图纸中楼梯的细部构造。自主阅读某建筑楼梯施工图，交流并作笔记。

任务六　屋顶

一、屋顶简介

1. 屋顶的作用和组成

屋顶是房屋最上层水平围护结构，能抵御风霜雨雪、太阳辐射、昼夜气温变化等自然因素的影响。屋顶还是承重构件，承受屋面传来的荷载和屋顶自重，另外，屋顶形式对建筑造型有重要影响。屋顶由屋面防水层、支承结构和顶棚组成。由于使用要求和建筑所处地域环境的不同，还设有保温、隔热、隔声、防火等各种层次。

2. 屋顶的设计要求和坡度

(1)屋顶的设计要求。防水可靠、排水迅速是屋顶首先应当具备的功能，也是屋顶构造设计的重点。屋顶防水和排水，一般采用"阻"和"导"两种办法。

1)阻：用防水材料满铺整个屋顶，防水材料间的缝隙处理好，阻止雨水渗漏。

2)导：利用屋面坡度，使雨水、雪水迅速排除。

（2）屋顶的坡度。为了预防屋顶渗漏水，常将屋面做成一定坡度，利用屋顶的坡度，以最短而直接的途径排除屋面的雨水，减少渗漏的可能。屋顶的坡度首先取决于建筑物所在地区的降水量大小。我国南方地区年降水量较大，屋面坡度较大；北方地区年降水量较小，屋面平缓些。屋面坡度的大小也取决于屋面防水材料的性能，即采用防水性能好、单块面积大、拼缝少的材料。如采用防水卷材、金属钢板、钢筋混凝土板等材料，屋面坡度就可小些；如采用小青瓦、平瓦、琉璃瓦等小块面层材料，则接缝多，屋面坡度就应大些。

屋顶坡度通常采用高度与长度之比来表示，如1:2、1:4等。坡度较大的屋面常采用角度法表示，如15°、30°和45°等。坡度较小的屋面则采用百分比表示，如$i=1\%$，$i=2\%\sim3\%$等，如图3-6-1所示。

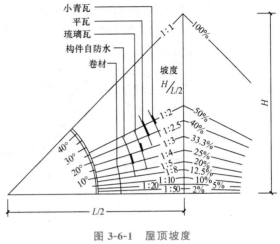

图 3-6-1　屋顶坡度

注：粗线段为常用坡度

3. 屋顶的类型

根据外形和坡度，屋顶一般可分为平屋顶、坡屋顶和其他屋顶等，如图3-6-2所示。

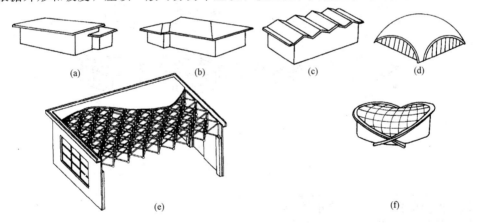

图 3-6-2　屋顶形式

（a）平屋顶；（b）坡屋顶；（c）折板屋顶；（d）壳体屋顶；（e）网架屋顶；（f）悬索屋顶

（1）平屋顶。平屋顶是指屋面坡度不大于10%的屋顶，常用的坡度范围为2%～5%。如图3-6-3所示为最常见的平屋顶形式。

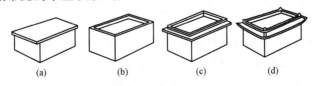

图 3-6-3　平屋顶的形式

（a）挑檐；（b）女儿墙；（c）挑檐女儿墙；（d）盏（盒）顶

平屋顶上部空间可做成露台、屋顶花园、屋顶游泳池、屋面种植、养殖等加以利用。

（2）坡屋顶。坡屋顶是指屋面坡度大于10％的屋顶。其有单坡、双坡、四坡和歇山等多种形式。单坡顶用于小跨度的房屋；双坡和四坡顶用于跨度较大的房屋，如图3-6-4所示。

（3）其他形式的屋顶（曲面屋顶）。曲面屋顶是由各种薄壳结构、悬索结构、拱结构和网架结构作为屋顶承重结构的屋顶，如双曲拱屋顶、球形网壳屋顶、扁壳屋顶、鞍形悬索屋顶等，如图3-6-5所示。

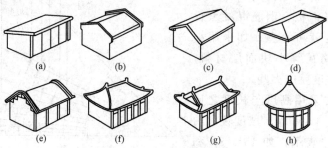

图 3-6-4　坡屋顶的形式

(a)单坡顶；(b)硬山两坡顶；(c)悬山两坡顶；(d)四坡顶；

(e)卷棚顶；(f)庑殿顶；(g)歇山顶；(h)圆攒尖顶

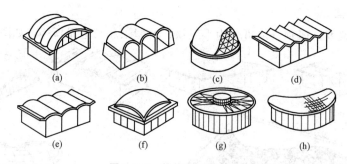

图 3-6-5　其他形式的屋顶

(a)双曲拱屋顶；(b)砖石拱屋顶；(c)球形网壳屋顶；(d)V形网壳屋顶；

(e)筒壳屋顶；(f)扁壳屋顶；(g)车轮形悬索屋顶；(h)鞍形悬索屋顶

二、平屋顶的组成和排水构造

1. 平屋顶的组成

平屋顶造价低、施工方便、节省空间，目前常采用钢筋混凝土平屋顶。

平屋顶构造设计中主要解决防水、排水问题。平屋顶的基本组成是防水层和结构层，结构层在下，防水层在上，其他层次位置，如保温、隔热等层次的位置，视具体情况而定。

（1）平屋顶的结构层。平屋顶的承重结构层，一般采用钢筋混凝土梁板，要求具有足够的强度和刚度，以减少板的挠度和形变。

（2）平屋顶的防水层。屋顶通过面层材料的防水性能达到防水的目的。由于平屋顶的坡度较平缓，为3％左右，因此屋顶防水应以"阻"为主，这就需要一整片的防水覆盖层才能起到屋面防水作用。目前在北方地区，则多采用改性沥青防水卷材或高分子防水卷材等柔性防水材料做屋面的防水层，称为柔性防水屋面；而在南方地区常采用细石混凝土浇筑的防水层，称为刚性防水屋面，如图 3-6-6 所示。

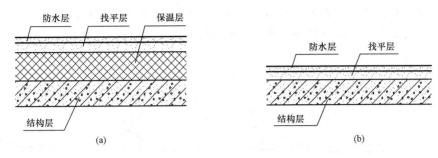

图 3-6-6 平屋顶的组成
(a)带保温层的平屋顶；(b)不带保温层的平屋顶

2. 平屋顶的排水构造

(1)屋顶排水坡度的形成。屋顶的排水坡度可通过构造找坡和结构找坡来实现，如图 3-6-7 所示。

1)构造找坡（又称垫置坡度）。屋面钢筋混凝土板的铺设可以与楼板一样水平搁置，在板上用轻质材料如水泥焦渣、石灰炉渣等来垫置屋顶排水坡度，垫置坡度不宜过大，否则会增加屋顶结构荷载，适用于排水坡度为 5% 以内的平屋顶。其优点是室内顶棚平整。

2)结构找坡（又称搁置坡度）。将屋面板倾斜搁置，利用结构本身起坡至所需坡度，不在屋面上另加找坡材料。其优点是省工、省料、构造简单；缺点是室内顶棚是倾斜的。其适用于对室内美观要求不高或设有吊顶的建筑，故跨度较大的平屋顶，只能采用结构找坡。

平屋顶的排水

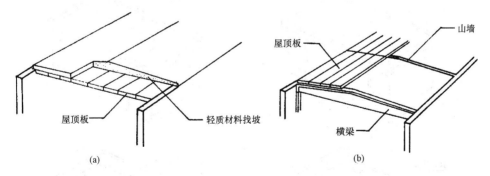

图 3-6-7 屋顶排水坡度的形成
(a)材料找坡；(b)结构找坡

(2)屋顶排水方式的选择。平屋顶坡度较小，排水较困难，为将雨水尽快排除，减少积留时间，需要组织好屋面的排水系统，而屋面的排水系统又与排水方式及檐口做法有关，需要统一考虑。屋面排水方式可分为无组织排水和有组织排水两大类。

1)无组织排水（又称自由落水）。无组织排水是指屋面伸出外墙，形成挑檐，使屋面的雨水经挑檐自由滴落至室外地面。其优点是构造简单、造价低、不易漏雨和堵塞；缺点是屋面雨水自由落下会污染墙面。其适用于少雨地区或低层建筑、次要建筑。

2)有组织排水。有组织排水是指屋面雨水通过天沟、雨水管等排水构件引至室外地面或地下排水系统的一种排水方式。其优点是避免檐口落下的雨水污染墙面；缺点是比自由落水构造复杂，造价较高。有组织排水可分为有组织外排水和有组织内排水两种。有组织外排水常用的方式是女儿墙内檐沟排水、挑檐沟外排水，如图3-6-8所示。

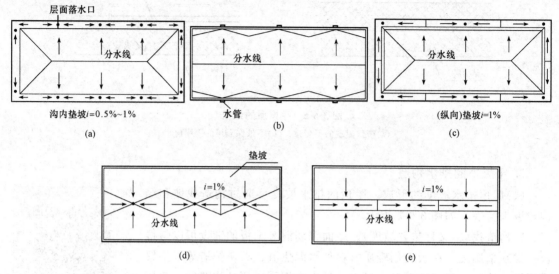

图 3-6-8 无组织排水方式

建筑中最常用的排水方式是有组织外排水。屋面可以是四坡排水或两坡排水。四坡排水是四周作檐沟；两坡排水是两面作檐沟。双坡排雨水时，为防止雨水外溢，也可以设檐沟或采用山墙出顶形成女儿墙等处理方法，如图3-6-9所示。

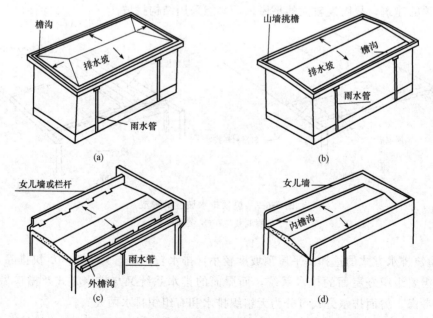

图 3-6-9 平屋顶有组织外排水

当屋面宽度较小时，可做成单坡排水；当屋面宽度较大时，如 12 m 以上，宜采用双坡排水。檐沟或天沟应做纵向坡度，纵坡一般为 0.5%～1%；檐沟净宽不小于 200 mm。

①檐沟外排水（平屋顶挑檐结构形式）。如图 3-6-10 所示。

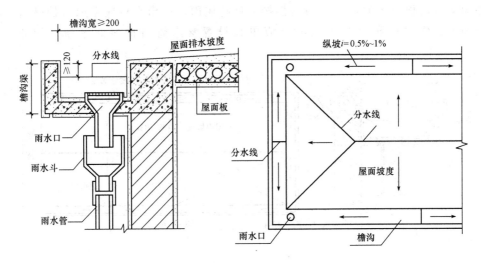

图 3-6-10　檐沟外排水

②女儿墙内天沟排水。当房屋周围的外墙升高超过屋面时，形成封檐口，此段墙称为女儿墙。在女儿墙与屋面交接处应做成纵向坡度，用垫坡材料做成坡度 0.5%～1%，形成自然天沟，如图 3-6-11 所示。

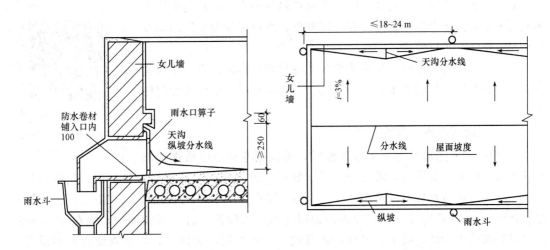

图 3-6-11　女儿墙外排水

（3）确定落水管规格及间距。

1）落水管材料有铸铁、镀锌薄钢板、塑料、PVC、石棉水泥和陶土等，目前多采用铸铁和塑料落水管。

2）落水管直径有 50 mm、75 mm、100 mm、125 mm、150 mm、200 mm 几种规格，一般民用建筑最常用的落水管直径为 100 mm，面积较小的露台或阳台可采用 50 mm 或

75 mm 的落水管。

3）落水管的位置应设置在实墙面处，雨水口间距为 10～18 m。如女儿墙外排水间距一般不大于 15 m；檐沟外排水间距一般不大于 18 m，管径为 100 mm；房屋有高差时，高处屋面集水面积小于 100 m²，可直接排入低跨屋面，但出水口应采取防护措施，设滴水板。高屋面集水面积大于 100 m²，应单独设置落水管自成排水系统，如图 3-6-12 所示。

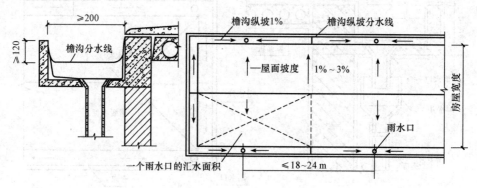

图 3-6-12　雨水口布置

三、平屋顶柔性防水屋面

柔性防水层采用有一定韧性的防水材料隔绝雨水，防止雨水渗漏到屋面下层。由于柔性材料允许有一定变形，所以在屋面基层结构变形不大的条件下可以使用。

平屋顶柔性防水屋面，是将柔性防水卷材相互搭接，用胶结材料粘贴在屋面基层上形成防水能力的面层。柔性防水屋面也称为卷材防水屋面。

平屋顶柔性防水屋面

1. 卷材防水屋面的基本构造

（1）保护层。当屋面为不上人屋面时，可根据卷材的性质选择颜色较浅的银色着色剂涂料，或撒绿豆砂、蛭石、云母等颗粒状材料作保护层；当屋面为上人屋面时，可在防水层上浇筑细石混凝土层，厚度为 30～40 mm，每 2 m 留一条变形缝（也称分仓缝），用油膏嵌缝。也可用预制混凝土板、大阶砖、缸砖等做面层，铺在 20 mm 厚的水泥砂浆或干砂结合层上。另外，还可做架空保护层，砌砖墩，用砂浆铺设预制混凝土板，板上勾缝或抹面，保护效果较好，但自重大、造价高，故采用不多。

（2）防水层。防水层应选择改性沥青防水卷材或高分子防水卷材，卷材厚度要满足屋面防水等级要求。

高聚物改性沥青防水卷材的铺贴方法有冷粘法、自粘法、热熔法等常用方法，在构造上一般采用单层铺贴。

（3）找平层。找平层一般采用 15～30 mm 厚 1:3 水泥砂浆。若下部为松散材料时，找平层厚度要加大到 30～40 mm，且分层施工。找平层宜留分格缝，缝宽为 20 mm；分格缝应留在预制板支承端的拼缝处，其纵向最大间距不宜大于 6 m；分格缝上应附加 200～300 mm 的油毡。

（4）结合层。结合层的作用是使防水卷材和找平层牢固结合。结合层要视防水层材料而定，如高分子卷材则多用配套基层处理剂。

2. 卷材防水屋面的细部构造

卷材防水屋面在檐口、屋面防水层与垂直墙面交接处，以及变形缝、上人孔等处防水层被切断的地方，特别容易产生渗漏，所以应加强这些部位的防水处理。

（1）泛水构造。泛水是指屋面防水层与垂直墙交接处的防水构造。在屋面防水层与女儿墙、上人屋面的楼梯间、凸出屋面的电梯机房、水箱间、高低屋面交接处等都需做泛水。一般须用水泥砂浆或细石混凝土在转角处做成圆弧形或 45°斜面，使油毡防水层粘贴严实，泛水高度不小于 250 mm。为加强泛水处的防水效果，一般加铺一层油毡。卷材直接粘贴在垂直墙面上，卷材上口易脱离墙面或张口，导致屋面漏水，因此上口要做收口处理。收口一般采用钉木条、压薄钢板、嵌砂浆、嵌配套油膏和盖镀锌钢板等处理方法。常见做法如图 3-6-13 所示。

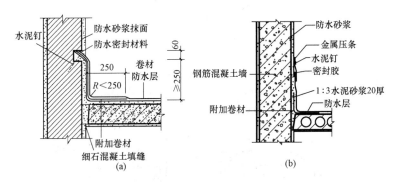

图 3-6-13　泛水的做法
（a）墙体为砖墙；（b）墙体为钢筋混凝土墙

（2）檐口构造。檐口是屋面防水层的收头构造。卷材防水屋面的檐口，有自由落水、挑檐沟、女儿墙带檐沟、斜板挑檐等。其中女儿墙檐口做法实质上是泛水的做法。

1）自由落水檐口的防水层收头，通常采用油膏嵌实，上撒绿豆砂保护层，檐口抹滴水，使雨水迅速垂直落下。因油膏有一定弹性，可适应油毡的温度变化，不可用砂浆等硬性材料。

2）挑檐沟的油毡收头处理，一般做法是：在檐沟边缘预留钢筋将油毡压住；再用砂浆或油膏盖缝；在檐沟内加铺一层油毡，增强防水性能；沟内转角处水泥砂浆抹成圆弧形，防止油毡折断；抹好檐沟外侧滴水，如图 3-6-14 所示。

（3）雨水口。雨水口是屋面雨水排至落水管的连接构件，通常为定型产品，多用铸铁、钢板制作。雨水口可分为直管式和弯管式两大类。直管式用于内排水中间天沟、外排水挑檐等；弯管式只适用于女儿墙外排水天沟，如图 3-6-15 所示。

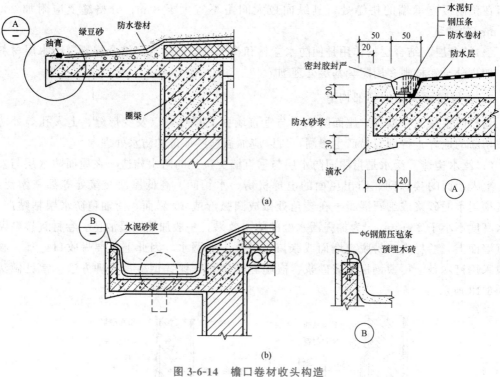

图 3-6-14　檐口卷材收头构造

(a)自由落水檐口构造；(b)檐沟外排水檐口构造

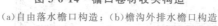

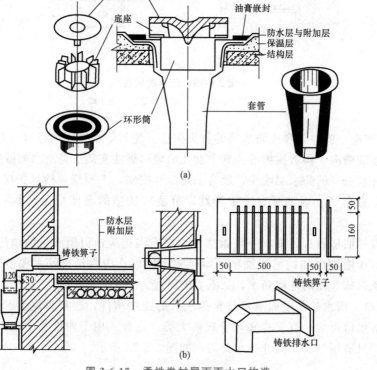

图 3-6-15　柔性卷材屋面雨水口构造

(a)直管式雨水口；(b)弯管式雨水口

四、平屋顶刚性防水屋面

刚性防水屋面是用刚性防水材料，如防水砂浆、细石混凝土、配筋的细石混凝土等做防水层的屋面，屋面坡度宜为 2%～3%，并应采用结构找坡。这种屋面构造简单，施工方便，造价低廉，但对湿度变化和结构变形较敏感，容易产生裂缝而渗漏。故刚性防水屋面不宜用于湿度变化大，有振动荷载和基础有较大不均匀沉降的建筑。一般用于南方地区的建筑。

1. 刚性防水屋面的基本构造

刚性防水屋面由防水层、隔离层、找平层和结构层组成，如图 3-6-16 所示。

（1）防水层。采用不低于 C20 的细石混凝土整体现浇而成，其厚度≥40 mm，并应配置直径为 4～6 mm、间距为 100～200 mm 的双向钢筋网片。

（2）隔离层（又称浮筑层）。位于防水层与结构层之间，其作用是减少因结构变形对防水层的不利影响。可采用铺纸筋灰、低强度等级砂浆，或薄砂层上干铺一层油毡等做法。

（3）找平层。当结构层为预制钢筋混凝土板时，其上应用 1：3 水泥砂浆作找平层，厚度为 20 mm。若屋面板为整体现浇混凝土结构时则可不设找平层。

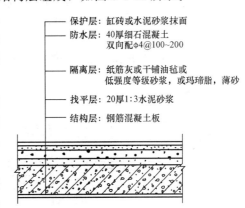

图 3-6-16　刚性防水屋面的基本构造组成

（4）结构层。屋面结构层一般采用预制或现浇的钢筋混凝土屋面板。

2. 刚性防水屋面的细部构造

刚性防水屋面的节点构造包括分格缝、泛水构造、檐口和雨水口构造。

（1）分格缝。分格缝是为了避免刚性防水层因结构变形、温度变化和混凝土干缩等产生裂缝，所设置的"变形缝"，如图 3-6-17 所示。

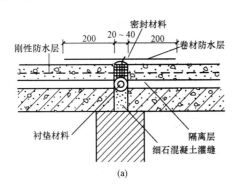

(a)

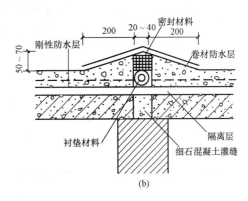

(b)

图 3-6-17　分格缝构造

(a)平缝；(b)凸缝

（2）泛水构造。刚性防水屋面泛水构造与柔性防水屋面原理基本相同，一般做法是将细石混凝土防水层直接引伸到墙面上，细石混凝土内的钢筋网片也同时上弯，如图 3-6-18 所示。

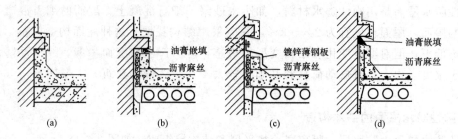

图 3-6-18　刚性防水屋面泛水构造

(a)挑砖；(b)挑砖嵌油膏；(c)挑砖盖薄钢板；(d)配筋细石混凝土油膏嵌缝

（3）檐口。刚性防水屋面的檐口形式可分为无组织排水檐口和有组织排水檐口，如图 3-6-19 所示。

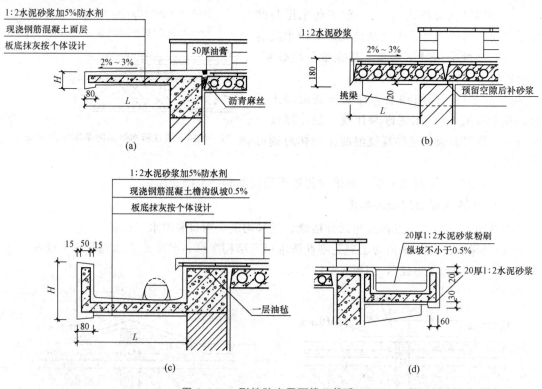

图 3-6-19　刚性防水屋面檐口构造

(a)现浇钢筋混凝土檐口板；(b)预制板檐口；(c)现浇檐沟；(d)预制檐沟

（4）雨水口。刚性防水屋面雨水口的规格和类型与柔性防水屋面所用雨水口相同。

五、平屋顶的保温与隔热

1. 平屋顶的保温

在北方寒冷地区，为防止室内热量散失而设置保温构造层。平屋顶保温层的材料应具有吸水率低、表观密度和导热系数较小并有一定强度等性能。保温材料按物理特性可分为三大类：一是散料类保温材料，如膨胀珍珠岩、膨胀蛭石、炉渣、矿渣等；二是整浇类保温材料，如水泥膨胀珍珠岩、水泥膨胀蛭石等；三是板块类保温材料，如用加气混凝土、泡沫混凝土、膨胀珍珠岩混凝土、膨胀蛭石混凝土等加工成的保温块材或板材，聚苯乙烯泡沫塑料保温板。在实际工程中，应根据工程实际来选择保温材料的类型，通过热工计算确定保温层的厚度。

平屋顶的保温与隔热

屋顶保温层的位置根据结构层、防水层和保温层所处的位置不同，有以下几种情况：

(1)保温层位于防水层与结构层之间成为封闭的保温层，叫作正铺法。该种做法构造简单、施工方便、应用广泛，如图 3-6-20(a)所示。

(2)保温层与结构层组合成复合板材，既是保温构件，又是结构构件。

1)槽形板内设置保温层，如图 3-6-20(b)、(c)所示。槽形板正铺时，保温层在结构层下，此法易产生凝结水，降低保温效果；槽形板倒铺时，保温层在结构层上。

2)保温材料与结构层融为一体，如图 3-6-20(d)所示。如加气的钢筋混凝土屋面板，既承重，又保温。但因板的承载力低，仅适用于不上人屋顶。

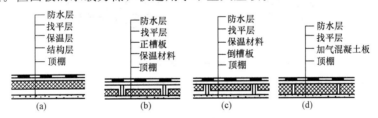

图 3-6-20 保温层位置

(a)在结构层上；(b)嵌入槽板中；(c)嵌入倒槽板中；(d)与结构层合一

(3)保温层设置在防水层上成为敞露的保温层，又称倒铺保温层。其优点是防水层不受外界气候变化的影响，不易被破坏；缺点是保温材料要选用吸湿性低、耐候性强的材料，如聚氨酯和聚苯乙烯发泡材料、膨胀沥青珍珠岩等。保温层上面还要用混凝土、卵石、砖等较重覆盖层压住，如图 3-6-21所示。

(4)隔汽层的设置。保温层设置在结构层上面，保温层上直接作防水层时，在保温层下面要设隔汽层，以防止室内的水蒸气渗透，进入保温层内，降低保温效果。隔汽层一般作法是在找平层上涂热沥

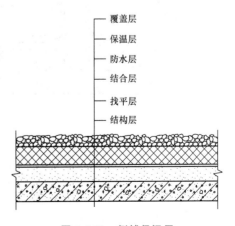

图 3-6-21 倒铺保温层

青一道或铺一毡二油。

施工中有时无法保证保温材料的干燥，在太阳照射下水分会变成水蒸气，这些水蒸气排不出去，会造成防水层鼓泡、破裂。为了解决蒸汽排除问题，除前面讲过的在防水层第一道油毡铺设时采用花油法外，还可以有以下几种方法：

1)在保温层上加一层砾石或陶粒作为透气层，在其上部再做找平层和铺卷材防水；

2)也可在保温层中间做排气通道；

3)保温层中设置透气层后，要留通风口，通风口一般留在檐口和屋脊处；

4)在保温层中设排气道，排气道内用大粒径炉渣填塞，既可让水气在其中流动，又可保证防水层的基层坚实可靠。同时，在找平层内也相应留槽作排气道，并在其上干铺一层油毡条，用玛琋脂单边点贴覆盖。排气道在整个层面应纵横贯通，并应与大气连通的排气孔相通，如图 3-6-22、图 3-6-23 所示为几种排气孔的做法示意。需要排气孔的数量应根据基层的潮湿程度确定，一般每 36 m² 设置一个。

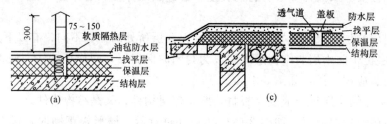

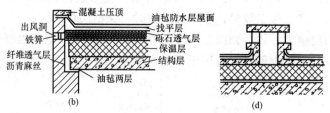

图 3-6-22　保温层内设置透气层及通风口构造

(a)保温层设透气道及镀锌板通风口；(b)砾石透气层及女儿墙出风口；

(c)保温层设透气道及檐下出风口；(d)中间透气口

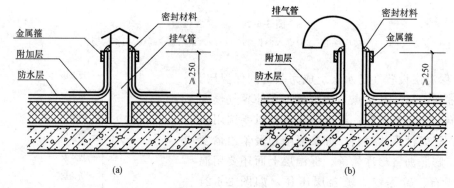

图 3-6-23　屋面排汽口

(a)屋面排气口之一；(b)屋面排气口之二

2. 平屋顶的隔热

夏季，特别是在我国南方地区，太阳辐射强，为隔绝太阳辐射进入室内而设置隔热构造层。平屋顶的隔热方式包括通风隔热、蓄水隔热、植被隔热、反射隔热等。

（1）通风隔热：在屋顶设置通风间层，利用空气的流动带走大部分的热量，达到隔热降温的目的。通风隔热屋面有两种做法：一种是在结构层与悬吊顶棚之间设置通风间层；另一种是设架空屋面，如图 3-6-24 所示。

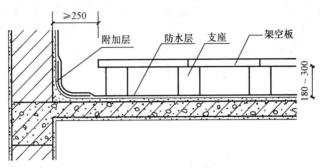

图 3-6-24　架空屋面

（2）蓄水隔热：在平屋顶上面设置蓄水池，利用水的蒸汽带走大量的热量，从而达到隔热降温的目的，如图 3-6-25 所示。

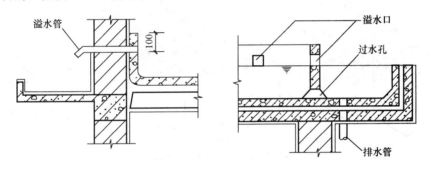

图 3-6-25　蓄水屋面

（3）植被隔热：在平屋顶上种植植物，利用植物光合作用时吸收热量和植物对阳光的遮挡功能来达到隔热的目的。

（4）反射隔热：在屋面铺浅色的砾石或刷浅色涂料等，利用材料的浅颜色和光滑度对热辐射的反射作用，将屋面的太阳辐射热反射出去，从而达到降温的作用。

六、坡屋顶

1. 坡屋顶的承重构件

不同材料和结构可以设计出各种形式的屋顶，同一种形式的屋顶也可采用不同的结构方式。为了满足功能、经济、美观的要求，必须合理地选择支承结构。在坡屋顶中，常采用的支承结构有屋架承重、山墙承重、梁架承重等类型，如图 3-6-26 所示。在低层住宅、宿舍等建筑中，由于房间开间较小，常用山墙承重结构。在食堂、学校、俱乐部等建筑中，开间较大的房间可根据具体情况用山墙和屋架承重。

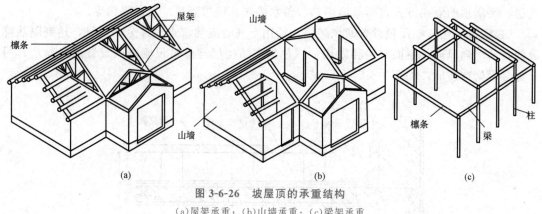

图 3-6-26　坡屋顶的承重结构

(a)屋架承重；(b)山墙承重；(c)梁架承重

(1)山墙承重。山墙作为屋顶承重结构，多用于房间开间较小的建筑。这种建筑是在山墙上搁檩条，檩条上再铺屋面板；或在山墙上直接搁钢筋混凝土板，然后铺瓦，如图 3-6-27 所示。山墙承重结构一般用于小型、较简易的建筑。

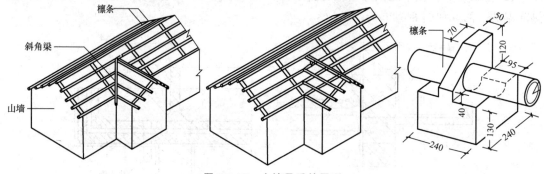

图 3-6-27　山墙承重的屋顶

(2)屋架承重。屋架承重是指利用建筑物的外纵墙或柱支承屋架，然后在屋架上搁置檩条来承受屋面质量的一种承重方式。屋架一般按房屋的开间等间距排列，其开间的选择与建筑平面及立面设计都有关系。屋架承重体系的主要优点是建筑物内部可以形成较大的空间，布置灵活，通用性强，如图 3-6-28 所示。

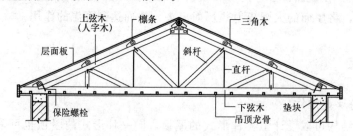

图 3-6-28　三角形屋架组成

(3)梁架承重。梁架承重是我国传统的木结构形式。其由柱和梁组成梁架，檩条搁置在梁间，承受屋面荷载，并将各梁架连系为一完整的骨架。

(4)椽架承重。用密排的人字形椽条制成的支架，支在纵向的承重墙上，上面铺木望板或直接钉挂瓦条。椽架的一般间距为 40~120 cm，椽架的人字形椽条之间须有横向拉杆。

2. 坡屋顶的屋面

坡屋顶屋面由屋面支承构件及防水面层组成。支承构件包括檩条、椽子、屋面板或钢筋混凝土挂瓦板。屋面防水层包括各类瓦，常用的有黏土平瓦、小青瓦、水泥瓦、油毡瓦等铺材。在金属材料中的镀锌钢板彩瓦及彩色镀铝锌压型钢板等多用于大型公共建筑中耐久性及防水要求高、建筑物自重要求轻的房屋中。在大量民用建筑中的坡屋顶以水泥瓦采用较多，当屋顶坡度较小时，对房屋质量要求减轻且防火要求高时常用石棉瓦等。

坡屋顶屋面铺材决定了屋面防水层的构造，屋面防水层包括平瓦屋面、波形瓦屋面、小青瓦屋面、钢筋混凝土大瓦屋面、钢筋混凝土板基层平瓦屋面、玻璃纤维油毡瓦屋面、钢板彩瓦屋面、彩色镀锌压型钢板屋面。

(1)平瓦屋面。平瓦屋面适用于防水等级为Ⅱ级、Ⅲ级、Ⅳ级的屋面防水，如图 3-6-29(a)所示。

1)冷摊瓦屋面。平瓦屋面最简单的做法是冷滩瓦，在不保温的房屋及简易房屋中常采用，是在椽子上直接钉 25 mm×30 mm 挂瓦条挂瓦的做法。其缺点是雨水可能从瓦缝中渗入室内，且屋顶隔热、保温效果差。但价格比较低，如图 3-6-29(b)所示。

2)木屋面板平瓦屋面。木屋面板平瓦屋面是在檩条或椽子上钉木屋面板(15～25 mm厚)，板上平行屋脊方向铺一层油毡，上钉顺水条(又称压毡条)，作为第二道防水层，再钉挂瓦条挂瓦，如图 3-6-29(c)、(d)所示。

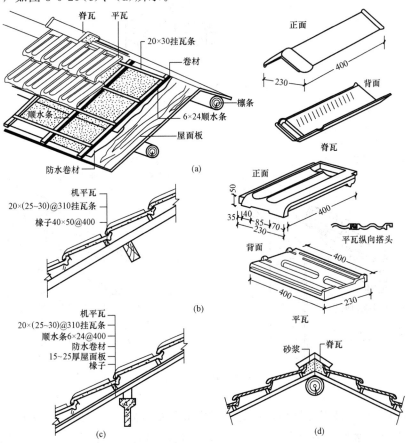

图 3-6-29　平瓦屋面构造

(a)屋面构造示意；(b)冷摊瓦；(c)屋面板卷材防水；(d)屋脊构造

3)钢筋混凝土挂瓦板平瓦屋面。用钢筋混凝土挂瓦板，代替一般平瓦屋面的檩条、屋面板和挂瓦条的功能，并能得到平整的底平面，钢筋混凝土屋面板上铺防水卷材、保温层，再做水泥砂浆卧瓦层，最薄处为 20 mm，内配 ϕ6@500 mm$\times$500 mm 钢筋网，再铺瓦，如图 3-6-30、图 3-6-31 所示。

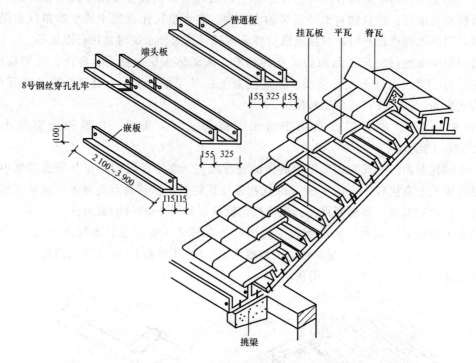

图 3-6-30　钢筋混凝土板平瓦屋面

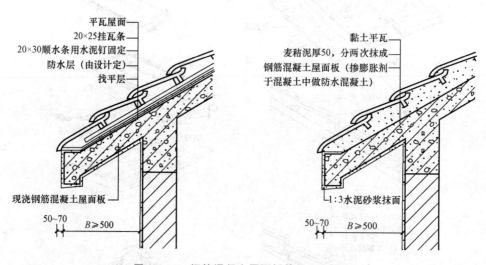

图 3-6-31　钢筋混凝土屋面板基层平瓦屋面

(2)波形瓦屋面。波形瓦屋面常用的有石棉水泥波形瓦、钢丝网水泥波形瓦、彩色玻璃钢波形瓦、镀锌瓦垄铁、铝合金波形瓦，以及经过表面着色和防腐处理的木质纤维波形瓦等。波形瓦质量小，外观和防水性能好，各类波形瓦覆盖方法相近。例如，石棉水泥波形瓦通常用镀锌铁螺钉或铁钩直接钉在或钩在檩条上，檩条间距一般为 900～1 200 mm。瓦与瓦之间须上下左右搭盖，左右搭盖方向应顺着主导风向。为防止上下左右四块瓦的拼接处高低不平，常用切角铺法。

（3）小青瓦屋面。在我国旧民居建筑中常用小青瓦（板瓦、蝴蝶瓦）做屋面，如图 3-6-32 所示。

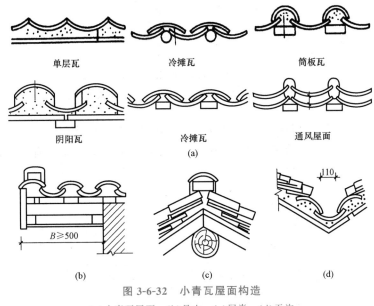

单层瓦　　　　　　冷摊瓦　　　　　　筒板瓦

阴阳瓦　　　　　　冷摊瓦　　　　　　通风屋面

(a)

(b)　　　　　　　　(c)　　　　　　　　(d)

图 3-6-32　小青瓦屋面构造

(a)小青瓦屋面；(b)悬山；(c)屋脊；(d)天沟

（4）钢筋混凝土屋面。用钢筋混凝土技术可塑造坡屋面的任何形式效果，可作直斜面、曲斜面或多折斜面，尤其现浇钢筋混凝土屋面对建筑的整体性、防渗漏、抗震害和防火耐久性等都有明显的优势。目前，钢筋混凝土坡屋顶已广泛用于住宅、别墅、仿古建筑和高层建筑中。

3. 坡屋顶的细部构造

（1）檐口构造。建筑物屋顶在檐墙的顶部称为檐口，它对墙身起保护作用，也是建筑物中主要装饰部分。坡屋顶的檐口常做成包檐（北方称为封护檐）与挑檐两种不同形式。前者将檐口与墙齐平或用女儿墙将檐口封住；后者是将檐口挑出在墙外，做成露檐头或封檐头等形式，如图 3-6-33、图 3-6-34 所示。

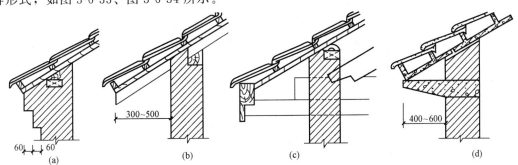

(a)　　　　　　　　(b)　　　　　　　　(c)　　　　　　　　(d)

图 3-6-33　无组织排水纵墙挑檐

(a)砖挑檐；(b)椽木挑檐；(c)挑梁挑檐；(d)钢筋混凝土上挑板挑檐

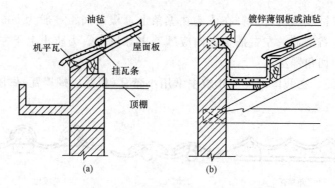

图 3-6-34　有组织排水纵墙挑檐

(a)钢筋混凝土挑檐；(b)女儿墙封檐构造

（2）山墙构造。两坡屋顶尽端山墙常做成悬山或硬山两种形式。

1）悬山是两坡屋顶尽端屋面出挑在山墙处，一般常用檩条出挑，有挂瓦板屋面则用挂瓦板出挑的形式，如图 3-6-35 所示。

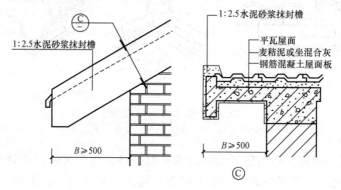

图 3-6-35　悬山檐口构造

2）硬山是山墙与屋面砌平或高出屋面的形式。一般山墙砌至屋面高度时，顺屋面铺瓦的斜坡方向砌筑。铺瓦时将瓦片盖过山墙，然后用 1：1：6 水泥纸筋石灰浆窝瓦，再用 1：3 水泥砂浆抹瓦出线。当山墙高出屋面时，应在山墙上做压顶，山墙与屋面相交处抹 1：3 水泥砂浆或钉镀锌薄钢板泛水，如图 3-6-36 所示。

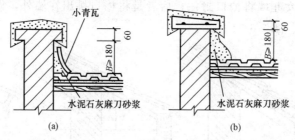

图 3-6-36　硬山檐口构造

(a)小青瓦泛水；(b)砂浆泛水

（3）屋脊、天沟和斜沟。互为相反的坡面在高处相交形成屋脊，屋脊处应用 V 形脊瓦盖缝。在等高跨和高低跨屋面互为平行的坡面相交处形成天沟；两个互相垂直的屋面相交处，会形成斜沟。天沟和斜沟应保证有一定的断面尺寸，上口宽度不宜小于 500 mm，沟底应用整体性好的材料(如防水卷材、镀锌薄钢板等)做防水层，并压入屋面瓦材或油毡下面，如图 3-6-37 所示。

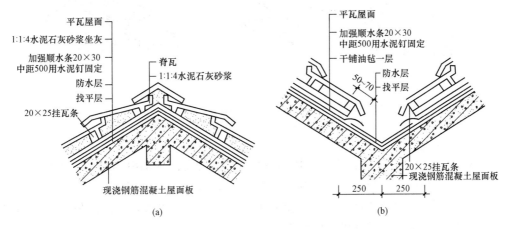

图 3-6-37　屋脊、天沟和斜沟构造
(a)屋脊；(b)天沟和斜沟

(4)烟囱泛水构造。屋面与烟囱四周交接处，构造上应注意防水与防火。为了使屋面雨水不会从烟囱四周渗漏，在交接处应做泛水处理，一般用水泥石灰麻刀灰抹面及镀锌薄钢板或不锈钢钢板等金属材料制作；当屋面木基层与烟囱直接接触时，容易引起火灾，按防火要求，木基层与烟囱内壁的距离不小于 370 mm 或距离烟囱外壁 50 mm 内不能有易燃材料。

(5)檐沟和雨水管。

1)檐沟。坡屋顶在屋檐处设置檐沟，常用 24 号或 26 号镀锌薄钢板制成，外涂防锈剂与油漆。也有采用石棉制品，但易破裂，耐久性不及镀锌薄钢板好。在采用挂瓦板的屋面中有用挂瓦板或预制钢筋混凝土檐沟者。

2)落水管与水斗。可用镀锌薄钢板或铸铁制成。采用内排水时用铸铁制品；采用外排水时一般用 24 号镀锌薄钢板制品。断面呈长方形或圆形。落水管用(2~3)×20 mm 铁箍固定在墙上，距离墙面约为 20 mm，铁箍间距为 1 200 mm。水管上端连接在檐沟上，或装置水斗，下端向墙外倾斜离地 200 mm 通达墙外明沟上部。水斗的作用是防止檐沟因水流不畅产生外溢。落水管间距一般不超过 15 m。

4. 坡屋顶的保温、隔热与通风

(1)坡屋顶的保温。坡屋顶的保温有顶棚保温和屋面保温两种。

1)顶棚保温。顶棚保温是在坡屋顶的悬吊顶棚上加铺木板，上面干铺一层油毡做隔汽层，然后在油毡上面铺设轻质保温材料，如图 3-6-38 所示。

2)屋面保温。传统的屋面保温是在屋面铺麦秸，将屋面做成麦秸泥青灰顶，或将保温材料设在檩条之间，如图 3-6-39 所示。

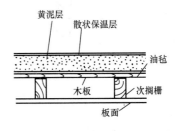

图 3-6-38　顶棚保温

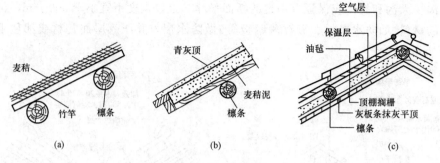

图 3-6-39　屋面保温

(a)、(b)保温层在屋面层中；(c)保温层在檩条之间

(2)坡屋顶的隔热与通风。设置通风构造的主要目的是降低辐射热对室内的影响，保护屋顶材料。一般设进气口和排气口，利用屋顶内外的热压和迎、背风面的压力差来加大空气对流作用，组织屋顶内外自然通风，使屋顶内外空气进行更换，减少由屋顶传入的辐射热对室内的影响。屋顶通风有以下两种方式：

1)屋面通风。将屋面做成双层，在檐口设进风口，屋脊设出风口，利用空气流动带走间层的热量，以降低屋顶的温度，如图 3-6-40 所示。

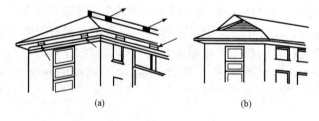

图 3-6-40　坡屋顶的隔热与通风

(a)檐口和屋脊通风；(b)歇山通风百叶窗

2)吊顶棚通风。利用吊顶棚与坡屋面之间的空间作为通风层，在坡屋顶的歇山、山墙或屋面等位置设进风口。如图 3-6-41 所示，根据通风口位置不同，有以下两种做法：

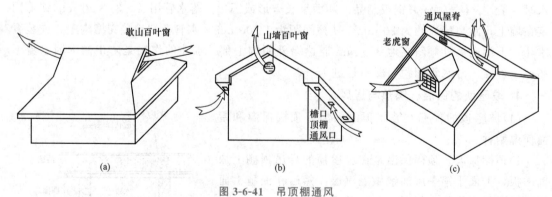

图 3-6-41　吊顶棚通风

(a)歇山百叶窗；(b)山墙百叶窗和檐口顶棚通风口；(c)老虎窗与通风屋脊

①采用气窗、老虎窗通风。气窗常设于屋脊处，单面或双面开窗，上盖小屋面。小屋面下不做顶棚，窗扇多用百叶窗，如兼作采光用时则安装可开启的玻璃窗扇。小屋面支承

在屋顶的支承结构屋架或檩条上。

②山墙上百叶通风窗是在房屋尽端山墙的山尖部分设置。歇山屋顶的山花处也常设百叶通风窗，在百叶后面钉窗纱以防止昆虫飞入。也有用砖砌成花格或用预制混凝土花格装于山墙顶部作通风窗的。

任务小结

1. 屋顶的组成和作用；屋顶的分类和设计要求；屋顶坡度的形成。
2. 平屋顶柔性防水构造；平屋顶刚性防水构造；坡屋顶构造。

拓展任务

1. 根据所学知识，自主识读某建筑屋顶平面图及屋面排水构造做法，与同学讨论该建筑屋顶的类型、排水方式、排水装置的布置、屋面构造做法等，并做好识图笔记。
2. 查阅屋面防水相关规范和图集，了解不同防水等级的屋面防水构造要求。

任务七　门与窗

学习目标

通过本任务的学习，学生应能够：
1. 熟悉门窗的类型和作用，掌握门窗的尺寸；
2. 掌握平开木门窗的基本组成和构造要求；
3. 掌握铝合金门窗和塑钢门窗的基本组成和安装；
4. 熟悉遮阳板的类型和作用。

教学要求

教学要点	知识要点	权重	自测分数
窗的构造	掌握窗的构造及与墙体的连接构造、低能耗被动式样板间窗与墙体连接构造现场教学	40%	
门的构造	掌握门的构造理论及与墙体的连接构造、低能耗被动式样板间门与墙体连接构造现场教学	40%	
遮阳板的类型和作用	理解遮阳板的类型和作用	20%	

1. 引导学生深刻理解并自觉实践各行业的职业精神和职业规范，增强职业责任感；
2. 培养遵纪守法、爱岗敬业、无私奉献、诚实守信、公道办事、开拓创新的职业品格和行为习惯。

一、门窗的分类及特点、尺寸

门和窗是房屋建筑的围护构件，对保证建筑物安全、坚固、舒适起着很重要的作用。门的作用是供交通出入、分隔联系建筑空间，有时也起通风和采光作用；窗的作用是采光、通风、观察和递物。因此，对门窗的要求是坚固耐久、开启方便、便于维修，同时要能保温、隔热、隔声、防火和防水等。

1. 门窗的分类及特点

(1) 门的分类及特点。

1) 按门的使用材料分，可分为木门、铝合金门、塑钢门、彩板门、玻璃钢门、钢门等。

2) 按门在建筑物中所处的位置分，可分为内门和外门。内门位于内墙上，起分隔作用，如隔声、阻挡视线等；外门位于外墙上，起围护作用。

3) 按门的使用功能分，可分为一般门和特殊门。一般门是满足人们最基本要求的门，而特殊门除满足人们基本要求外，还必须具有特殊功能，如保温、隔声、防火、防护等。

4) 按门的构造分，可分为镶板门、拼板门、夹板门、百叶门等。

5) 按门扇的开启方式分，可分为平开门、弹簧门、推拉门、折叠门、旋转门、卷帘门等，如图 3-7-1 所示。

①平开门，门扇一侧与门框之间用铰链相连。门扇有向内、向外开启及单扇、双扇之分。由于平开窗构造简单，开关灵活，安装维修方便，一般建筑中较多采用。

②弹簧门，门扇一侧与门框之间用弹簧铰链相连。门扇有单扇、双扇弹簧门之分。门扇水平开启，且能够自动关闭，一般建筑中通行人流较大时采用。

③推拉门，门扇沿着导轨或导槽左右推拉开启，有单扇、双扇之分。开启后，门扇可隐藏在墙体的夹层中或贴在墙面上。推拉门不占空间，不易变形，但构造复杂。

④折叠门，门扇由一组宽度约为 600 mm 的门扇组成，各门扇之间由铰链连接。开启时门扇相互折叠推移到侧边，占空间少，但构造较复杂。

⑤旋转门，门扇由三扇或四扇通过中间竖轴组合起来，在两侧的弧形门套内水平旋转来实现启闭，旋转门对建筑立面有较强的装饰效果。其特点是：有利于阻隔室内视线，具有良好的保温(隔热)、防风沙作用。

⑥卷帘门，门扇由金属片相互连接而成，在门洞上方设置转轴，通过转轴的转动来控制叶片的启闭。其特点是开启不占使用空间，多用于商店大门或车库大门。

(2) 窗的分类及特点。

1) 按窗的使用材料分，可分为铝合金窗、塑钢窗、彩板窗、木窗、钢窗等。铝合金窗和塑钢窗材质好、坚固、耐久、密封性好，所以，在建筑工程中应用广泛，而木窗由于耐久性差、易变形、不利于节能，国家已限制使用。

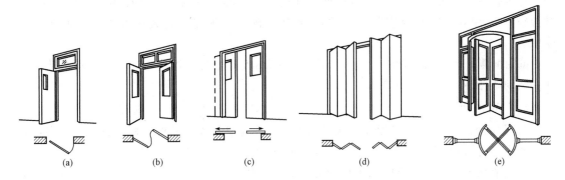

图 3-7-1　门按开启方式分类

(a)平开门；(b)弹簧门；(c)推拉门；(d)折叠门；(e)旋转门

2)按窗的层数分，可分为单层窗和双层窗。单层窗构造简单，造价低，适用于一般建筑；双层窗保温隔热效果好，适用于对建筑要求高的建筑。

3)按窗扇的开启方式分，可分为固定窗、平开窗、悬窗、立转窗、推拉窗、百叶窗等，如图 3-7-2 所示。

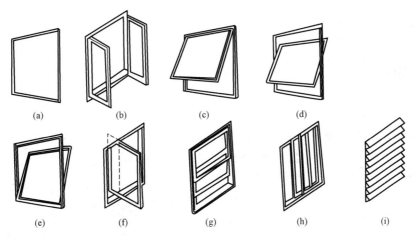

图 3-7-2　窗的开启方式

(a)固定窗；(b)平开窗；(c)上悬窗；(d)中悬窗；(e)下悬窗；(f)立转窗；

(g)垂直推拉窗；(h)水平推拉窗；(i)百叶窗

①固定窗，将玻璃直接镶嵌在窗框上，不可开启的窗扇，一般用于只要求采光、眺望功能的窗，如走道的采光和普通窗的固定部分。

②平开窗，窗扇一侧与窗框之间用铰链相连，窗扇可向内、向外开启，向内开启时占用室内空间。由于平开窗构造简单，开关灵活，制作与维修方便，一般建筑中较多采用。

③悬窗，窗扇绕转轴转动的窗，按照转轴的位置可分为上悬窗、中悬窗、下悬窗。其中上悬窗和中悬窗有良好的防雨和通风作用，民用建筑中门的上亮子和单层工业厂房的外高侧窗常采用。

④立转窗，窗扇绕垂直中轴转动的窗。这种窗通风效果好，常用作厂房的泄压窗，因不严密，北方寒冷地区和多风沙地区不适用。

⑤推拉窗，窗扇沿着导轨或道槽推拉开启的窗。其可分为水平推拉和垂直推拉两种。推拉窗开启后不占用室内空间，窗扇的受力状态好，适宜安装大块玻璃，但通风面积受限。

⑥百叶窗，窗扇常用塑料、金属或木材制成小板材与两侧框料相连接。其可分为固定式和活动式两种，主要用来遮阳和通风。

2. 门窗的尺寸

(1)门的尺寸。门的尺寸是指门洞的高宽尺寸，应满足人流疏散，搬运家具、设备的要求，并应符合《建筑模数协调标准》(GB/T 50002—2013)的规定。

一般情况下，公共建筑的门单扇门为 950～1 000 mm 宽，双扇门为 1 500～1 800 mm 宽，高度为 2.1～2.3 m；居住建筑的门可略小些，外门为 900～1 000 mm 宽，房间门为 900 mm 宽，厨房门为 800 mm 宽，厕所门为 700 mm 宽，高度统一为 2.1 m。供人日常生活活动进出的门，门扇高度常为 1 900～2 100 mm，宽度单扇门为 800～1 000 mm，辅助房间如浴厕、贮藏室的门为 600～800 mm，腰头窗高度一般为 300～900 mm。工业建筑的门可按需要适当提高。

(2)窗的尺寸。窗的尺寸一般根据采光通风要求、结构构造要求和建筑造型等因素决定，同时应符合模数制要求。一般平开窗的窗扇宽度为 400～600 mm，高度为 800～1 500 mm，亮子高为 300～600 mm，固定窗和推拉窗尺寸可大些。

二、门窗构造

1. 窗的组成与构造

(1)窗的组成。平开窗主要由窗框和窗扇组成。窗框由上框、下框、边框及中横框、中竖框组成；窗扇一般由上下冒头和左右边梃榫接而成，有的中间还设窗棂，窗扇根据镶嵌材料的不同有玻璃窗扇、纱窗扇、板窗扇和百叶窗扇等。另外，还有各种铰链、风钩、插销、拉手及导轨、转轴、滑轮等五金零件，有时要加设窗台、贴脸、窗帘盒等，如图 3-7-3 所示。

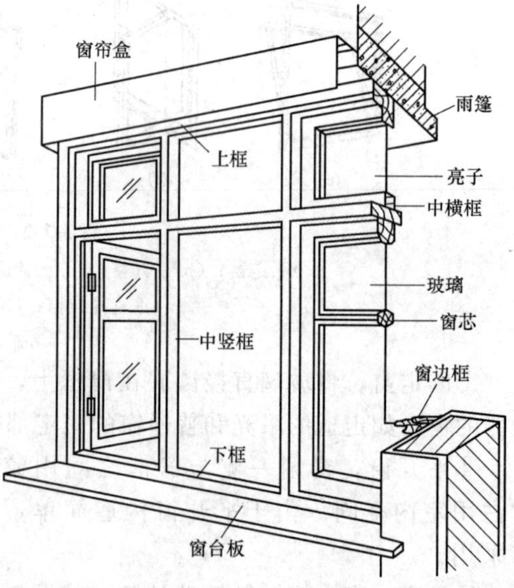

(2)木窗的构造。在以往的建筑中木窗曾大量采用，这是因为木窗具有热工性能好、质量小、加工制作方便、安装灵活的特点。但由于木材耗量大、防火性和耐久性差，现已逐步减少木窗的使用量，用其他材料取而代之来加工窗构件。

1)窗框。其安装方法有两种：一种是立口，即施工时先将窗樘安装好后砌窗间墙，木窗通常采用这种方式来固定窗框，此时窗框的上、下框各伸出约 120 mm(俗称羊角)，并砌入墙内，达到固定窗框的目的。若窗框

图 3-7-3　窗的组成

窗帘盒
雨篷
上框
亮子
中横框
玻璃
窗芯
中竖框
窗边框
下框
窗台板

的高度较大时，可在边框的外侧砌筑墙体时，沿高度每间隔 500～700 mm 设置一块防腐木砖，以加强窗框与墙的连接；另一种是塞口，即在砌墙时先留出窗洞，待主体施工完成之后，再将窗框塞入洞口中。为加强窗框与墙体的连接，砌墙时在窗洞口两侧沿高度每间隔 500～700 mm 设置一块防腐木砖，用钉子将窗框固定在木砖上，如图 3-7-4 所示。塑钢窗和铝合金窗通常采用这种施工方式。为了便于窗框的安装，预留的洞口需要大于窗框的外廓尺寸(通常为 30～50 mm)。塞口安装窗框的施工速度较快，主体施工时不宜破坏窗框，缺点是窗框与墙体连接的紧密程度稍差。

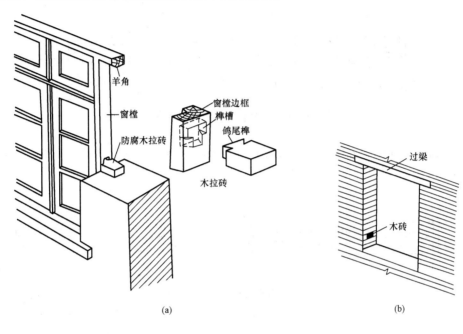

图 3-7-4　窗框的安装方式

(a)立口；(b)塞口

窗框在墙身中的位置要根据墙体的厚度和房屋使用要求来确定。当墙体厚度较小时，窗框与墙内缘平齐，不占室内空间；当墙体厚度较大时，窗框居中或与墙外表面平齐。窗框外侧与墙接触部分应事先涂刷防腐剂。在寒冷地区，为防止室内热量的散失，通常还要在窗框的外侧加设一层毛毡以增加密闭性，如图 3-7-5 所示。

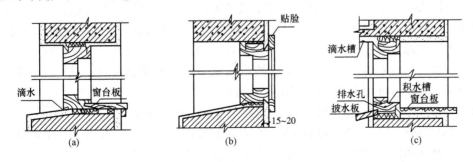

图 3-7-5　窗框在墙体中的位置

(a)窗框居中；(b)窗框内平；(c)窗框外平

窗框的断面尺寸为经验尺寸，一般尺度的单层窗窗樘的厚度常为 40～50 mm，宽度为 70～95 mm，中竖梃双面窗扇需加厚一个铲口的深度为 10 mm，中横档除加厚 10 mm 外，若要加拔水，一般还要加宽 20 mm 左右，如图 3-7-6 所示。

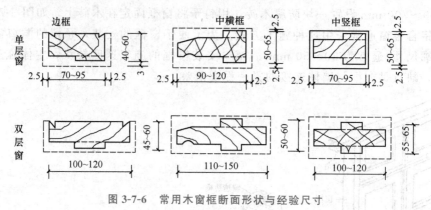

图 3-7-6　常用木窗框断面形状与经验尺寸

窗框与窗扇之间既要方便开启，又要满足在关闭时有一定的密封性。一般在窗框上留有深为 10～12 mm 的铲口，如图 3-7-7 所示。

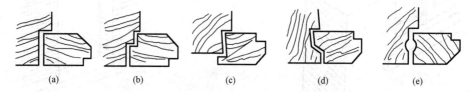

图 3-7-7　窗框与窗扇间的铲口形式
(a)平缝铲口；(b)双铲口；(c)盖口；(d)鸳鸯口；(e)回风槽

2)窗扇。在保证窗扇刚度的前提下，为提高窗的透光率，一般情况下，窗扇厚度为 35～42 m；上下冒头及边梃的宽度视木料材质和窗扇大小而定，为 50～60 mm，下冒头可较上冒头适当加宽，为 10～25 mm，窗棂宽度为 27～40 mm。玻璃常用厚度为 3 mm，较大面积可采用 5 mm 或 6 mm。在冒头、边梃和窗芯上要作铲口，用以镶嵌玻璃。为了防水和抗风，铲口通常设在窗的外侧，铲口宽度为 8～12 mm，深度为 12～15 mm，如图 3-7-8 所示。

寒冷地区为了满足冬季保温的要求或镶嵌纱窗，往往需要设置双层窗。双层窗有单框双层内外开、双框双层内外开、双框双层内开三种形式。子母窗扇，由两个玻璃大小相同、窗扇大小不同的两窗扇合并而成，用一个窗框，一般为内开；内外开窗扇，在一个窗框上内外开双铲口，一扇向内，一扇向外，必要时内层窗扇在夏季还可取下或换成纱窗；大小扇双层内开窗扇，可分开窗框，也可用同一窗樘，但占用室内空间。

3)窗五金一般可分为启闭时转动、启闭时定位以及推拉执手三类。

(3)塑钢窗的构造。塑钢窗是以 PVC 为主要原料制成空腹多腔异型材，中间设置薄壁加强型钢，经加热焊接而成窗框料。其具有导热系数小，耐弱酸碱，无须油漆并具有良好的气密性、水密性、隔声性等优点。塑钢窗的开启方式及安装构造与铝合金窗基本相同，如图 3-7-9 所示。

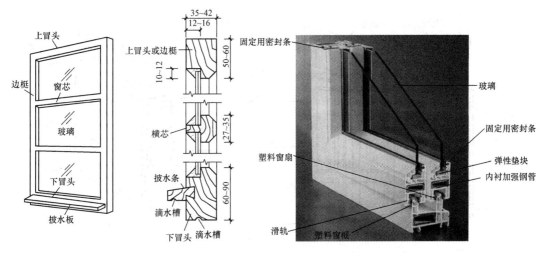

图 3-7-8　木窗扇组成及铲口形式　　　　图 3-7-9　塑钢推拉窗断面

(4)铝合金窗的构造。铝合金窗多采用水平推拉式的开启方式,窗扇在窗框的轨道上滑动开启。窗扇与窗框之间用尼龙密封条进行密封,以避免金属材料之间相互摩擦。玻璃卡在铝合金窗框料的凹槽内,并用橡胶压条固定。铝合金窗一般采用塞口的方法安装,固定时,窗框与墙体之间采用预埋铁件、燕尾铁脚、膨胀螺栓、射钉固定等方式连接,如图 3-7-10 所示。

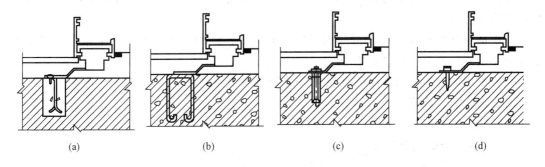

图 3-7-10　铝合金窗框与墙体的固定方式
(a)预埋铁件;(b)燕尾铁脚;(c)金属膨胀螺栓;(d)射钉

(5)钢窗的构造。钢窗是用型钢和薄壁空腹型钢在工厂制作而成。在强度、刚度、防火等性能方面,均优于木窗,但在潮湿环境下易锈蚀,耐久性差。实腹式钢窗料是最常用的一种,有各种断面形状和规格。空腹式钢窗可分为沪式和京式两种。

为了使用、运输方便,通常将钢窗在工厂制作成标准化的窗单元。当钢窗的高、宽超过基本钢窗尺寸时,就要用拼料将窗进行组合,称为组合式钢窗。拼料起横梁与立柱的作用,承受窗的水平荷载,拼料与基本钢窗之间一般用螺栓或焊接连接。

彩板钢窗是以彩色镀锌钢板经机械加工而成的窗。彩板钢窗目前有两种类型,即带副框和不带副框的。

2. 门的组成与构造

(1)门的组成。门由门框、门扇、门五金零件及贴脸板、筒子板等组成,如图 3-7-11 所示。

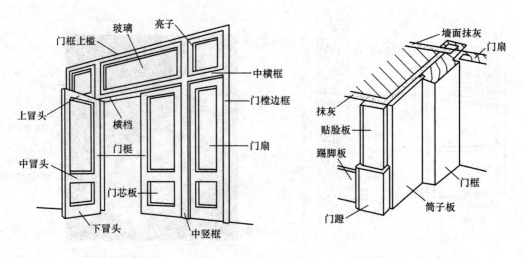

图 3-7-11　门的组成

（2）门的构造。

1）木门的构造。木门主要由门框、门扇、腰头窗、贴脸板（门头线）、筒子板（垛头板）和配套五金件等部分组成。木门美观、质量小、开启方便、保温（隔声）效果好和加工方便，所以在民用建筑中应用广泛。

①门框。门框一般由两根竖直的边框和上框组成。当门带有亮子时，还有中横框；多扇门还有中竖框。

门框的安装根据施工方式可分为后塞口和先立口两种形式。木门通常采用立口施工；其他材料的门一般采用塞口施工。

门框在墙内的位置根据门的开启方式及墙体厚度不同可分为外平、居中、内平、内外平四种，如图 3-7-12 所示。

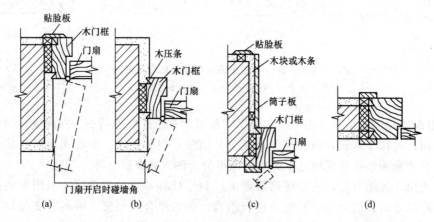

图 3-7-12　门框与墙体的连接

(a)外平；(b)居中；(c)内平；(d)内外平

②门扇。木门门扇的做法很多，常见的有镶板门、夹板门、拼板门、玻璃门和弹簧门等。

a. 镶板门：由上、中、下冒头和边梃组成骨架，中间镶嵌门芯板，门芯板可采用 15 mm 厚的木板拼接而成，也可采用胶合板、硬质纤维板或玻璃等，如图 3-7-13 所示。

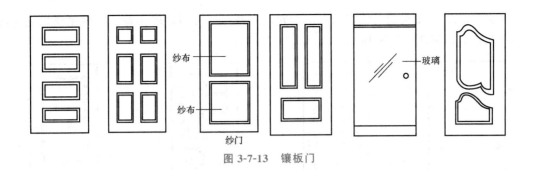

图 3-7-13　镶板门

b. 夹板门：用小截面的木条(35 mm×50 mm)组成骨架，在骨架的两面铺钉胶合板或纤维板等，如图 3-7-14 所示。

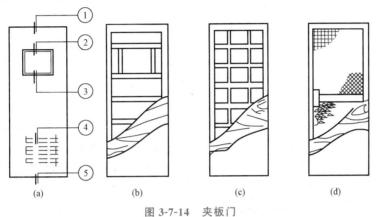

图 3-7-14　夹板门

(a)门窗外观；(b)水平骨架；(c)双向骨架；(d)格状骨架

c. 拼板门：构造与镶板门相同，由骨架和拼板组成，只是拼板门的拼板用 35～45 mm 厚的木板拼接而成，因而质量较大，但坚固耐久，多用于库房、车间的外门，如图 3-7-15 所示。

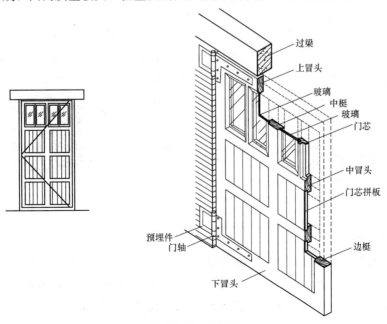

图 3-7-15　拼板门

d. 玻璃门：门扇构造与镶板门基本相同，只是门芯板用玻璃代替，用在要求采光与透明的出入口处，如图3-7-16所示。

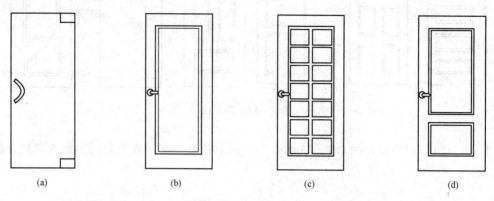

图 3-7-16 玻璃门

（a）钢化玻璃一整片的门；（b）四方框里放入压条，固定住板玻璃的门；

（c）装饰方格中放入玻璃的门；（d）腰部下及镶板上面装玻璃的门

e. 弹簧门：单面弹簧门多为单扇，常用于需要温度调节及气味要遮挡的房间，如厨房、厕所等；双面弹簧门适用于公共建筑的过厅、走廊及人流较多的房间。须用硬木，门扇厚度为42～50 mm，上冒头及边框宽度为100～120 mm，下冒头宽度为200～300 mm。

③配套五金件：门的配套五金件主要由把手、门锁、铰链、闭门器和门挡等组成。

2）铝合金门的构造。铝合金门多为半截玻璃门，有推拉和平开两种开启方式。推拉铝合金门有70系列和90系列两种。基本门洞高度有2 100 mm、2 400 mm、2 700 mm、3 000 mm；基本门洞宽度有1 500 mm、1 800 mm、2 100 mm、2 700 mm、3 000 mm、3 300 mm、3 600 mm。

三、遮阳设施

1. 遮阳的作用

遮阳是为了防止阳光直接射入室内，避免夏季室内温度过高和产生眩光而采取的构造措施。建筑遮阳措施有三种：一是绿化遮阳；二是调整建筑物的构配件；三是在窗洞口周围设置专门的遮阳设施来遮阳。遮阳设施有活动遮阳，如图3-7-17所示。

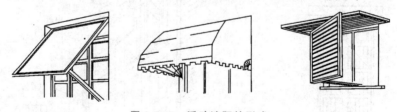

图 3-7-17 活动遮阳的形式

2. 遮阳的分类

固定遮阳的基本形式有水平式、垂直式、综合式和挡板式，如图3-7-18所示。实际工程中，遮阳可由基本形式演变出造型丰富的其他形式。例如，为避免单层水平式遮阳板的出挑尺寸过大，可将水平式遮阳板重复设置成双层或多层；当窗间墙较窄时，将综合式遮阳板连续设置；挡板式遮阳板结合建筑立面处理，或连续或间断。同时，遮阳的形式要与建筑立面相符合。

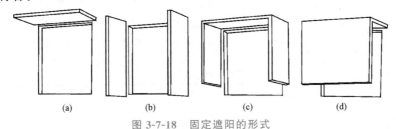

图 3-7-18　固定遮阳的形式

(a)水平式；(b)垂直式；(c)综合式；(d)挡板式

任务小结

　　1. 门窗的类型、尺度和构造；重点阐述了木门窗、铝合金门窗、塑钢窗、建筑遮阳的构造。

　　2. 节能窗和建筑遮阳是建筑节能的一项重要措施，应用越来越广泛。

拓展任务

　　1. 施工图中门窗编号如何解读？

　　2. 不同开启方式的门与窗各有什么优缺点？各使用范围是什么？

　　3. 自主识读某建筑施工图中门窗详图和门窗表，讨论该建筑门窗的类型、尺寸、数量并作笔记。

　　4. 查阅建筑模数统一标准，了解建筑模数的概念和建筑模数协调统一标准的作用。

　　5. 熟悉门窗常用建筑配件图例。

任务八　变形缝

学习目标

　　通过本任务的学习，学生应能够：

　　1. 掌握变形缝的构造；

　　2. 了解变形缝的作用和分类及变形缝的设置原则。

教学要点	知识要点	权重	自测分数
变形缝的作用、类型及设置原则	掌握变形缝的作用、类型及设置原则	50%	
变形缝的构造	掌握变形缝的构造	50%	

✳ 素质目标

1. 增强学生"中国制造"的使命与忠诚、责任与担当，培养学生做到"中国速度"与"中国质量"并重；

2. 提高安全意识，确保施工安全；增强学生"安全就是形象、安全就是发展、安全就是效益"的观念。

一、变形缝的作用、类型及设置原则

1. 变形缝的作用、类型

房屋受到外界各种因素的影响，会使房屋产生变形、开裂，导致破坏。这些因素包括温度变化的影响、房屋相邻部分承受不同荷载的影响、房屋相邻部分结构类型差异的影响、地基承载力差异的影响和地震的影响等。为了防止房屋破坏，常将房屋分成几个独立变形的部分，使各部分能独立变形、互不影响，这些预留的人工构造缝称为变形缝。变形缝包括伸缩缝、沉降缝和防震缝。

2. 变形缝的设置原则

(1)伸缩缝的设置原则。房屋在受到温度变化的影响时，将发生热胀冷缩的变形，这种变形与房屋的长度有关，长度越大，变形越大。变形受到约束，就会在房屋的某些构件中产生应力，从而导致破坏。在房屋中设置伸缩缝，会使缝间房屋的长度不超过某一限值，其变形值较小，所产生的温度应力也较小，这样就不会产生破坏。因此，可沿建筑物长度方向每隔一定距离或在结构变化较大处预留伸缩缝，将建筑物基础以上部分断开。基础因为受到温度变化的影响较小，不需要断开。伸缩缝的最大间距应根据不同结构的材料而定。砌体结构房屋伸缩缝的最大间距见表 3-8-1，钢筋混凝土结构伸缩缝的最大间距见表 3-8-2。

表 3-8-1　砌体结构房屋伸缩缝的最大间距

屋盖或楼盖层的类别		间距/m
整体式或装配整体式钢筋混凝土结构	有保温层或隔热层的屋盖、楼盖	50
	无保温层或隔热层的屋盖	40
整体式或装配整体式钢筋混凝土结构	有保温层或隔热层的屋盖、楼盖	60
	无保温层或隔热层的屋盖	50

屋盖或楼盖层的类别		间距/m
装配式无檩体系钢筋混凝土结构	有保温层或隔热层的屋盖	75
	无保温层或隔热层的屋盖	60
瓦材屋盖、木屋盖或楼盖、轻钢屋盖		100

注：1. 层高大于 5 m 的烧结普通砖、烧结多孔砖、配筋砌块砌体结构单层房屋，其伸缩缝间距可按表中数值乘以 1.3；
    2. 温差较大且变化频繁地区和严寒地区不采暖的房屋及构筑物墙体的伸缩缝的最大间距，应按表中数值予以适当减小。

表 3-8-2　钢筋混凝土结构伸缩缝的最大间距　　　　　　　　　　　　　　　m

结　构　类　别		室内或土中	露天
排架结构	装配式	100	70
框架结构	装配式	75	50
	现浇式	55	35
剪力墙结构	装配式	65	40
	现浇式	45	30
挡土墙、地下室墙壁等类结构	装配式	40	30
	现浇式	30	20

注：1. 如有充分依据或可靠措施，表中数值可予以增减；
    2. 当屋面板上部无保温或隔热措施时：对框架、剪力墙结构的伸缩间距，可按表中露天栏的数值选用；对排架结构的伸缩缝间距，可按表中室内栏的数值适当减少；
    3. 排架结构的柱高(从基础顶面算起)低于 8 m 时，宜适当减少伸缩缝间距；
    4. 外墙装配内墙现浇的剪力墙结构，其伸缩缝最大间距宜按现浇式一栏的数值选用；滑模施工的剪力墙结构，宜适当减小伸缩缝间距；现浇墙体在施工中应采取措施减小混凝土收缩应力。

（2）沉降缝的设置原则。房屋因不均匀沉降造成某些薄弱部位产生错动开裂。为了防止房屋无规则开裂，应设置沉降缝。沉降缝是在房屋适当位置设置的垂直缝隙，将房屋划分为若干个刚度较一致的单元，使相邻单元可以自由沉降，而不影响房屋整体。

沉降缝可兼伸缩缝的作用，而伸缩缝却不能代替沉降缝。沉降缝是从建筑物基础以上全部需要断开。

沉降缝的设置原则主要有以下几点：

1）同一建筑物相邻部分的高差较大或荷载大小相差悬殊、结构类型不同时；

2）建筑物相邻部分基础形式不同，宽度和埋深相差悬殊时；

3）建筑物建造在地基承载力相差很大的地基土上时；

4）建筑物体形比较复杂，连接部位又比较薄弱时；

5）建筑物长度较大时；

6）新建建筑物与原有建筑物毗连时。

房屋沉降缝的宽度与层数有关，见表 3-8-3。

表 3-8-3　房屋沉降缝的宽度

房屋层数	2～3 层	4～5 层	5 层以上
沉降缝宽度	50～80	80～100	≥120

(3)防震缝的设置原则。建造在地震区的房屋，地震时会遭到不同程度的破坏，为了避免破坏，应按抗震要求进行设计。抗震设防烈度为 6 度以下地区地震时，房屋受到的影响轻微可不设防；抗震设防烈度为 10 度地区地震时，房屋受到的破坏严重，建筑抗震设计应按有关专门规定执行。抗震设防烈度为 7～9 度地区，应按一般规定设防，包括在必要时设置防震缝。一般多层砌体建筑的缝宽取 50～100 mm。对多层和高层钢筋混凝土结构房屋，应尽量选用合理的建筑结构方案，不设防震缝。当必须设置防震缝时，其最小宽度应符合下列要求：

1)当高度不超过 15 m 时，可采用 70 mm；

2)当高度超过 15 m 时，按设防烈度为 6 度、7 度、8 度、9 度相应建筑物每增高 5 m、4 m、3 m、2 m 时，缝宽增加 20 mm。

在设防烈度为 8 度和 9 度地区，有下列情况之一时宜设置防震缝：

1)建筑物高差在 6 m 以上；

2)建筑物有错层且错层楼板高差较大；

3)建筑物相邻部分的结构刚度、质量截然不同。

防震缝是自建筑基础以上部分断开。防震缝应与伸缩缝、沉降缝统一设置，并满足防震缝的设计要求。

二、变形缝的构造

1. 伸缩缝

伸缩缝的宽度一般为 20～40 mm，以保证缝两侧的建筑构件能在水平方向自由伸缩。

(1)墙体伸缩缝。墙体在伸缩缝处断开，为了避免风、雨对室内的影响和避免缝隙过多传热，伸缩缝外墙一侧，缝口处应填以防水、防腐的弹性材料。伸缩缝可砌成平口缝、高低缝、企口缝等截面形式，如图 3-8-1 所示。砖墙伸缩缝构造如图 3-8-2 所示。

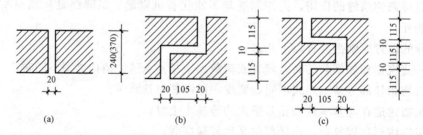

图 3-8-1　砖墙伸缩缝的截面形式

(a)平口缝；(b)高低缝；(c)企口缝

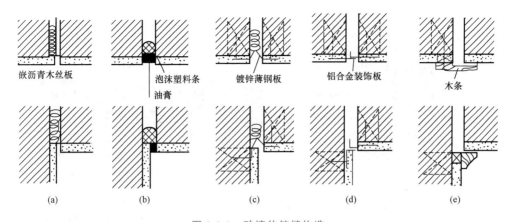

图 3-8-2 砖墙伸缩缝构造

(a)沥青纤维；(b)油膏；(c)外墙伸缩缝构造；

(d)塑铝或铝合金装饰板；(e)木条内墙伸缩缝构造

(2)楼地层伸缩缝。楼地层伸缩缝的位置和缝宽尺寸，应与墙体、屋顶伸缩缝相对应，缝内也要用弹性材料做封缝处理。在构造上应保证地面面层和顶棚美观，又应使缝两侧的构造能自由伸缩，如图 3-8-3 所示。

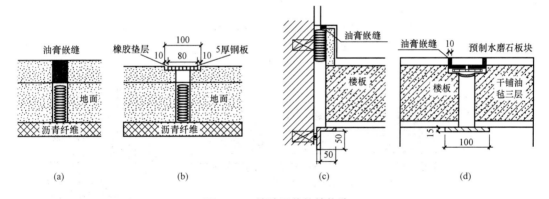

图 3-8-3 楼地层伸缩缝构造

(a)地面油膏嵌缝；(b)地面钢板盖缝；(c)、(d)楼板变形缝

(3)屋顶伸缩缝。屋顶伸缩缝的位置有两种情况：一种是伸缩缝两侧屋面的标高相同；另一种是缝两侧屋面的标高不同。缝两侧屋面的标高相同时，上人屋面和不上人屋面伸缩缝的作法也不相同。

1)柔性防水屋顶伸缩缝。当屋顶伸缩缝两侧的屋面标高相同时，如为不上人屋面，一般在缝的两侧各砌半砖厚的小墙，按泛水构造处理。与泛水构造不同之处是在小墙上面加设钢筋混凝土盖板或镀锌薄钢板盖板盖缝。卷材防水屋顶伸缩缝构造如图 3-8-4 所示。

2)刚性防水屋顶伸缩缝。刚性防水屋顶伸缩缝的构造与柔性防水屋顶的做法基本相同，只是防水材料不同而已，如图 3-8-5 所示。

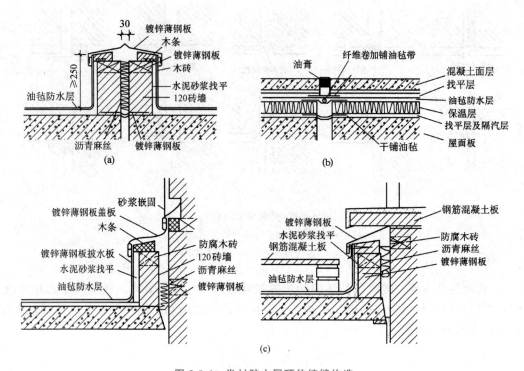

图 3-8-4 卷材防水屋顶伸缩缝构造

(a)不上人屋顶平接变形缝；(b)上人屋顶平接变形缝；(c)高低缝处屋顶变形缝

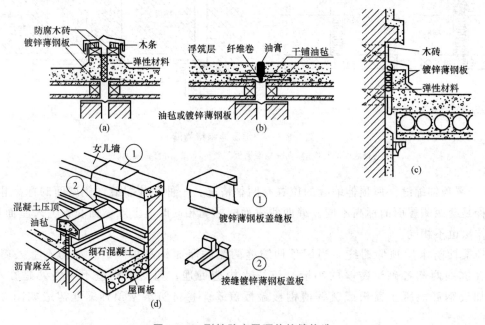

图 3-8-5 刚性防水屋顶伸缩缝构造

(a)不上人屋顶平接变形缝；(b)上人屋顶平接变形缝；

(c)高低缝处屋顶变形缝；(d)变形缝立体图

2. 沉降缝

（1）墙体沉降缝。墙体沉降缝一般兼起伸缩缝作用，其构造与伸缩缝基本相同。但由于沉降缝要保证缝两侧的墙体能自由沉降，所以盖缝的金属调节片必须保证在水平方向和垂直方向均能自由变形，如图3-8-6所示。屋顶沉降处的金属调节盖缝板或其他构件应考虑沉降变形与维修余地，如图3-8-7所示。

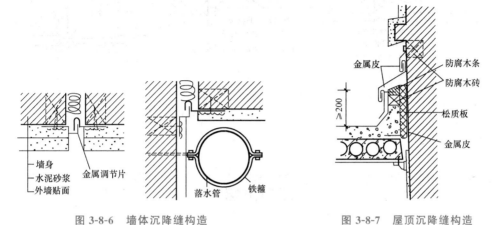

图 3-8-6　墙体沉降缝构造　　　　　图 3-8-7　屋顶沉降缝构造

（2）基础沉降缝。基础也必须设置沉降缝，以保证缝两侧能自由沉降。常见的沉降缝处基础的处理方案有双墙偏心式、交叉式和悬挑式三种，如图3-8-8所示。

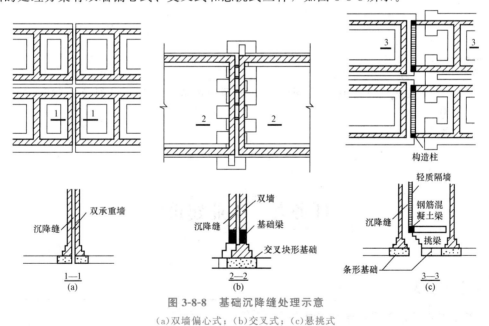

图 3-8-8　基础沉降缝处理示意

（a）双墙偏心式；（b）交叉式；（c）悬挑式

3. 防震缝

防震缝应同伸缩缝、沉降缝协调布置，相邻上部结构完全断开，并留有足够的缝隙，以保证在水平方向地震波的影响下，房屋相邻部分不致因碰撞而造成破坏。墙体防震缝构造如图3-8-9所示。

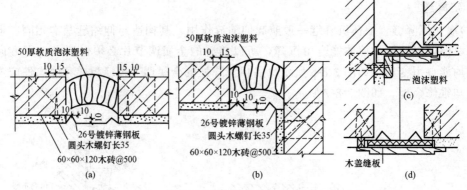

图 3-8-9　墙体防震缝构造

(a)外墙平缝处；(b)外墙转角处；(c)内墙转角处；(d)内墙平缝处

任务小结

1. 变形缝的作用、类型及设置原则。
2. 变形缝的构造作法。

拓展任务

1. 自主识读某建筑变形缝构造图，判断是哪一种缝，其作用是什么？讨论并作识图笔记。

2. 查阅相关标准图集知识。

任务九　工业建筑

学习目标

通过本任务的学习，学生应能够：

1. 掌握工业建筑的特点与分类；

2. 掌握单层工业厂房的组成和基本构造原理。

教学要点	知识要点	权重	自测分数
工业建筑的特点与分类	掌握工业建筑的特点与分类	10%	
单层工业厂房的组成	掌握单层工业厂房的组成	20%	
厂房外墙、大门、侧窗与天窗	掌握厂房外墙、大门、侧窗与天窗的构造	40%	
屋顶、地面	掌握屋顶、地面及其他设施的构造	30%	

素质目标

1. 符合建筑施工员的基本素养要求，体现良好的工作习惯，能严格遵循建筑施工行业工作规程与安全规程，任务实施过程中能严格按照规范执行操作；

2. 增强学生的政治认同和专业情感认同。

一、工业建筑的分类与特点

工业建筑是指从事各类工业生产及直接为生产服务的房屋，这些房屋往往称为"厂房"或"车间"。工业建筑设计的基本原则是坚固适用、适应工艺、经济合理和技术先进。

1. 工业建筑的分类

(1)按厂房用途分。

1)主要生产厂房：在这类厂房中进行生产的全部活动，包括从原材料到半成品再到成品的全过程，如钢铁厂的烧结、焦化、炼铁、炼钢车间。

2)辅助生产厂房：是为主要生产厂房服务的厂房，如机械修理、工具等车间。

3)动力用厂房：是为主要生产厂房提供能源的场所，如发电站、锅炉房、煤气房等。

4)储存用厂房：是为生产提供储存原料、半成品、成品的仓库。

5)运输工具用房屋：是存放运输工具用的房屋，如汽车库、电瓶车库等。

(2)按厂房层数分。

1)单层工业厂房：是指层数仅为一层的工业厂房。其有单层单跨厂房、单层多跨厂房。其主要适用于重型机械制造工业、冶金工业等重工业。这类厂房的特点是设备体积大、质量大、厂房内多以水平运输为主。生产过程中的联系依靠厂房中的起重运输设备和各种车辆完成。单层工业厂房如图3-9-1所示。

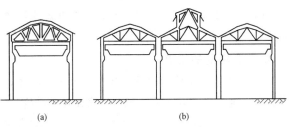

图 3-9-1 单层工业厂房

(a)单层单跨厂房；(b)单层多跨厂房

2)多层工业厂房：主要用于电子工业、食品工业、化学工业、精密仪器及IT业等轻工业。其特点是生产设备、产品较轻和工艺流程竖向布置。多层工业厂房如图3-9-2所示。

3)层数混合厂房：是指由单层跨和多层跨组合而成的厂房。其主要用于热电厂、化工厂等。这类厂房的特点是高大的生产设备布置于单层跨，其他设施布置于多层跨。层数混合厂房如图3-9-3所示。

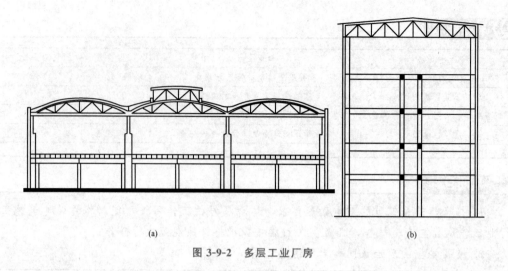

(a)　　　　　　　　　　　　　　　　　(b)

图 3-9-2　多层工业厂房

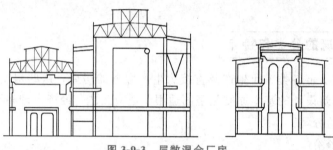

图 3-9-3　层数混合厂房

(3)按生产状况分。

1)冷加工车间：在常温状态下进行生产的车间，如机械制造中的金工车间、修理车间等。

2)热加工车间：在高温和熔化状态下进行生产的车间，在生产中可能散发大量的余热、烟雾、灰尘、有害气体。例如，机械制造中的铸工、锻工、热处理车间等。

3)恒温恒湿车间：在恒温(20 ℃左右)、恒湿(相对湿度为 50%～60%)条件下进行生产的车间，如精密机械车间、纺织车间等。

4)洁净车间：为防止大气中灰尘及细菌的污染，在保持高度洁净的条件下进行生产的车间，如集成电路车间、精密仪表加工及装配车间、某些食品加工车间等。

2. 工业建筑的特点

现代工业建筑体系的发展已有二百多年的历史，显示出自己独有的特征和建筑风格。从世界各国的工业建筑现状来看，工业厂房在建筑结构等方面与民用建筑相比较，具有以下特点：

(1)厂房应满足生产工艺要求。工业建筑的平面形状应按照工艺流程及设备布置的要求进行设计。

(2)工业建筑起重运输设备。有许多工业产品的体积、质量都很大，生产时需要与之相应的起重运输设备。因此，工业建筑通常具有宽大的内部空间，并在厂房内部设有起重运输设备。

(3)生产厂房采光通风设施。工业建筑应有与生产厂房所需采光等级相适应的采光条件，以保证厂房内部工作面上的照度；应设置与室内生产状况及气候条件相适应的有效的通风措施。

(4)产品的生产需要严格的环境条件。工业建筑应根据不同的生产要求满足产品生产所需要的严格的环境条件。

(5)满足生产要求和提供环境保障。工业建筑为满足生产要求和提供环境保障，厂房内往往要布置大量的工程技术管网。这就对厂房的设计有了更高的要求，要协调建筑、结构、水、暖、电、气、通风等工种。

3.厂房内的起重运输设备

为在生产中运送原材料、成品或半成品，以及安装、检修生产设备，厂房内就应设置必要的起重运输设备。常见的起重运输设备有两类：一是安装在厂房上部空间的起重设备；二是各种平板车、移动式胶带运输机、电瓶车、叉式装卸车、载重汽车、火车等。其中，起重设备主要有单轨悬挂式起重机、梁式起重机和桥式起重机等类型。

(1)单轨悬挂式起重机。单轨悬挂式起重机如图3-9-4所示。安装在工字形钢轨上，钢轨悬挂在屋架(或屋面大梁)的下弦上，单轨悬挂式起重机适用于小型起重量的车间，一般起重量为0.5~2 t。

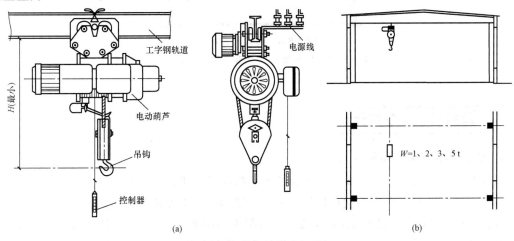

图3-9-4　单轨悬挂式起重机

(a)外形；(b)位置

(2)梁式起重机。梁式起重机也可分为手动和电动两种。常见的有悬挂式梁式起重机及支座式梁式起重机。前者的轨道可悬挂在屋架下弦上，如图3-9-5(a)所示；后者的轨道支承在起重机梁上，通过牛腿等支承在柱子上，如图3-9-5(b)所示。梁式起重机适用于小型起重量的车间，起重量一般为1~5 t。

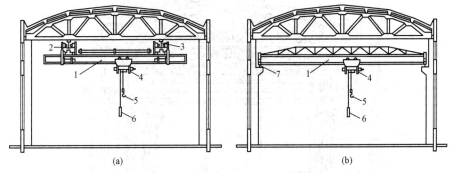

图3-9-5　梁式起重机

(a)悬挂式梁式起重机；(b)支座式梁式起重机

1—钢梁；2—运行装置；3—轨道；4—提升装置；5—吊钩；6—操纵开关；7—起重机梁

（3）桥式起重机。桥式起重机是在厂房排架柱上设牛腿，牛腿上搁置起重机梁，起重机梁上安装钢轨，钢轨上设置能沿厂房纵向滑移的双榀钢桥架（或板梁），桥架上铺有起重行车沿厂房横向运行的轨道，如图3-9-6所示。桥式起重机的起重量为5~300 t，适用于12~36 m跨度的厂房。

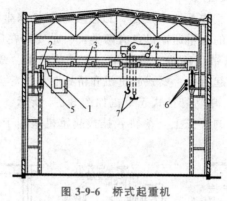

图 3-9-6 桥式起重机

1—起重机司机室；2—起重机轮；3—桥架；4—起重小车；5—起重机梁；6—电线；7—吊钩

二、单层工业厂房的组成

1. 单层工业厂房的结构组成

在单层工业厂房建筑中，支承各种荷载作用的构件所组成的骨架，通常称为厂房结构。厂房结构的坚固、耐久是靠结构构件组成的一个结构空间来保证的，如图3-9-7所示。

排架结构的特点是将屋架或屋面梁视为刚度很大的横梁，它与柱的连接为铰接，柱与基础的连接为刚接，如图3-9-8、图3-9-9所示。纵向连系构件包括起重机梁、基础梁、连系梁（或圈梁）、大型屋面板等，这些构件连系横向排架，保证了横向排架的稳定性，并将作用在山墙上的风荷载和起重机纵向制动力传递给柱子。另外，为了保证厂房的整体性和稳定性，还须设置支撑构件，包括屋盖支撑系统和柱间支撑系统。其作用是保证厂房的整体性和稳定性。

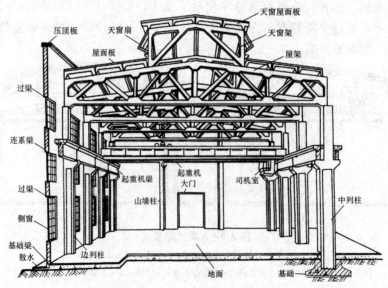

图 3-9-7 单层工业厂房的结构组成

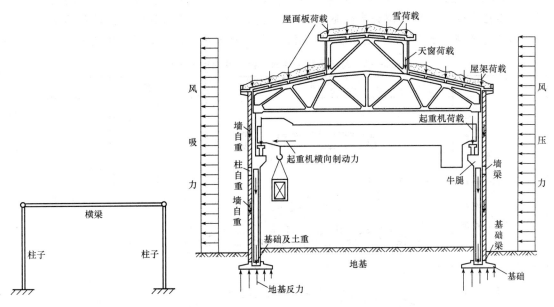

图 3-9-8　横向排架示意图　　　　　　　　图 3-9-9　排架体系

横向排架是由基础、柱、屋架（或屋面梁）组成的。其承受屋盖、天窗、外墙及起重机等厂房的各种荷载。

（1）基础。基础是承受厂房上部由柱子和基础梁传来的全部荷载，并将所有荷载传至地基。

（2）柱。排架柱是厂房结构中的主要承重构件之一，承受屋盖、起重机梁、支撑系统、连系梁和外墙传来的竖向荷载，风荷载及起重机产生的纵横向水平荷载等，并将这些荷载连同自重一起传递给基础。表 3-9-1 为几种常用的钢筋混凝土柱及其特点。

表 3-9-1　几种常用的钢筋混凝土柱

名称	矩形柱	工字形柱	双肢柱	双肢管柱
形式				
特点	制作简便，受力性能好。但混凝土用量多，构件自重大，适用于中小型厂房	省去受力较小的横截面中间部分混凝土，构件自重减轻，节省混凝土；缺点是制作较复杂	由两肢杆与腹杆组成。平腹杆施工方便，便于安装管线；斜腹杆受力性能较好，节省材料。适用于大型的或起重机吨位大的厂房，但节点多构造复杂	用制管机成型，质量好，便于拼装，湿作业少，受温度影响小，但预埋作业较困难，与墙的连接不方便

（3）屋架（或屋面梁）。屋架（或屋面梁）是单层工业厂房排架结构中的主要结构构件之一。其直接承受屋面荷载和安装在屋架上的悬挂起重机、管道与其他工艺设备的质量，以及天窗架等荷载。表 3-9-2 为钢筋混凝土屋面大梁和屋架的一般形式及适用范围。

表 3-9-2　钢筋混凝土屋面大梁和屋架的一般形式

序号	名称	形式	跨度/m	特点及适用条件
1	预应力混凝土双坡屋面大梁		12 15 18	质量大、屋面刚度好、坡度 1/10，适用于有振动和有腐蚀性介质的厂房
2	钢筋混凝土三角形屋架		12 15 18	构造简单、质量大、坡度 1/3～1/5，适用于中型、轻型厂房
3	预应力混凝土拱形屋架		18 24 30	构件外形合理、质量小、屋面刚度好，适用于各类大跨度的厂房
4	预应力混凝土梯形屋架		18 21 24 27	构件外形较合理、屋面坡度 1/10，适用于卷材防水屋面的中型厂房
5	预应力混凝土折线形屋架		15 18 21 24	构件外形较合理、屋面坡度 1/5～1/15，适用于卷材防水屋面的中、重型厂房

排架结构单层工业厂房的纵向连系构件是由基础梁、连系梁、圈梁、起重机梁等组成的。

（1）基础梁。承受单层工业厂房外墙或内墙的荷载。

（2）连系梁。连系梁是厂房纵向柱列的水平连系构件，主要用来增强厂房的纵向刚度，并传递风荷载至纵向柱列。有些单层工业厂房外墙高度较大时，连系梁可以支撑墙重，减小基础梁的荷载，一般是每隔 4～6 m 高度设置一道连系梁。

（3）圈梁。单层工业厂房中的圈梁可以加强厂房的整体刚度及墙体的稳定性，抵抗由于地基不均匀沉降或较大振动荷载所引起的内力。圈梁一般设置在厂房起重机梁附近和柱顶；对于有较大振动荷载或有抗震要求的结构，沿墙高每隔 4 m 左右设置圈梁一道。连系梁若能水平交圈，可视为圈梁。

（4）起重机梁。起重机梁是厂房结构中的重要承重构件之一，通常搁置在排架柱的牛腿上。其承受起重机荷载（包括起重机起吊重物的荷载及起动或制动时产生的纵、横向水平往复荷载），并将它们传递给柱子。同时，起重机梁还有保证厂房纵向刚度和稳定性的作用。

2. 单层工业厂房的支撑系统

在装配式单层工业厂房中，大多数构件节点为铰接，因此整体刚度较差。为加强厂房的空间刚度，保证结构构件在安装和使用阶段的稳定和安全，单层工业厂房的支撑系统包括柱间支撑和屋盖支撑两大部分。

（1）柱间支撑。柱间支撑一般设置在厂房变形缝的区段中部，以加强纵向排架柱的整体刚度和稳定性。

（2）屋盖支撑。屋盖支撑由设置在屋架之间的垂直支撑和屋架下弦平面内的纵向水平支撑两部分组成。

3. 单层工业厂房的柱网尺寸和定位轴线

单层工业厂房的定位轴线是确定厂房主要承重构件标志尺寸及相互位置的基准线；同时，也是厂房设备安装及施工放线的依据。

（1）柱网尺寸（跨度、柱距）。柱网的选择与生产工艺、建筑结构、材料等因素密切相关，并符合《厂房建筑模数协调标准》（GB/T 50006—2010）中的规定。柱网是厂房承重柱的定位轴线在平面上排列所形成的网格。确定柱网尺寸实际上就是确定厂房的跨度和柱距。跨度是柱子纵向定位轴线间的距离；柱距是相邻柱子横向定位轴线间的距离。通常，将与横向排架平行的轴线称为横向定位轴线；将与横向排架平面垂直的轴线称为纵向定位轴线，如图 3-9-10 所示。

单层工业厂房跨度在 18 m 和 18 m 以下时，应采用扩大模数 30M 数列，即 9 m、12 m、15 m、18 m；在 18 m 以上时，应采用扩大模数 60M 数列，即 24 m、30 m、36 m 等；当有特殊工艺要求时，也可采用 30M 数列。

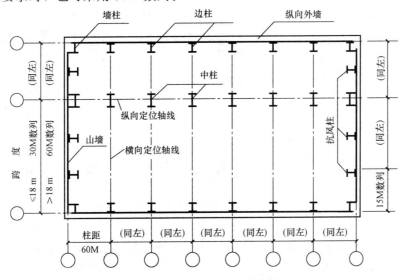

图 3-9-10　单层工业厂房平面柱网布置

单层工业厂房的柱距应采用扩大模数 60M 数列，根据我国情况，采用钢筋混凝土或钢结构时，常采用 6 m 柱距，有时也可采用 12 m 柱距。当厂房全部或局部柱距为 12 m 或 12 m 以上而屋架间距仍保持 6 m 时，则需要在 12 m 柱距间设置托架来支承中间屋架，通过托架将屋架上的荷载传递给柱子，如图 3-9-11 所示。托架有预应力混凝土和钢托架两种。

单层工业厂房山墙处的抗风柱柱距宜采用扩大模数 15M 数列，即 4.5 m、6 m、7.5 m。

（2）定位轴线。定位轴线的划分是与柱网布置相一致的。厂房的定位轴线可分为横向定位轴线和纵向定位轴线两种。

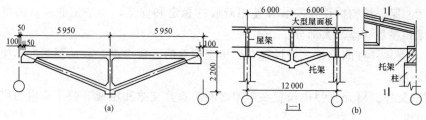

图 3-9-11　预应力混凝土托架

(a)托架；(b)托架布置

1)横向定位轴线。厂房横向定位轴线主要用来标定纵向构件的标志端部(标志尺寸)，如屋面板、起重机梁、连系梁、基础梁、墙板、纵向支撑等。

①中间柱与横向定位轴线的联系。除横向变形缝处及端部排架柱外，中间柱的中心线应与横向定位轴线相重合。此时，屋架端部位于柱中心线通过处。连系梁、起重机梁、基础梁、屋面板及外墙板等构件的标志长度皆以柱中心线为准。柱距相同时，这些构件的标志长度相同，连接构造方式也可统一，如图 3-9-12 所示。

②山墙与横向定位轴线的联系。

a. 山墙为非承重墙时，墙内缘和抗风柱外缘应与横向定位轴线相重合，定位轴线与山墙内缘重合，可保证屋面板端部与山墙内缘之间不出现缝隙，避免采用补充构件。端部排架柱的中心线应自横向定位轴线向内移 600 mm，端部实际柱距减少 600 mm。因此，端部屋架或屋面梁与山墙间留有一定的空隙，以保证抗风柱得以通过，如图 3-9-13 所示。

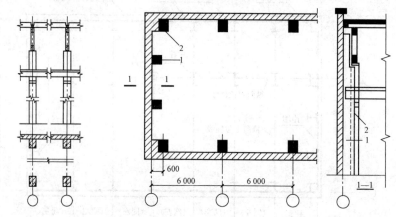

图 3-9-12　中间柱与横向
定位轴线的联系

图 3-9-13　非承重山墙与横向定位轴线的联系
1—山墙抗风柱；2—厂房排架柱端柱

b. 山墙为砌体承重时，墙内缘与横向定位轴线间的距离 λ 应按砌体的块料类别分别为半块、半块的倍数或墙厚的一半，如图 3-9-14 所示。

③横向伸缩缝、防震缝处柱与横向定位轴线的联系。在单层工业厂房中，横向伸缩缝、防震缝处一般是在一个基础上设置双柱、双屋架。为了不增加构件类型，有利于建筑工业化，横向变形缝处定位轴线的标定采用双轴线处理，各轴线均由起重机梁和屋面板标志尺寸端部通过。两轴线间的距离为 a_i，缝宽为 a_e，即 $a_i = a_e$。两柱中心线各自轴线后退 600 mm(2×3M)，如图 3-9-15 所示。这样标定起重机梁、屋面板等纵向连系构件的标志尺寸规格不变，与其他柱距尺寸规格一样。

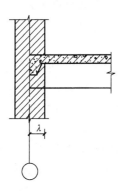

图 3-9-14　承重山墙与横向定位轴线的联系

λ—墙体块料的半块、半块的倍数或墙厚的一半

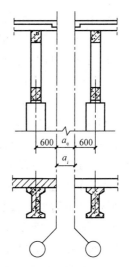

**图 3-9-15　横向伸缩缝、防震缝处
柱子与横向定位轴线的联系**

a_i—插入距；a_e—变形缝宽

2）纵向定位轴线。纵向定位轴线主要用来标定厂房横向构件的标志端部，如屋架的标志尺寸。

①外墙、边柱与纵向定位轴线的联系。在有桥式起重机的厂房中，为了使厂房结构和起重机规格相协调，保证起重机的安全运行，纵向定位轴线的标定与起重机桥架端头长度、桥架端头与上柱内缘的安全缝隙宽度及上柱宽度有关。图 3-9-16、图 3-9-17 所示为起重机跨度与厂房跨度的关系。

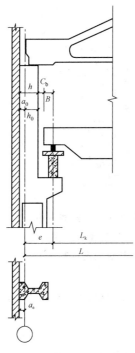

**图 3-9-16　轴线与上柱宽度、起重机桥架端头
长度及安全缝隙之间的关系**

L—厂房跨度；L_k—起重机跨度；

e—起重机轨道中心线至厂房纵向定位轴线间的距离

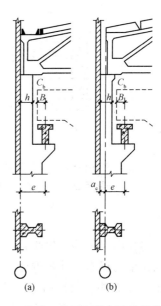

图 3-9-17　外墙、边柱与纵向定位轴线的联系

（a）封闭结合；（b）非封闭结合

h—上柱截面高度；B—起重机侧方宽度；

C_b—起重机侧方间隙；a_e—联系尺寸

起重机轨道中心线至厂房纵向定位轴线间的距离 e 是根据厂房上柱的截面高度 h、起重机侧方宽度尺寸 B（起重机端部至轨道中心线的距离）、起重机侧方间隙（起重机运行时，起重机端部与上柱内缘间的安全间隙尺寸）C_b 等因素决定的。上柱截面高度由结构设计确定，常用尺寸为 400 mm 或 500 mm。起重机侧方间隙 C_b 与起重机起重量大小有关：当起重机起重量 <50 t 时，C_b 为 80 mm，起重机起重量 >63 t 时，C_b 为 100 mm。起重机侧方宽度尺寸 B 随起重机跨度和起重量的增大而增大。

实际工程中，外墙、边柱与纵向定位轴线的关系有封闭结合与非封闭结合两种。

a. 封闭结合。这时，屋架上的屋面板与外墙内表面之间无缝隙，具有构造简单、施工方便的特点。其适用于无起重机或只有悬挂起重机及柱距为 6 m、起重机起重量不大（$Q \leqslant 20$ t，$e = 750$ mm 情况）且不需要增设联系尺寸的厂房，如图 3-9-18(a) 所示。

b. 非封闭结合。当柱距 >6 m 或起重机起重量及厂房跨度较大时，需将边柱的外缘从纵向定位轴线向外移出一定尺寸 a_c，a_c 称为"联系尺寸"，如图 3-9-18(b) 所示。由于屋架标志尺寸端部（定位轴线）与柱子外缘、外墙内缘不能相重合，上部屋面板与外墙之间便出现空隙，这种情况称为"非封闭结合"，这种纵向定位轴线则称为"非封闭轴线"。此时，屋顶上部空隙处需作构造处理，通常应加设补充构件，如图 3-9-19 所示。

重级工作制的起重机一般均须设置起重机梁走道板，以便于经常检修起重机。因此，在决定"联系尺寸"和 e 值的大小时，还应考虑走道板的构造要求，如图 3-9-19 所示。

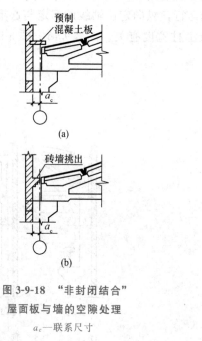

图 3-9-18 "非封闭结合"
屋面板与墙的空隙处理
a_c—联系尺寸

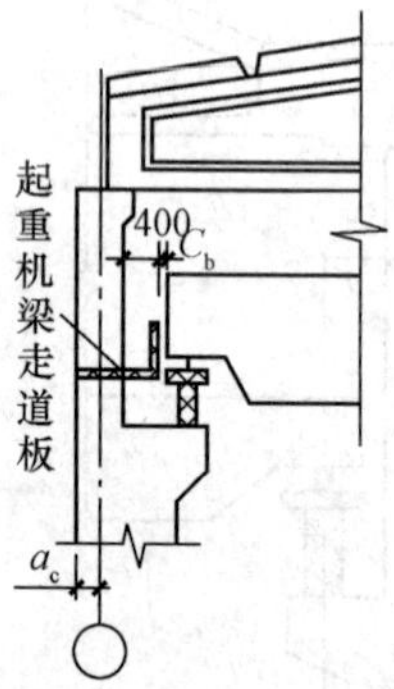

图 3-9-19 某些重级
工作制起重机厂房边柱
与纵向定位轴线

②中柱与纵向定位轴线的联系。中柱处纵向定位轴线的确定与边柱相同，定位轴线与屋架或屋面大梁的标志尺寸相重合。

a. 平行等高跨中柱与纵向定位轴线的定位。

a) 无变形缝时的等高跨中柱。等高厂房的中柱宜设单柱和一条纵向定位轴线，且上柱的中心线宜与纵向定位轴线相重合。上柱截面高度一般取 600 mm，以保证屋顶承重结构的支撑长度，如图 3-9-20(a) 所示。

当相邻跨内的桥式起重机起重量在 30 t 以上，厂房柱距较大或有其他构造要求时中柱仍可采用单柱，但需设置两条纵向定位轴线，两轴线间距离叫作插入距，用 a_i 表示。此时上柱中心线与插入距中心线重合，如图 3-9-20(b) 所示。

b)设变形缝时的等高跨中柱。当等高跨厂房设有纵向伸缩缝时，可采用单柱并设两条纵向定位轴线。伸缩缝一侧的屋架或屋面梁应搁置在活动支座上，两轴线间插入距 a_i 等于伸缩缝宽 a_e，如图 3-9-21 所示。

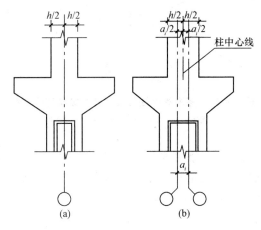

图 3-9-20　等高跨中柱为单柱时的纵向定位轴线

(a)一条定位轴线；(b)两条定位轴线

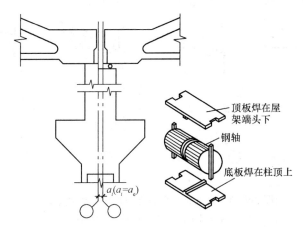

图 3-9-21　等高跨中柱单柱与纵向定位轴线的联系

a_e—伸缩缝宽度；a_i—插入距

等高跨厂房需设置纵向防震缝时，应采用双柱及双条纵向定位轴线。其插入距 a_i 应根据防震缝的宽度 a_e 及两侧是否"封闭结合"，分别确定为 a_e、(a_e+a_c)、$(a_c+a_e+a_c)$，如图 3-9-22 所示。

b. 不等高跨(高低跨)中柱与纵向定位轴线的定位。

a)无变形缝时的不等高跨(高低跨)中柱(单柱)。不等高跨处采用单柱时，将中柱看作是高跨的边柱；对于低跨，一般采用封闭结合。根据高跨是否封闭及封墙位置的高低，纵向定位轴线按两种情况定位。

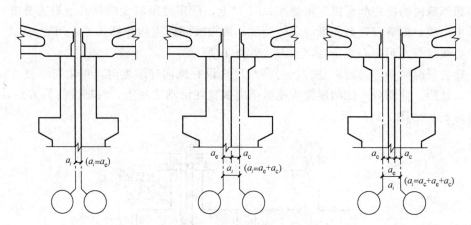

图 3-9-22　等高跨中柱为双柱时的纵向定位轴线

a_i—插入距；a_e—防震缝的宽度；a_c—联系尺寸

高跨采用封闭结合：若高跨封墙底面高于低跨屋面，宜采用一条纵向定位轴线。此时，纵向定位轴线与高跨上柱外缘、封墙内缘及低跨屋架标志尺寸端部相重合。若高跨封墙底面低于低跨屋面，宜采用两条纵向定位轴线。此时，插入距 a_i 等于封墙厚度 t，即 $a_i = t$，如图 3-9-23(a)、(b)所示。

高跨采用非封闭结合：上柱外缘与纵向定位轴线不能重合，应采用两条纵向定位轴线。插入距 a_i 根据高跨封墙位置是高于或是低于低跨屋面，分别等于联系尺寸或封墙厚度加联系尺寸，即 $a_i = a_c$ 或 $a_i = a_c + t$，如图 3-9-23(c)、(d)所示。

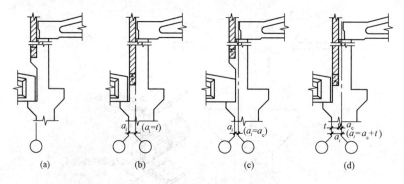

(a)　　　(b)　　　(c)　　　(d)

图 3-9-23　高低跨处单柱与纵向定位轴线的联系

a_i—插入距；a_c—联系尺寸；t—封墙厚度

b)有变形缝时的不等高跨(高低跨)中柱(双柱)。不等高跨处设置纵向伸缩缝时，必须采用双柱、两条纵向定位轴线。此时，低跨的屋架(屋面梁)搁置在活动支座上，并设插入距 a_i。其插入距值可根据封墙位置的高低，分别定为 $a_i = a_e$ 或 $a_i = a_e + t$；根据高跨是否为封闭结合，分别定为 $a_i = a_e$ 或 $a_i = a_e + a_c + t$，如图 3-9-24 所示。

③纵横相交处的定位轴线。在厂房的纵横跨相交时，常在相交处设置变形缝，使纵横跨各自独立。纵横跨应有各自的柱列和定位轴线，各轴线与柱的定位关系按前述诸原则进行标定。纵横跨相交处柱与定位轴线的联系如图 3-9-25 所示。

本章所述定位轴线，主要适用于装配式钢筋混凝土结构或混合结构的单层工业厂房。

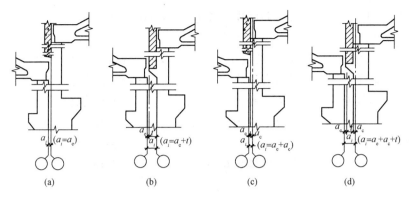

图 3-9-24　高低跨处双柱与纵向定位轴线的联系

a_i—插入距；a_c—联系尺寸；a_e—伸缩缝宽度；t—封墙厚度

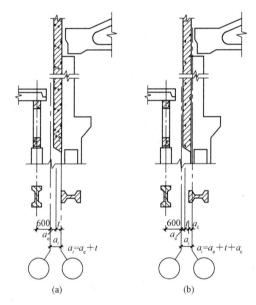

图 3-9-25　纵横跨相交处柱与定位轴线的联系

（a)封墙为砌体；（b)封墙为墙板

a_e—变形缝宽度；t—封墙厚度；a_i—插入距；a_c—联系尺寸

三、厂房外墙、大门、侧窗与天窗

1. 厂房外墙

单层工业厂房外墙根据墙体材料和施工不同，可分为砖墙、砌块墙、板材墙和开敞式外墙。按其承重形式，则可分为承重墙、承自重墙和填充墙，如图 3-9-26 所示。

单层工业厂房的外墙由于高度与长度都比较大，要承受较大的风荷载，同时还要受到机器设备与运输工具振动的影响，因此，墙身的刚度与稳定性应有可靠的保证。在外墙的构造上，要求承自重墙、非承重墙与承重结构之间的稳固连接，设置必要的圈梁、连系梁及山墙抗风柱等。承自重墙是厂房外墙的主要形式。厂房通常由钢筋混凝土排架柱来承受屋盖和起重运输荷载，外墙只承受自重起围护作用，墙体通常由排架柱杯形基础上的钢筋混凝土基础梁、牛腿柱上的连系梁和圈梁来支承。承重墙适用于中、小型厂房。其构造与民用建筑构造相似。

（1）砖墙。单层工业厂房砖墙是砌筑在厂房的连系梁、基础梁之间的填充墙体，通过基础梁向基础传递荷载。但是，当墙身高度大于 15 m 时，应该加设连系梁来承托上部墙身。如图 3-9-27 所示为装配式钢筋混凝土排架结构单层工业厂房纵墙构造剖面示例。

1）基础梁。当基础杯口顶面与室内地坪的距离不大于 500 mm 时，则基础梁可直接搁置在柱基础杯口的顶面上；当基础杯口顶面与室内地坪的距离大于 500 mm 时，可放在柱基础杯口上的混凝土垫块上；当基础埋置很深时，也可设置高杯口基础或在柱上设牛腿来搁置基础梁，如图 3-9-28 所示。

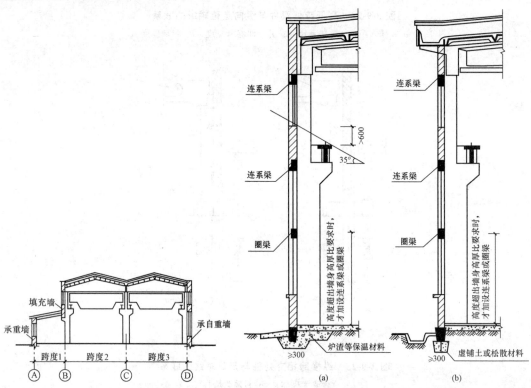

图 3-9-26　单层工业厂房外墙类型

图 3-9-27　图 3-9-55　装配式钢筋混凝土排架结构
单层工业厂房纵墙构造剖面示意

（a）较冷地区；（b）温暖多雨地区

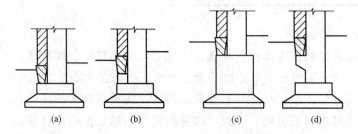

图 3-9-28　基础梁的位置与搁置方式

（a）放在柱基础顶面；（b）放在混凝土垫块上；

（c）放在高杯形基础上；（d）放在柱牛腿上

基础梁的截面形状通常为梯形，有预应力与非预应力混凝土两种。为了避免影响开门及满足防潮要求，基础梁顶面标高至少应低于室内地坪标高 50～100 mm，并高于室外地坪至少 50～100 mm。基础梁底回填土时一般不需要夯实，并留有不少于 100 mm 的空隙，有利于基础梁随柱基础一起沉降时，保持基础梁的受力状况。在严寒地区，为防止土层冻胀致使基础梁隆起而开裂，则应在基础梁下面及周围，回填≥300 mm 厚的砂或炉渣等松散材料，如图 3-9-29 所示。

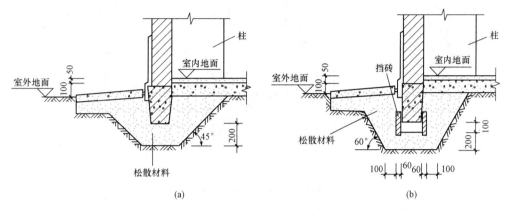

图 3-9-29　基础梁搁置构造要求及防冻措施

(a)虚铺松散材料；(b)基础梁下预留空隙

2)连系梁。连系梁是厂房纵向柱列的水平联系构件，主要用来增强厂房的纵向刚度，并传递风荷载至纵向柱列。连系梁截面形式有矩形和 L 形两种。矩形梁适用于 24 墙；L 形梁适用于 37 墙，它们与牛腿柱的连接方式是螺栓连接和预埋钢板焊接连接，如图 3-9-30 所示。

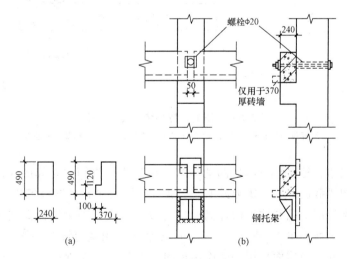

图 3-9-30　连系梁与柱的连接

(a)连系梁截面尺寸；(b)连系梁与柱的连接

3)砖墙与柱和屋架的连接。砖墙和柱、屋架之间必须有可靠的连接。通常做法是在水平方向上将墙体与柱拉牢。拉结钢筋设置的原则是：上下间距一般为 500～600 mm，钢筋一般为 2φ6，伸入墙体内部长度不小于 500 mm。当采用管柱时，则应该注意加强连接，如图 3-9-31 所示。

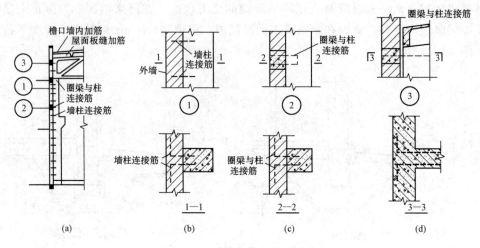

图 3-9-31　砖墙与柱和屋架的连接
（a）墙身剖面；（b）墙与柱的连接；（c）圈梁与柱的连接；（d）圈梁与屋架的连接

厂房在不同位置的外墙与柱的连接，如图 3-9-32 所示。

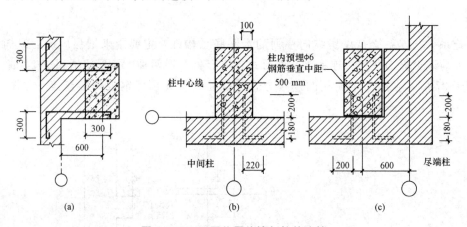

图 3-9-32　不同位置外墙与柱的连接
（a）端部排架中柱连接；（b）中部排架边柱连接；（c）端部排架边柱连接

为加强墙与屋架、柱（包括抗风柱）的连接，应适当增设圈梁，如图 3-9-33 所示。圈梁可预制或现浇，圈梁截面一般为矩形或 L 形。圈梁应与柱伸出的预埋筋进行连接。

一般梯形屋架端部上弦和柱顶的标高处应各设置一道，圈梁截面高度不小于 180 mm。与屋架及柱的锚拉钢筋不少于 4φ12，如图 3-9-34 所示。山墙应设置卧梁，卧梁除与檐口的圈梁交圈连接外，并应与屋面板用钢筋连接牢固，如图 3-9-35 所示。

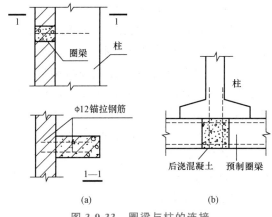

图 3-9-33 圈梁与柱的连接

(a)现浇圈梁；(b)预制圈梁

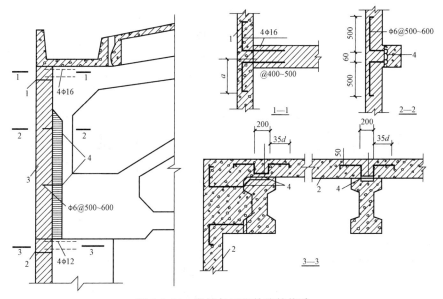

图 3-9-34 圈梁与屋架的连接构造

1—檐口圈梁；2—柱顶圈梁；3—墙；4—预埋铁件

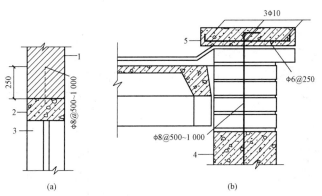

图 3-9-35 山墙卧梁与墙身的连接构造

(a)圈梁与墙身抗震连接示例；(b)山墙卧梁与压顶连接示例

1—墙；2—圈梁；3—洞口；4—山墙卧梁；5—钢筋混凝土压顶

4) 纵向女儿墙与屋面板的连接。纵向女儿墙在非地震区，当厂房较高或屋面坡度较陡时，一般需设置 1 000 mm 左右高的女儿墙，或在厂房的檐口上设置相应高度的护栏。受设备振动影响较大或地震区的厂房，其女儿墙高度则不应超过 500 mm，并采用整浇的钢筋混凝土压顶板加固。为保证纵向女儿墙的稳定性，在屋面板横向缝内放置一根 Φ12 钢筋钩，与在屋面板纵缝内及纵向外墙中各放置的 Φ12（长度为 1 000 mm）钢筋相连接，形成工字形的拉结钢筋，并用 C20 细石混凝土填实板缝，如图 3-9-36 所示。

5) 山墙与屋面板的连接。单层工业厂房的山墙面积比较高大，为保证其稳定性和抗风要求，山墙与抗风柱及端柱除用钢筋拉结外（图 3-9-37、图 3-9-38），在非地震区，一般还应在山墙上部沿屋面设置 2Φ8 钢筋于墙中，并在屋面板的板缝中嵌入 1Φ12，长为 1 000 mm 的钢筋与山墙中钢筋拉结，如图 3-9-39 所示。

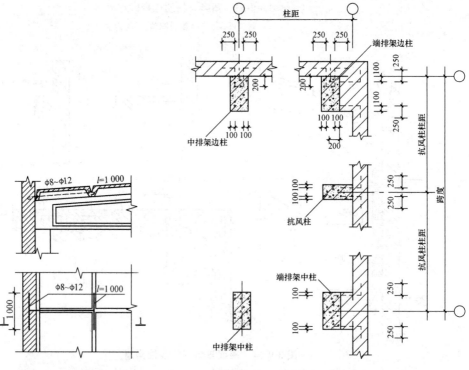

图 3-9-36　女儿墙与屋面板的连接构造　　　　图 3-9-37　山墙与抗风柱的连接构造

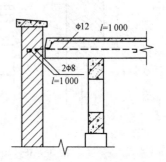

图 3-9-38　山墙与端柱的连接构造　　　　图 3-9-39　山墙与屋面板的连接构造

6)有时，为了减少钢筋混凝土排架柱占用厂房内使用空间，将外墙砌筑在柱子之间，如图 3-9-40 所示。

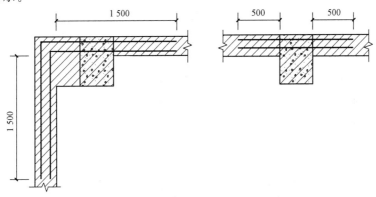

图 3-9-40　嵌砌外墙与柱子连接

7)墙身变形缝。单层工业厂房墙身变形缝包括伸缩缝、沉降缝和防震缝三种缝隙。伸缩缝的缝宽通常为 20～30 mm。沉降缝的缝宽通常为 50～70 mm。变形缝的缝形通常做成平缝。当墙身厚度较大并有特定保温要求时，可以做成企口缝或高低缝，缝中应该填充保温、耐腐蚀并有一定弹性的材料，通常使用沥青麻丝及毛毡等。

在要求进行建筑抗震设防的地区，三种缝隙的宽度均应该满足《建筑抗震设计规范(2016 年版)》(GB 50011—2010)的要求，也就是统一按防震缝的要求做，如图 3-9-41 所示。

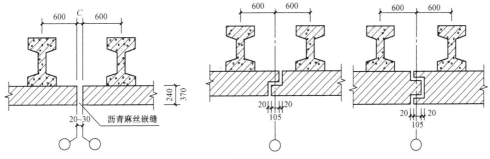

图 3-9-41　墙体变形缝构造

8)砌块墙。砌块墙一般利用轻质材料制成，如加气混凝土砌块、轻混凝土砌块等。砌块墙的外墙构造与砖墙做法基本相同。

9)墙身表面装饰。墙身表面装饰可分为外墙面装饰和内墙面装饰两部分，不同的墙面有不同的使用和装饰要求。通常选用具有抗老化、耐光照、耐风化、耐水、耐腐蚀和耐大气污染的外墙面饰面材料。内墙表面与外墙表面一样，也具有保护墙体的作用。内墙与地面交界处，做 150～200 mm 高的 1∶2 水泥砂浆踢脚线。

厂房四周的是外地面，要做散水和明沟；外墙面接近室外地面的部分设置勒脚。散水、明沟、勒脚的做法同民用建筑部分。

(2)板材墙。使用板材墙可促进建筑工业化，能简化、净化施工现场，加快施工速度，同时板材墙较砖墙质量小，抗震性能优良。因此，板材墙成为我国工业建筑广泛采用的外墙类型之一。

1)板材墙的规格及分类。我国现行工业建筑墙板规格中，长和高采用扩大模数 3M 数列。板长有 4 500 mm、6 000 mm、7 500 mm(用于山墙)和 12 000 mm 4 种，可适用于

6 m 或 12 m 柱距及 3M 整倍数的跨距。板高有 900 mm、1 200 mm、1 500 mm 和 1 800 mm 4 种。板厚以 20 mm 为模数进级，常用厚度为 160～240 mm。

板材墙可根据不同需要做不同的分类，按照墙板的性能，可以分为保温墙板和非保温墙板；按其所在墙面位置的不同，可分为檐口板、窗上板、窗框板、窗下板、一般板、山尖板、勒脚板、女儿墙板等。

现按板材墙的构造和组成材料不同分类叙述如下：

①单一材料的墙板。

a. 钢筋混凝土槽形板、空心板。这类墙板的优点是耐久性好，制作简单，可施加预应力，如图 3-9-42 所示。

b. 配筋轻混凝土墙板。这类墙板有粉煤灰硅酸盐混凝土墙板、各种加气混凝土墙板。其优点是比普通混凝土和砖墙轻，保温隔热性能好；缺点是吸湿性较大，有的还有龟裂或锈蚀钢筋等缺点。

②复合墙板。复合墙板一般做成轻质、高强的夹心墙板。复合墙板的特点是：使材料各尽所长，能充分发挥芯层材料的高效热工性能和面层外壳材料的承重、防腐蚀等性能，如图 3-9-43 所示。

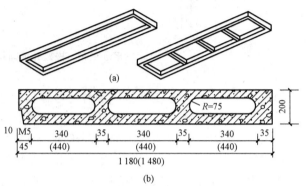

图 3-9-42 钢筋混凝土槽形板、空心板
(a)槽形板；(b)空心板

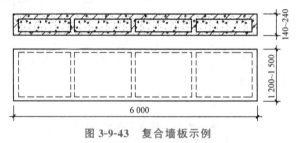

图 3-9-43 复合墙板示例

2)墙板布置。墙板布置可分为横向布置、竖向布置和混合布置三种类型，如图 3-9-44 所示。

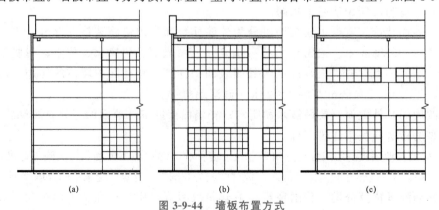

(a)　　　　　　　(b)　　　　　　　(c)

图 3-9-44 墙板布置方式
(a)横向布置；(b)竖向布置；(c)混合布置

①侧墙墙板横向布置时板形少，其板长与柱距一致。这种布置方式的优点是：竖缝少，板缝处理也较易，墙板的规格也较少，制作、安装比较方便。

②侧墙墙板竖向布置是将墙板嵌在上下墙梁之间，安装比较复杂，墙梁间距必须结合侧窗高度布置。竖缝较多，处理不当易渗水、透风。但这种布置方式不受柱距的限制，比较灵活，遇到开洞也好处理。

③侧墙墙板混合布置与横向布板基本相同，只是增加一种竖向布置的窗间墙板。其打破了横向布板的平直单调感，窗间墙板的厚度可根据立面处理需要确定，使立面处理较为灵活。

④山墙墙板布置方式与侧墙相同，山尖部位则随屋顶外形可布置成台阶形、人字形、折线形等，如图 3-9-45 所示。

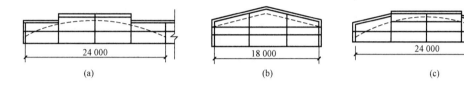

图 3-9-45　山墙山尖处墙板布置

(a)台阶形；(b)人字形；(c)折线形

3）墙板连接。

①墙板与柱的连接。目前，单层工业厂房的墙板与排架柱的连接一般可分为柔性连接和刚性连接两种。连接方法必须简单，便于施工。

a. 柔性连接。柔性连接多用于承自重墙，是目前采用较多的方式。柔性连接的特点是，墙板在垂直方向一般由钢支托支撑，水平方向由连接件拉结。其适用于地基软弱或有较大振动的厂房，以及抗震设防烈度大于 7 度的地区的厂房。墙板的柔性连接构造形式很多，其最简单的为螺栓连接和压条连接两种做法，如图 3-9-46、图 3-9-47 所示。

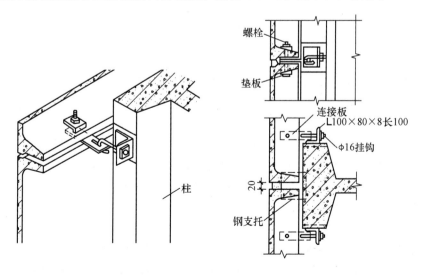

图 3-9-46　螺栓柔性连接构造

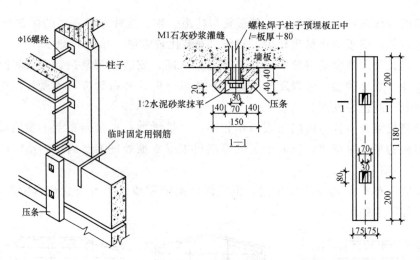

图 3-9-47　压条柔性连接构造

b. 刚性连接。刚性连接是在柱子和墙板中先分别设置预埋铁件，安装时用角钢或 $\phi16$ 的钢筋，将它们焊接连牢。其优点是施工方便，构造简单，厂房的纵向刚度好；缺点是对不均匀沉降及振动较敏感，墙板板面要求平整，预埋件要求准确。刚性连接宜用于抗震设防烈度为 7 度及 7 度以下的地区，如图 3-9-48 所示。

必须指出的是，以上方法只是用于解决侧向连接的。由于墙板是按自承重考虑的，当下方的墙板承压达到极限承压力时，在极限高度以上的墙板应该用铁件承托，铁件焊于柱子上。

②墙板板缝的处理。为了使墙板能起到防风雨、保温、隔热作用，除板材本身要满足这些要求外，还必须做好板缝的处理，并应考虑制作及安装方便。板缝根据不同情况，可以做成各种形式。

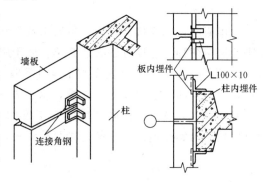

图 3-9-48　刚性连接构造

a. 水平缝。水平缝可做成平口缝、高低错口缝、企口缝等。平口缝的处理方式比较简单。但从制作、施工及防止雨水的重力和风力渗透等因素综合考虑，错口缝是比较理想的形式。

水平缝主要是防止沿墙面下淌水渗入板内侧。可在墙板安装后，用憎水性防水材料（油膏、聚氯乙烯胶泥等）填缝，将混凝土等亲水性材料表面刷以防水涂料，并将外侧缝口敞开，以消除毛细管渗透，有保温要求时可在板缝内填保温材料。为阻止风压灌水或积水，可采用外侧开敞式高低缝。防水要求不高或雨水很少的地方，也可采用最简单的平缝，如图 3-9-49 所示。

b. 垂直缝。垂直缝主要是防止风从侧面吹入板缝和墙面的水流入。通常难以用单纯填缝的办法防止渗透，需配合其他构造措施。图 3-9-50（a）、（b）所示的垂直缝形式适用于雨水较多、需要保温的地方；图 3-9-50（c）所示的垂直缝形式适用于不保温处。

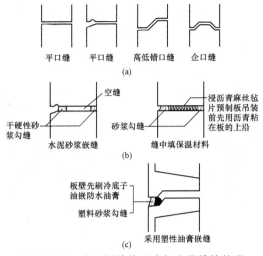

平口缝　平口缝　高低错口缝　企口缝

(a)

空缝　　浸沥青麻丝毡
　　　　片预制板吊装
干硬性砂　　前先用沥青粘
浆勾缝　　在板的上沿
　　　砂浆勾缝
水泥砂浆嵌缝　缝中填保温材料

(b)

板壁先刷冷底子
油嵌防水油膏
塑料砂浆勾缝
采用塑性油膏嵌缝

(c)

图 3-9-49　水平板缝的形式与水平缝的处理

(a)水平板缝的形式；(b)、(c)水平缝的处理

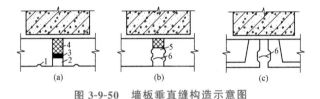

图 3-9-50　墙板垂直缝构造示意图

1—截水沟；2—水泥砂浆或塑料砂浆图；

3—油膏；4—保温材料；5—垂直空腔；6—塑料挡雨板

(3)石棉水泥波瓦外墙板。石棉水泥波瓦有大波、中波和小波三种，工业建筑多采用大波瓦。由于石棉水泥波瓦是一种脆性材料，为了防止损坏和构造方便，一般在墙角、门洞旁边及窗台以下的勒脚部分，采用多孔砖或砌块进行配合。

石棉水泥波瓦外墙板与厂房骨架的连接，通常是将板悬挂在柱子之间的横梁上。横梁一般为T形或L形断面的钢筋混凝土预制构件，横梁两端搁置在柱子的钢牛腿上，并且通过预埋件与柱子焊接牢固，如图 3-9-51 所示。瓦板与横梁连接，可采用螺栓与铁卡子将两者夹紧，如图 3-9-52 所示。

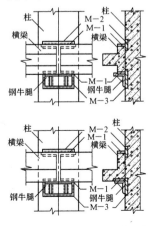

图 3-9-51　横梁与柱子的连接

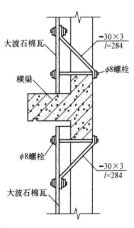

图 3-9-52　石棉水泥波瓦
与横梁的连接

（4）开敞式外墙。在我国南方炎热地区的一些热加工车间中，为了使厂房获得良好的自然通风和散热效果，迅速排烟、散气、除尘，通常采用开敞式外墙或半开敞式外墙，如图 3-9-53 所示。开敞式外墙的基本做法是：下半部用砖砌筑矮墙，上半部设置开敞式挡雨板。挡雨遮阳板每排之间距离与当地的飘雨角度、日照及通风等因素有关，如图 3-9-54、图 3-9-55 所示。

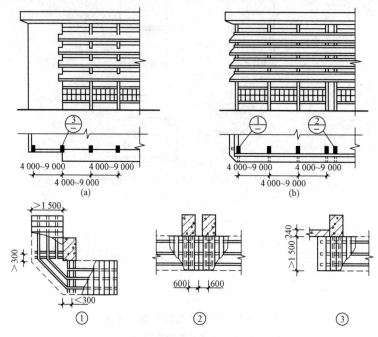

图 3-9-53　开敞式外墙布置

（a）单面开敞外墙；（b）四面开敞外墙

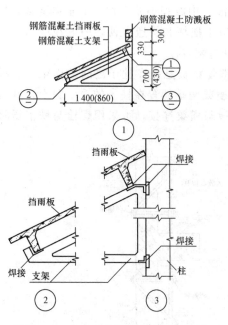

图 3-9-54　有支架的钢筋混凝土挡雨板

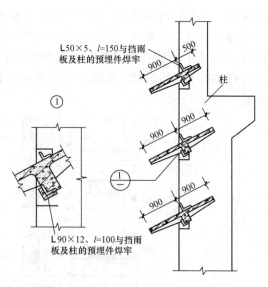

图 3-9-55　无支架的钢筋混凝土挡雨板

2. 厂房大门

由于有搬运原材料、成品、生产设备及经常进出车辆等要求，厂房的大门应能通行各种车辆。所以，大门洞口的尺寸取决于车辆的外形尺寸和所运输物品的外形尺寸。

(1)大门尺寸。一般情况下，大门洞口的宽度，通常应该比运输车辆的宽度大 700 mm；大门洞口的高度，应比车体高度大 200 mm，以便保证车辆通行时不致碰撞大门门框。各种情况的洞口尺寸(门洞宽×门洞高)应满足以下要求：

1)进出 3 t 矿车的洞口尺寸一般为 2 100 mm×2 100 mm；

2)进出电瓶车的洞口尺寸一般为 2 100 mm×2 400 mm；

3)进出轻型卡车的洞口尺寸一般为 3 000 mm×2 700 mm；

4)进出中型卡车的洞口尺寸一般为 3 300 mm×3 000 mm；

5)进出重型卡车的洞口尺寸一般为 3 600 mm×3 600 mm；

6)进出汽车起重机的洞口尺寸一般为 3 900 mm×4 200 mm；

7)进出火车的洞口尺寸一般为 4 200 mm×5 100 mm、4 500 mm×5 400 mm。

(2)大门类型。厂房大门按用途，可分为一般大门和特殊大门。特殊大门有保温门、防火门、冷藏门、射线防护门、防风沙门、隔声门、烘干室门等。厂房大门按门扇制作材料，可分为木门、钢板门、钢木门、空腹薄壁钢板门和铝合金门等；厂房大门按开启方式，可分为平开门、平开折叠门、推拉门、推拉折叠门、上翻门、升降门、卷帘门、偏心门、光电控制门等，如图 3-9-56 所示。

1)平开门。平开门是单层工业厂房常用的一种大门，其构造简单，开启方便。

2)推拉门。推拉门一般由门扇、门轨、地槽、滑轮和门框等部分组成。门扇通过滑轮沿导轨左右推拉开启。门扇受力合理，不易变形。但门扇设置在墙体外侧，封闭性较差，对于密封性要求较高的车间不适用。

3)折叠门。折叠门由几个较窄的门扇相互之间以铰链连接组合而成。开闭时，利用门扇上下滑轮沿导轨移动，带动门扇折叠。这种门占用的空间较少，适用于较大的洞口。其中侧悬式开关较灵活。

4)卷帘门。卷帘门的帘板(页板)适用于 4 000～7 000 mm 宽的门洞，高度不受限制。卷帘门有手动和电动两种。当采用电动时，必须设置停电时手动开启的备用设施。卷帘门制作复杂，造价较高，适用于非频繁开启的高大门洞。

5)上翻门。上翻门的门扇侧面装有滑轮，开启时门扇滑轮沿门框导轨向上翻起到门顶过梁下边。这种门开启时不占空间，常用于车库大门。

6)升降门。升降门开启时整个门扇沿两边侧导轨向上平移升起，不占使用空间。门洞上部要给门扇预留出足够的空间。升降门有手动开启方式和电动开启方式。

(3)大门构造。工业厂房各类大门的构造各不相同，一般均有标准图可供选择。以下着重介绍平开门及推拉门的构造：

1)平开门构造。厂房平开门均为两扇，当运输货物不多，大门不需要经常开启时，大门扇上可开设一扇供人通行的小门，以便在大门关闭时使用，如图 3-9-57 所示。

单层工业厂房的平开门是由门框、门扇与五金配件组成的。平开门的洞口尺寸一般不宜大于 3 600 mm×3 600 mm；门扇有木制、钢板、钢木混合等几种；门框材料一般均为钢筋混凝土，如图 3-9-58 所示。

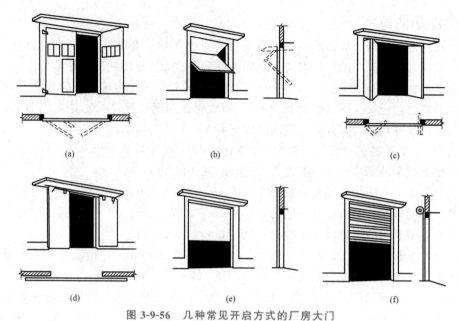

图 3-9-56　几种常见开启方式的厂房大门

（a）平开门；（b）上翻门；（c）折叠门；（d）推拉门；（e）升降门；（f）卷帘门

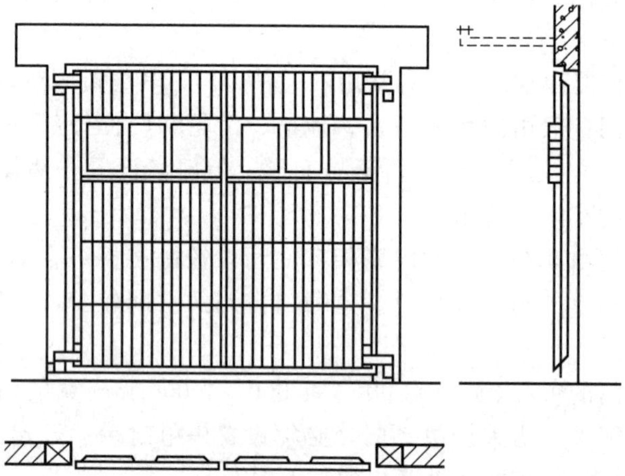

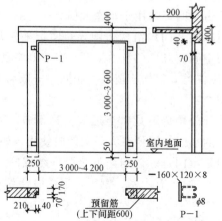

图 3-9-57　平开门

图 3-9-58　平开门钢筋混凝土门框与过梁构造

门框由上框和边框构成。上框可利用门顶的钢筋混凝土兼作过梁；边框常为钢筋混凝土边框柱，用以固定门铰链。图 3-9-59 所示为钢木平开大门构造示例。

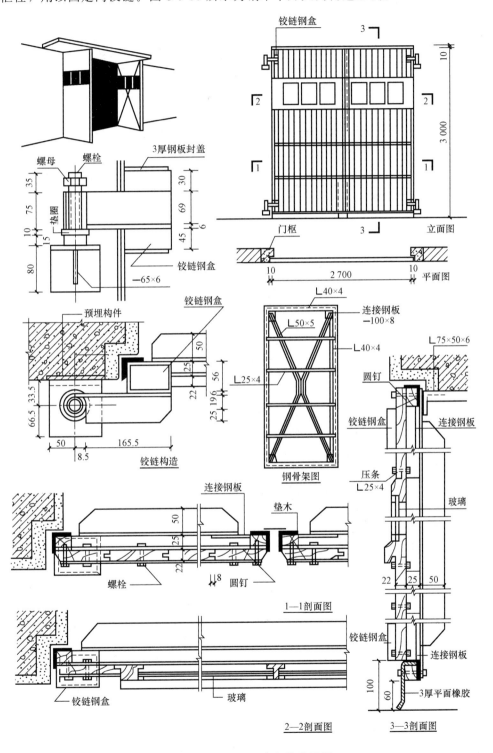

图 3-9-59　钢木平开大门构造示例

2)推拉门构造。推拉门由门框、门扇、上导轨、下导轨（或导饼）和滑轮组成。门扇可采用钢木门扇、钢板门扇和空腹薄壁钢板门扇等。门框一般均由钢筋混凝土制作，如图 3-9-60 所示。

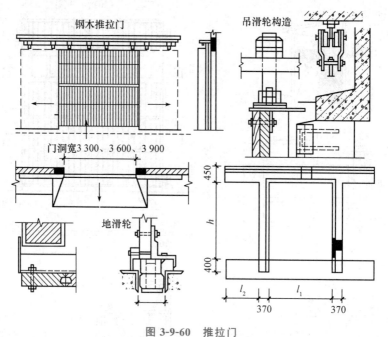

图 3-9-60　推拉门

注：地滑轮宽度随大门尺寸选择

每个门扇的宽度一般不超过 1.8 m。推拉门支承的方式可分为上挂式（由上导轨承受门的质量）和下滑式（由下导轨承受门的质量）两种，如图 3-9-61、图 3-9-62 所示。

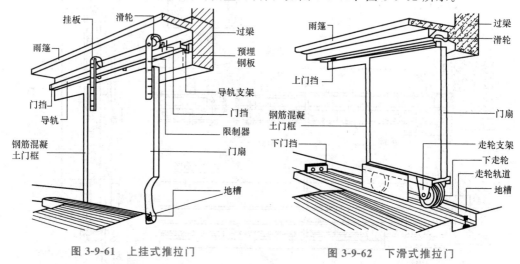

图 3-9-61　上挂式推拉门　　　　　　图 3-9-62　下滑式推拉门

当门扇高度小于 4 m 时，一般多采用上挂式；当门扇高度大于 4 m 时，多用下滑式。将门扇通过滑轮悬挂在门洞上方的导轨上，下部地面设置导饼用于防止门扇晃动。如图 3-9-63 所示为上挂式推拉门构造示例。

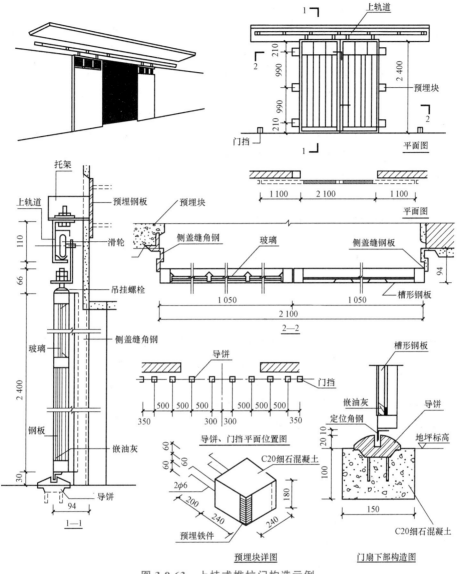

图 3-9-63　上挂式推拉门构造示例

3. 厂房侧窗

工业建筑中，单层工业厂房的侧窗不仅应满足采光和通风的要求，还要根据生产工艺的特点，满足一些特殊要求。例如，有爆炸危险的车间，侧窗应便于泄压；要求恒温恒湿的车间，侧窗应有足够的保温隔热性能；洁净车间要求侧窗防尘和密闭等。

单层工业厂房侧窗的面积较大。通常以起重机梁为界，梁上的侧窗叫作高侧窗，梁下的侧窗叫作低侧窗，或简称侧窗；大面积的侧窗一般采用组合式，包括基本窗扇、基本窗框、组合窗等组成部分；除接近工作面部分可以使用平开式外，其余部位的侧窗均应采用中悬式。因此，单层工业厂房侧窗的设计与构造应在坚固耐久、开关方便的前提下，节省材料、降低造价。

（1）侧窗的尺寸。单层工业厂房侧窗的尺寸，应该符合模数制的有关规定。洞口的宽度通常为 900～6 000 mm。当洞口宽度≤2 400 mm 时，按 300 mm 的模数进级；当洞口宽度＞2 400 mm 时，则应按 600 mm 的模数进级。洞口的高度通常为 900～4 800 mm。当洞口高度为 1 200~4 800 mm 时，按 600 mm 的模数进级。

（2）侧窗的类型。单层工业厂房侧窗按材料分，有木侧窗、钢窗、铝合金窗、塑料窗等；按开启方式分，有中悬窗、平开窗、固定窗、垂直旋转窗、百叶窗等。

1）中悬窗。窗扇沿水平中轴转动，开启角度可达 80°，并可利用自重保持平衡。这种窗便于采用侧窗开关器进行启闭，因此，其是车间外墙上部理想的窗型。中悬窗还可作为泄压窗，调整其转轴位置，使转轴位于窗扇重心之上。当室内达到一定的压力时，便能自动开启泄压。中悬窗的缺点是构造较复杂，窗扇周边多有缝隙，易产生飘雨现象。

2）平开窗。窗口阻力系数小，通风效果好，构造简单，开关方便，便于做成双层窗。不宜布置在较高部位，通常布置在外墙的下部。

3）固定窗。固定窗构造简单，节省材料，造价较低。常用在较高外墙的中部，既可采光，又可使热压通风的进气口、排气口分隔明确，便于更好地组织自然通风。有防尘要求车间的侧窗，也多做成固定窗，以避免缝隙渗透。在我国南方地区，结合气候特点，可使用固定式通风高侧窗，能采光、防雨，常年进行通风，不需要设置开关器，构造简单，管理和维修方便，如图 3-9-64 所示。

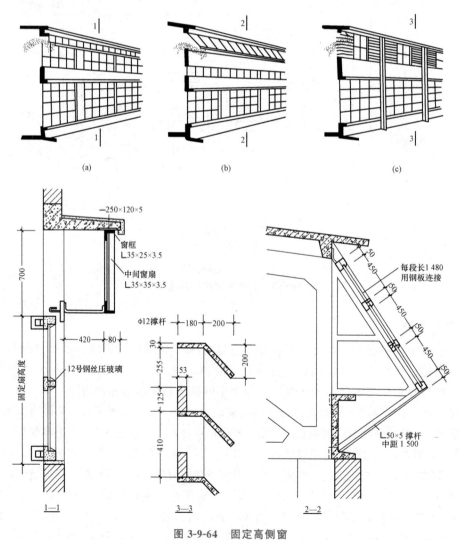

图 3-9-64　固定高侧窗

（a）垂直错开；（b）倾斜固定；（c）通风百叶

4)垂直旋转窗。窗扇沿垂直轴转动。这种窗可装置联动开关设备，启闭方便，可以根据不同的风向调节开启角度，适用于要求通风良好，密闭要求不高的车间。常用于北方地区热加工车间的外墙下部，作为进风口。

根据车间通风需要，一般厂房常将平开窗、中悬窗和固定窗组合在一起，组成单层工业厂房的侧窗，如图3-9-65所示。为了便于安装开关器，组合窗应考虑窗扇便于开关和使用，一般平开窗位于下部，中悬窗位于上部，固定窗位于中部。在同一横向高度内，应采用相同的开关方式。

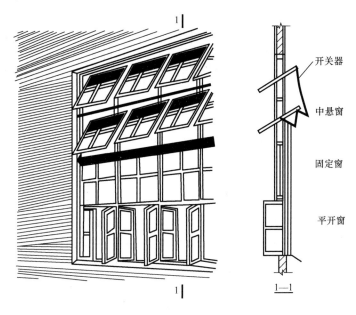

图 3-9-65　侧窗组合形式

(3)侧窗构造。为节省材料和造价，一般情况下工业建筑侧窗都采用单层窗，但在寒冷地区的采暖车间，室内外计算温差大于35 ℃时，距离地面3 m以内应设置双层窗。生产有特殊要求的车间(如恒温、恒湿、洁净车间)，全部采用双层窗或双层玻璃窗。双层窗冬季保温、夏季隔热，而且防尘密闭性能均较好，但造价高，施工复杂。

单层工业厂房外墙侧窗布置形式一般有两种：一种是被窗间墙隔开的单独的窗的形式；另一种是厂房整个墙面或墙面大部分做成大片玻璃墙面或带状玻璃窗。

单层工业厂房侧窗大多为拼框组合窗。金属侧窗的组合窗需设置拼樘构件(横档和竖樘)，拼樘构件的形式和规格应根据组合形式和跨度来选择。

1)钢侧窗。钢侧窗具有坚固耐久、防火、防潮、关闭紧密、遮光少等优点，可用于大中型工业厂房。钢侧窗洞口尺寸应符合3M数列，为便于制作和安装，基本窗的尺寸一般不宜大于1 800 mm×2 400 mm(宽×高)。组合窗中所有竖樘和横档两端都必须伸入窗洞四周墙体的预留孔内，钢窗窗框四边均留有连接铁件，安装时与预埋铁件焊接后再用C20细石混凝土填实(或与墙、柱、梁的预埋件焊牢)。铁脚一般为4 mm×18 mm、长为100 mm左右的钢板，如图3-9-66所示。

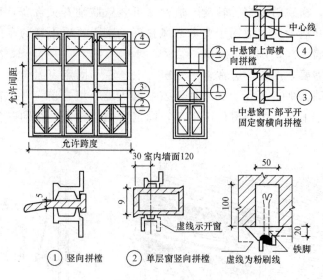

图 3-9-66　钢侧窗

2)钢筋混凝土侧窗。钢筋混凝土侧窗通常使用 C30 半干硬性细石混凝土捣制而成。内配低碳冷拔钢丝点焊骨架。它可以用于一般工业厂房。窗洞口宽度尺寸一般为 1 800 mm、2 400 mm、3 000 mm，高度尺寸主要有 1 200 mm、1 800 mm 两种。窗框四角及上下横框一般预埋有铁件。安装时，应在洞口周边相应位置预留孔洞，将螺栓插入孔洞，并用 1∶2 水泥砂浆灌孔，然后将窗框预埋铁件焊上角钢，与螺栓连接。框墙之间的缝隙，应该用 1∶2 水泥砂浆填实勾缝。窗框在运输、堆放、安装时，应该垂直立放，避免横放。为了安装固定玻璃，在窗框上应该预留固定玻璃用的锚固孔。在安装开启窗时，应用长脚合页固定窗扇，如图 3-9-67 所示。

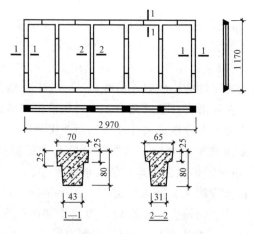

图 3-9-67　钢筋混凝土侧窗

3)塑钢门窗。塑钢门窗是继木、钢之后崛起的新型节能建筑门窗。其集节能保温、隔绝噪声、水密性佳、气密性佳、耐久性好于一体，是目前广泛采用的门窗材料。

4. 厂房天窗及特点

(1)天窗的类型。在大跨度工业厂房和多跨工业厂房中，由于面积大，仅靠侧窗不能满足自然采光和自然通风的要求，常在屋面上设置各种类型的天窗。大部分天窗都同时兼有采光和通风双重作用。采光兼通风的天窗很难保证排气的稳定性，影响通风效果，一般常用于对通风要求不很高的冷加工车间；通风天窗排气稳定，通风效率高，多用于热加工车间。天窗按功能可分为采光天窗与通风天窗两大类型。

采光天窗主要有矩形天窗、锯齿形天窗、平天窗、三角形天窗、横向下沉式天窗等；通风天窗主要有矩形避风天窗、纵向或横向下沉式天窗、中井式天窗、M形天窗。如图3-9-68所示为各种天窗示意。

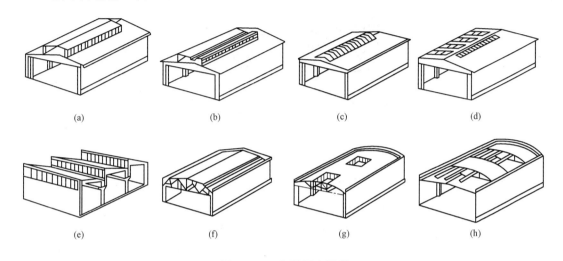

图 3-9-68　各种天窗示意

（a）矩形天窗；（b）M形天窗；（c）三角形天窗；（d）采光带形开窗；（e）锯齿形天窗；

（f）两侧下沉式天窗；（g）中井式天窗；（h）横向下沉式天窗

（2）矩形天窗构造。矩形天窗是我国单层工业厂房采用最多的一种，但增加了厂房的体积和屋顶质量，结构复杂，造价高，抗震性能差。矩形天窗在布置时，靠山墙的第一个柱距和变形缝两侧的第一个柱距常不设置天窗，主要利于厂房屋面的稳定，同时作为屋面检修和消防的通道。在每段天窗的端壁处应设置上天窗屋面的消防梯（检修梯）。

矩形天窗通常由天窗架、天窗端壁、天窗侧板、天窗屋面和天窗扇等组成，如图3-9-69所示。

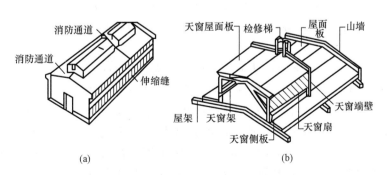

图 3-9-69　矩形天窗的布置与组成

（a）矩形天窗的布置与消防通道；（b）矩形天窗的组成

1)天窗架。天窗架是天窗的承重构件,支承在屋架或屋面梁上。天窗架的跨度采用扩大模数30M系列,跨度有6 m、9 m、12 m三种。天窗架的宽度根据采光、通风要求一般为厂房跨度的1/2～1/3,目前所采用的天窗架宽度为3 m的倍数。常用钢筋混凝土天窗架或钢天窗架。钢筋混凝土天窗架则要与钢筋混凝土屋架配合使用,钢天窗架多用于钢屋架。钢筋混凝土天窗架一般由三榀或两榀预制构件拼接而成,各榀之间采用螺栓连接,支脚与屋架采用焊接;钢天窗架质量小,制作吊装方便,常采用桁架式,其支架与屋架节点的连接一般也采用焊接,适用于较大跨度,如图3-9-70所示。

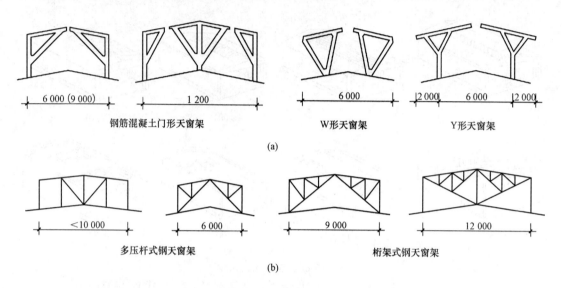

图 3-9-70　矩形天窗的天窗架
(a)钢筋混凝土天窗架;(b)钢天窗架

2)天窗端壁。天窗端壁实际上是天窗两侧的山墙。其是一种承重构件。其作用是使天窗尽端封闭起来,同时,也起到支承天窗上部屋面板的作用。天窗端壁通常采用预制钢筋混凝土端壁和石棉水泥波瓦端壁。

①钢筋混凝土天窗端壁。天窗端壁可以采用焊接的方法与屋顶的承重结构连接。其做法是在天窗端壁的支柱下端预留铁板,然后与屋架的预留铁板焊在一起。端壁肋形板之间用螺栓连接。天窗端壁的肋间应该填入加气混凝土块保温材料。其表面用铅丝网拴牢,再用砂浆抹平,端壁板下部与屋面交接处应做泛水处理,如图3-9-71(a)、(b)所示。

预制钢筋混凝土端壁板常做成肋形板,可代替天窗架支承天窗屋面板,又可起到封闭尽端的作用,是承重与围护合一的构件。当天窗架跨度为6 m时,一般用两个端壁板拼接而成;天窗架的跨度为9 m时,一般用三个端壁板拼接而成,如图3-9-71(c)所示。

②石棉水泥波瓦天窗端壁。石棉水泥波瓦或其他波形瓦做天窗端壁,可减轻屋盖荷载,但这种端壁构件琐碎,施工较复杂,主要用于钢天窗架上。石棉水泥波瓦挂在由天窗架外挑出的角钢骨架上,需要做保温时,一般在天窗架内侧挂贴刨花板、聚苯乙烯板等板状保温层;高寒地区还需要注意檐口及壁板边缘部位保温层的严密,避免冷桥,如图3-9-72所示。

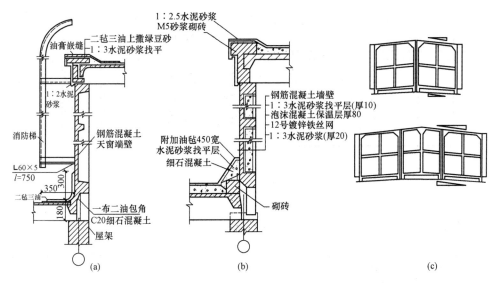

图 3-9-71　钢筋混凝土天窗端壁

(a)不保温屋面天窗端壁构造；(b)保温屋面天窗端壁构造；(c)天窗端壁板立面图

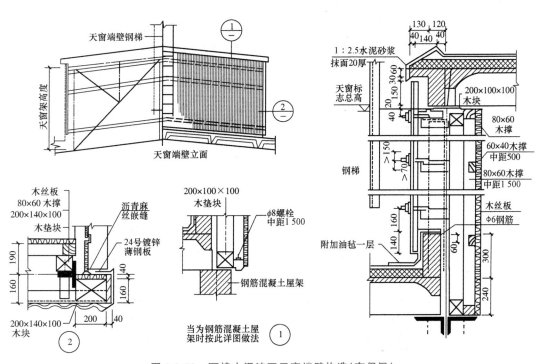

图 3-9-72　石棉水泥波瓦天窗端壁构造(有保温)

　　3)天窗侧板。天窗侧板是天窗窗扇下部的围护结构，相当于侧窗的窗台部分。其主要作用是防止屋面的雨水溅入车间及积雪挡住天窗扇的开启。天窗侧板高度根据天窗架的尺寸确定，通常从厂房屋面至侧板上缘一般不小于 300 mm，经常有大风及多雪地区宜适当增高至 400～600 mm。侧板长一般为 6 m，安装时将它与天窗架上的预埋件焊牢。在槽形板内，应该填充保温材料，并将屋面防水卷材用木条加以固定，如图 3-9-73、图 3-9-74 所示。

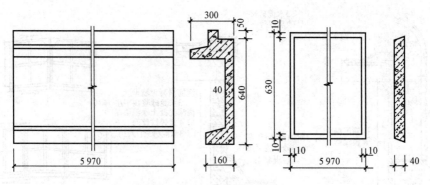

图 3-9-73　天窗侧板尺寸

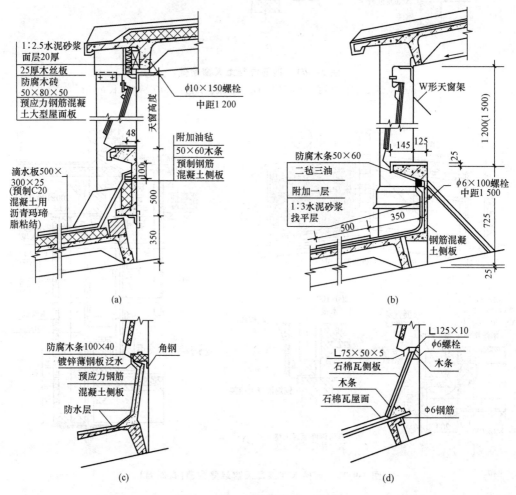

图 3-9-74　天窗侧板及檐口构造

(a)N 形钢筋混凝土天窗架天窗侧板及檐口(保温方案);

(b)W 形钢筋混凝土天窗架天窗侧板及檐口(非保温方案);

(c)预应力钢筋混凝土平板侧板;(d)石棉水泥波瓦侧板

4)天窗扇。天窗扇有钢制和木制两种。其中,钢天窗扇具有质量小、挡光少、关闭严密、不易变形、耐久、耐高温等优点,因而应用最为广泛。目前有定型的上悬钢天窗扇和中悬钢天窗扇。由于天窗位置较高，需要经常开关的天窗应设置开关器。天窗扇的高度一般为天窗架宽度的 0.3～0.5 倍。

①上悬式钢天窗扇。上悬式钢天窗扇最大开启角仅为 45°，因此，防雨性能较好，但通风性能较差，以采光为主。窗扇高度可分为 900 mm、1 200 mm、1 500 mm 三种。上悬式钢天窗扇主要由开启扇和固定扇等若干单元组成，可以布置成通长窗扇和分段窗扇。通长窗扇是由两个端部窗扇和若干个中间窗扇利用垫板与螺栓连接而成的。分段窗扇是每个柱距设置一个窗扇，各窗扇可单独开启，一般不用开关器。无论是通长窗扇还是分段窗扇，在开启扇之间及开启扇与天窗端壁之间，均须设置固定窗扇起竖框作用。防雨要求较高的厂房可在上述固定扇的后侧附加 600 mm 宽的固定挡雨板，以防止雨水从窗扇两端开口处飘入车间，如图 3-9-75 所示。

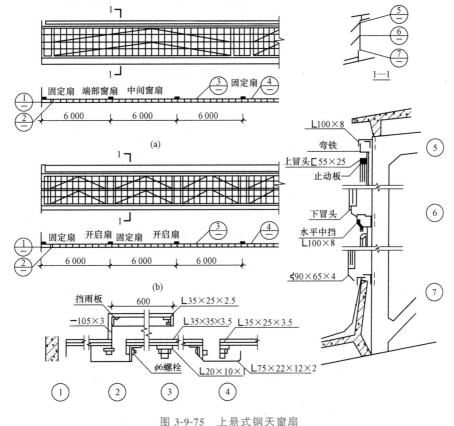

图 3-9-75　上悬式钢天窗扇
(a)通长天窗扇平面、立面；(b)分段天窗扇平面、立面

②中悬式钢天窗扇。中悬式钢天窗扇开启角为 60°～80°，通风好，但防雨性能较差。中悬式钢天窗因受天窗架的阻挡和转轴位置的限制，只能分段设置，每个柱距内设置一樘窗扇。中悬式钢天窗在变形缝处应设置固定小扇，如图 3-9-76 所示。

5)天窗屋面。天窗屋面做法与厂房屋面做法基本相同。檐口挑出尺寸一般为 300～500 mm。由于天窗宽度和高度一般均较小，故多采用无组织排水，并在天窗檐口下部的屋面上铺设滴水板，以保护厂房屋面。雨量多或天窗高度和宽度较大时，宜采用有组织排水。一般可采用带檐沟的屋面板或在天窗架的钢牛腿上铺槽形天沟板，以及屋面板的挑檐下悬挂镀锌薄钢板或石棉水泥檐沟三种做法，如图 3-9-77 所示。

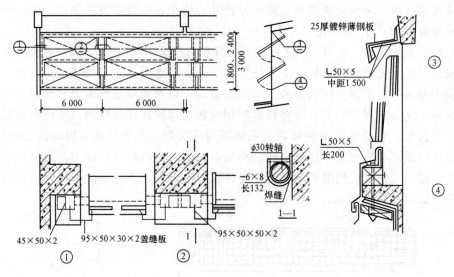

图 3-9-76　中悬式钢天窗扇

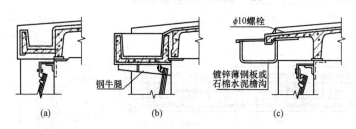

图 3-9-77　有组织排水的天窗檐口

(a)带檐沟的屋面板；(b)钢牛腿上铺天沟板；(c)挑檐板挂薄钢板檐沟

（3）避风矩形天窗。避风矩形天窗是在矩形天窗两侧加挡风板而不设置窗扇构成的，多用于热加工车间，如图 3-9-78 所示。

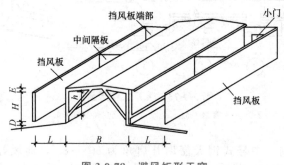

图 3-9-78　避风矩形天窗

如图 3-9-79、图 3-9-80 所示为立柱式、悬挑式挡风板构造示例。挡风板高度一般不应超过天窗的檐口高度。挡风板与屋面板之间，应该留出 50～100 mm 的空隙，以使其既利于排水又不容易倒灌风。挡风板的端部应该封闭，并留出清洁和检修通行的小门。挡风板常用中波石棉水泥瓦、瓦楞薄钢板、钢丝网水泥波形瓦等轻型材料，用螺钉固定在挡风支架上，支架按结构受力方式可分为立柱式和悬挑式两类，如图 3-9-81 所示。

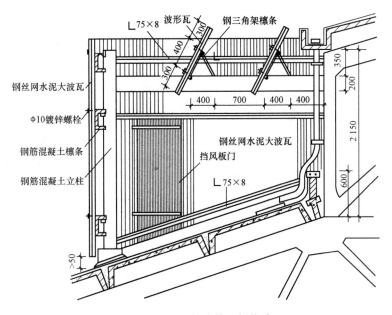

图 3-9-79　立柱式挡风板构造

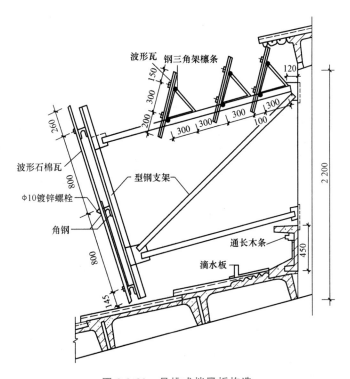

图 3-9-80　悬挑式挡风板构造

1)立柱式挡风板支架是将型钢或钢筋混凝土立柱支承在屋架上弦的柱墩上,并用支撑与天窗架连接,挡风板的立柱一般直接焊在屋架上弦上,并用支撑与屋架焊接。常用于大型屋面板类的屋盖。

2)悬挑式支架是将角钢支架固定在天窗架上,与屋盖完全脱离。因此,挡风板与天窗之间的距离可较灵活,且屋面防水不受支柱的影响。

为便于通风，减小局部阻力，除寒冷地区外，通风天窗多不设置天窗扇，但必须安装挡雨设施，以防止雨水飘入车间内。天窗口的挡雨设施有大挑檐挡雨、水平口设挡雨片和垂直口设挡雨板三种构造形式，如图3-9-82所示。

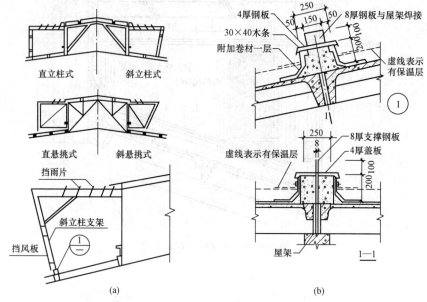

图 3-9-81　挡风板形式及立柱式混凝土柱墩构造

(a)斜立柱式支架；(b)立柱式混凝土柱墩构造

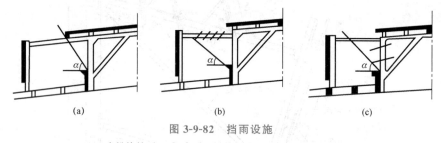

图 3-9-82　挡雨设施

(a)大挑檐挡雨；(b)水平口设挡雨片；(c)垂直口设挡雨板

四、厂房屋顶和地面

1. 屋顶

厂房屋顶起围护与承重作用，屋顶结构可分为有檩体系和无檩体系两种。

(1)屋顶的特点与组成。

1)屋顶的特点。单层工业厂房屋面的功能、构造与民用建筑屋面基本相同，但也存在一定差异。单层工业厂房屋面除承受自重、风、雪等荷载外，还要承受起重设备的冲击荷载和机械振动的影响，因此要求其刚度、强度较大；单层工业厂房屋面面积大，多跨成片的厂房各跨间有的还有高差，使排水路径长，接缝多，排水、防水构造复杂，并影响整个厂房的造价；厂房屋面设置各种采光通风天窗，导致屋面荷载增加，结构、构造复杂化；有爆炸危险的厂房屋面要求防爆、泄压，有腐蚀介质的车间屋面要求防腐等。

2)屋顶的组成。单层工业厂房的屋面，在构造层次上与民用建筑屋面基本相同。这里主要介绍无檩体系单层工业厂房屋面基层，如图 3-9-83 所示。

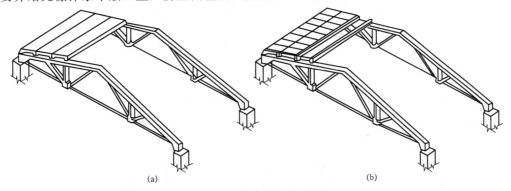

图 3-9-83　屋面基层结构类型

(a)无檩体系；(b)有檩体系

无檩体系是在屋架上弦(或屋面梁上翼缘)直接铺设大型屋面板。无檩屋盖由大型屋面板、屋面梁或屋架等组成。其整体刚度较大，适用于各类大型单层工业厂房。屋面基层结构常用钢筋混凝土大型屋面板及檩条，如图 3-9-84、图 3-9-85 所示。

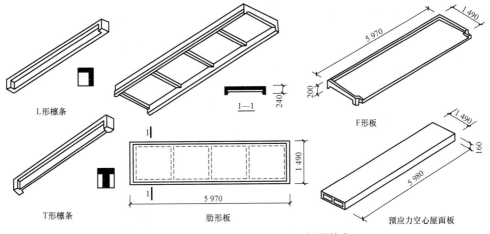

图 3-9-84　钢筋混凝土大型屋面板及檩条

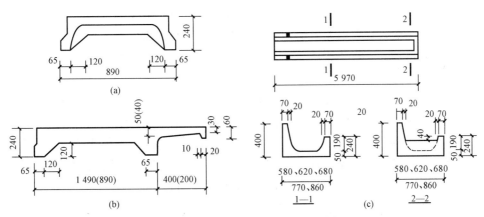

图 3-9-85　屋面嵌板、檐口板、天沟板

(a)嵌板；(b)檐口板；(c)天沟板

(2)屋面排水。排水和防水是厂房屋面构造的主要问题，较一般民用建筑构造复杂，同时应力求减小质量，降低造价。

1)屋面排水方式。单层工业厂房屋面排水方式和民用建筑一样，通常可以分为有组织排水(内排水和外排水)和无组织排水(自由落水)。

①有组织排水。单层工业厂房有组织排水通常可分为内排水和外排水。

a. 有组织内排水。在多跨单层工业厂房建筑中，屋顶形式多为多脊双坡屋面，其排水方式多采用有组织内排水，在严寒多雪地区采暖厂房和有生产余热的厂房，采用内排水可防止冬季雨、雪水流至檐口结成冰柱拉坏檐口与下落伤人，以及外部雨水管冻结破坏。这种排水方式需要设置地下排水管网，如图 3-9-86 所示。

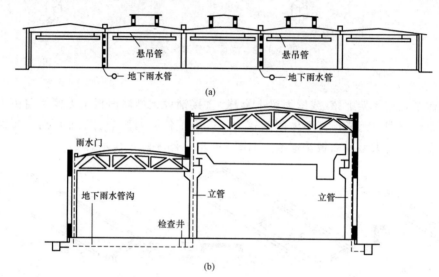

图 3-9-86　单层工业厂房有组织内排水

(a)等高多跨厂房；(b)高低跨厂房

b. 有组织外排水。在南方地区的多跨厂房中，可采用有组织外排水，即将屋面的雨、雪水，经雨水口引向端部山墙外部的雨水竖管排出，形成长天沟外排水。天沟总长度不应超出 100 m，端部应设置溢水口，如图 3-9-87 所示，或采用外天沟外排水，如图 3-9-88 所示。

②无组织排水。在生产过程中会散发大量粉尘的屋面或散发腐蚀性介质的车间，容易造成管道堵塞而渗漏，宜采用无组织排水。无组织排水的挑檐应有一定的挑出长度，当檐口高度不大于 6 m 时，一般不小于 300 mm；檐口高度大于 6 m 时，一般不小于 500 mm。

2)排水坡度、排水装置的布置。

①排水坡度。屋面排水坡度的选择，主要取决于屋面基层的类型、防水构造方式、材料性能、屋架形式及当地气候条件等因素。民用建筑构造中已详细讲述，这里从略。

②排水装置的布置。天沟：当屋面为构件自防水时，因接缝不够严密，应采用钢筋混凝土槽形天沟；当屋面为大型屋面板卷材防水层时，其接缝密实可直接在屋面上作天沟。为使天沟内的雨、雪水顺利流向低处的雨水斗，沟底应分段设置坡度，一般为 0.5%～1%，最大不宜超过 2%，长天沟排水不宜小于 0.3%。

雨水斗的间距一般为 18～24 m(长天沟除外)，做法同民用建筑。

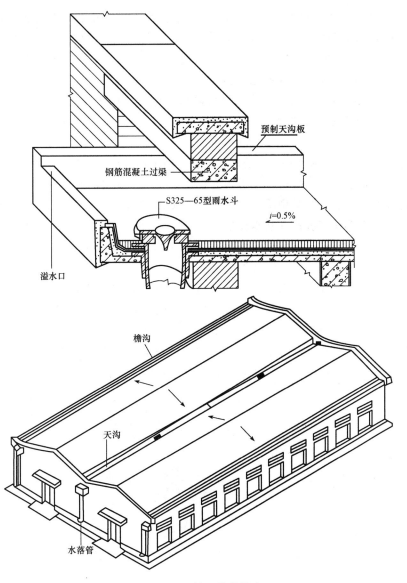

预制天沟板

钢筋混凝土过梁

S325—65型雨水斗

$i=0.5\%$

溢水口

檐沟

天沟

水落管

图 3-9-87　长天沟外排水

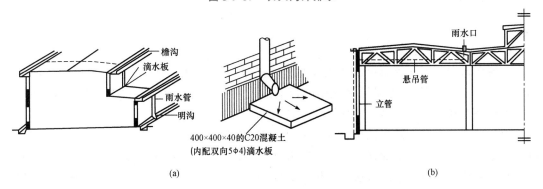

檐沟

滴水板

雨水管

明沟

400×400×40的C20混凝土
(内配双向5φ4)滴水板

雨水口

悬吊管

立管

(a)   (b)

图 3-9-88　厂房檐沟有组织排水示例

（a）外天沟外排水；（b）悬吊管外排水

(3)屋面防水。单工业层厂房屋面防水主要有卷材防水、构件自防水等类型。卷材防水屋面构造与民用建筑平屋顶相同，这里不再重复。在此重点介绍构件自防水屋面。

钢筋混凝土构件自防水屋面具有省工、省料、造价低和维修方便的优点。其是利用钢筋混凝土板自身的密实性，对板缝进行局部防水处理而形成防水的屋面。但也存在一些缺点，例如，混凝土暴露在大气中容易引起风化和碳化等；板面容易出现后期裂缝而引起渗漏；油膏和涂料易老化；接缝的搭盖处易产生飘雨等。目前我国南方和中部地区应用较广泛。

1）板面防水。钢筋混凝土构件自防水屋面板，应采用较高强度等级的混凝土（C30～C40）。或在屋面板的表面涂刷防水涂料，也是提高钢筋混凝土构件自防水性能的重要措施。

2）板缝防水。根据板的类型不同，其板缝的防水处理方法也不同。按其板缝的构造可分为嵌缝式、贴缝式和搭盖式等基本类型。

①嵌缝式防水。嵌缝式防水是利用钢筋混凝土屋面板作为防水构件，板缝用油膏等弹性防水材料嵌实的一种屋面，如图 3-9-89（a）所示。

②贴缝式防水。贴缝式防水构造是在油膏等弹性防水材料填实的板缝上再粘贴若干层卷材，其防水效果较优于嵌缝式防水构造。贴缝式构造如图 3-9-89（b）所示。

③搭盖式防水。钢筋混凝土 F 形屋面板属于搭盖式防水构造，F 形屋面板需要配合盖瓦和脊瓦等附件组成的构件自防水屋面，利用钢筋混凝土 F 形屋面板的挑出翼缘搭盖住纵缝，利用盖瓦、脊瓦覆盖横缝和脊缝的方式来达到屋面防水目的，如图 3-9-90 所示。

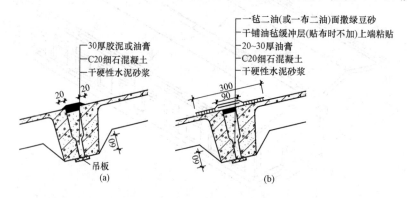

图 3-9-89 嵌缝式、贴缝式板缝构造
(a)嵌缝式；(b)贴缝式

(4)屋面的保温与隔热。

1）屋面保温。屋面保温仅仅在我国北方地区采暖厂房中采用。根据保温层与屋面板的相对位置可分为上保温（保温层铺在屋面板上部）、下保温（保温层设在屋面板下部）和保温层与承重基层相结合三种做法，如图 3-9-91 所示。

2）屋面隔热。在炎热地区的低矮厂房中，应该做隔热处理。当厂房高度≥9 m 时，可以不考虑隔热，主要通过加强通风达到降温的目的；当 6 m＜厂房高度＜9 m 时，应该结合跨度大小来选择通风与隔热做法：当厂房高度＞1/2 跨度时，不需要做隔热处理；当厂房高度≤1/2 跨度时，应该做隔热处理。具体做法就是在屋面上架空混凝土板或预制水泥隔热拱，如图 3-9-92 所示。

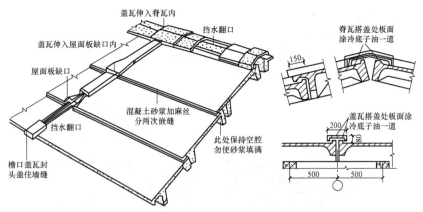

图 3-9-90　F 形屋面板铺设情况及节点构造

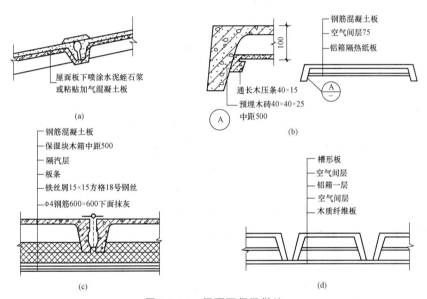

图 3-9-91　屋面下保温做法

(a)下保温屋面；(b)板及端部节点；(c)混凝土板加保温做法；(d)槽形板做法

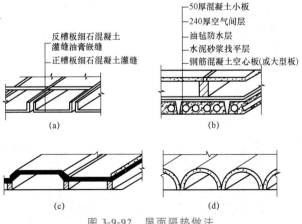

图 3-9-92　屋面隔热做法

(a)架空双层正槽板；(b)空心板(或大型板)架空混凝土小板；

(c)架空细石混凝土槽瓦(正反扣)；(d)预制水泥隔热拱(半圆)

(5)屋面细部构造。

1)挑檐构造。当单层工业厂房采用自由落水时，通常使用带挑檐的屋面板将屋檐挑出。檐口板支撑在屋架(或屋面梁)端部伸出的钢筋混凝土(或钢)挑梁上。有时也可利用顶部圈梁挑出挑檐板，如图3-9-93所示。

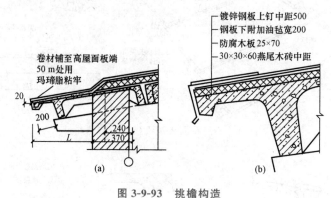

图 3-9-93　挑檐构造

(a)卷材自然收头；(b)附加镀锌钢板收头

2)天沟构造。厂房屋面的天沟按其所在位置有外天沟和内天沟两种。

①南方地区和北方无采暖厂房较多采用外天沟外排水的形式。因檐沟的檐壁较矮，为保证屋面检修、清灰的安全，可在沟外壁设置铁栏杆。外天沟构造如图3-9-94所示。

②内天沟的天沟板搁置在相邻两榀屋架的端头上，天沟板的形成有单槽形天沟板和双槽形天沟板，如图3-9-95(a)、(b)所示。前者在施工时须待两榀屋架安装完毕后才能安装天沟板，影响施工；后者是安装完成一榀屋架即可安装天沟板，施工较方便。但两个天沟板接缝处的防水较复杂，需要空铺一层附加层。内天沟也可在大型屋面板上直接形成，如图3-9-95(c)所示。此处防水构造处理也较屋面增加一层卷材，以提高防水能力。

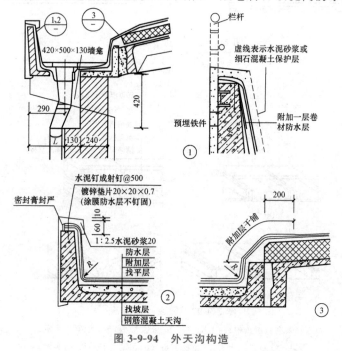

图 3-9-94　外天沟构造

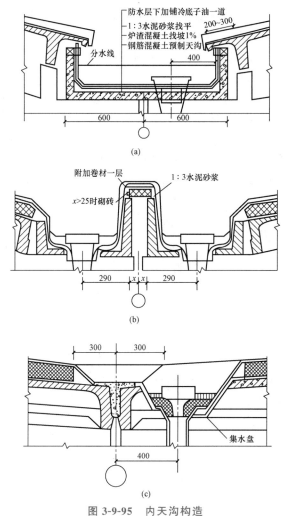

图 3-9-95　内天沟构造

（a）单槽形天沟；（b）双槽形天沟；（c）屋面板上直接形成天沟

3）泛水构造。

①山墙泛水构造。山墙泛水的做法与民用建筑基本相同。振动较大的厂房，可在卷材转折处加铺一层卷材，山墙一般应采用钢筋混凝土压顶，以利于防水和加强山墙的整体性，如图 3-9-96 所示。

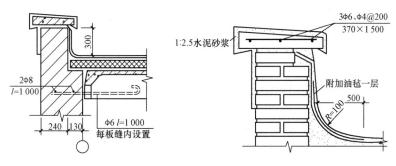

图 3-9-96　山墙泛水构造

②纵向女儿墙泛水构造。当纵墙采用女儿墙形式时，天沟内的卷材防水层应升至女儿墙上一定高度，并做好收头处理，做法与山墙泛水相似，如图3-9-97所示。

③高低跨泛水构造。在高低跨厂房中，如在厂房平行高低跨方向无变形缝，而由墙梁承受高跨侧墙墙体时，墙梁下需要设置牛腿。因牛腿有一定高度，由于此高跨墙梁与低跨屋面之间的大空隙应采用较薄的墙来填充，并作泛水处理，如图3-9-98所示。

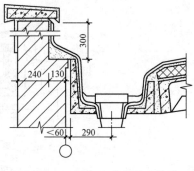

图 3-9-97　纵向女儿墙泛水构造

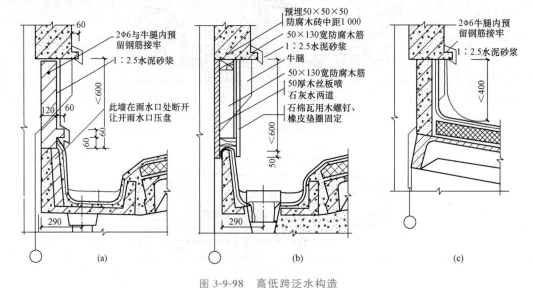

图 3-9-98　高低跨泛水构造

(a)、(b)有天沟高低跨泛水；(c)无天沟高低跨泛水

④屋面变形缝。屋面变形缝是指厂房横向、纵向变形缝在屋顶处的构造。屋面变形缝应该解决好防水材料的固定和保温问题。屋面的横向变形缝处最好设置矮墙泛水，做法与民用建筑相似，如图3-9-99(a)所示。如横向变形缝处不设矮墙泛水，其构造如图3-9-99(b)所示。

2. 地面

(1)地面的特点与要求。工业厂房地面应能满足生产使用要求。单层工业厂房地面面积大，荷载大，材料用量也多，所以合理选择地面材料和相应构造，不仅有利于生产，而且有利于节约材料和投资。

(2)地面的类型与构造。

1)地面类型。厂房地面与民用建筑地面基本构造一样，一般由面层、垫层和基层(地基)组成。

①面层。面层是地面最上面的表面层。其直接承受地面上各种外来因素的作用，如碾压、摩擦、冲击、高温、冷冻、酸碱腐蚀等。另外，面层还必须满足生产工艺上的一些特殊要求，如防水、防爆、防火等。面层厚度可以查阅《建筑地面设计规范》(GB 50037—2013)来确定。

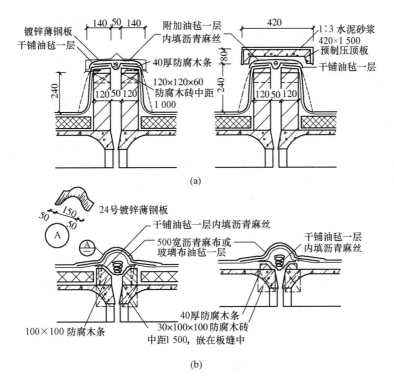

图 3-9-99　屋面横向变形缝构造

(a)有矮墙泛水；(b)无矮墙泛水

单层工业厂房地面按面层材料的不同可分为整体地面、块(板)料地面。

②垫层。垫层是承受并传递地面荷载至土壤层的构造层。垫层根据所用材料的不同，可以分为刚性垫层(如混凝土、碎砖三合土等)、半刚性垫层(如灰土、三合土、四合土等)和柔性垫层(如砂、碎石、炉渣等)三种。垫层的最小厚度可根据作用在地面上的荷载情况来确定。

③基层(地基)。基层是地面最下部的构造层，是承受上部荷载的土壤层，要求具有足够的承载力。最常见的是素土夯实。

2)地面构造。单层工业厂房地面经常设置地沟、地坑、设备基础等地面设施及不同地段之间的交界缝，所以较民用建筑地面复杂，造价较高。

①单层整体地面。单层整体地面是将面层和垫层合为一层的地面。其由夯实的黏土、灰土、碎石(砖)、三合土、砾石等直接铺设在地基上而成。其适用于某些高温车间，如钢坯库等。

②多层整体地面。多层整体地面的构造特点是：面层厚度较薄，以便在满足使用的条件下节约面层材料，而加大垫层厚度以满足承载力要求。面层材料很多，如水泥砂浆、水磨石、混凝土、沥青砂浆及沥青混凝土、水玻璃混凝土、菱苦土等。

③整体树脂面层地面。整体树脂面层地面是在水泥砂浆及细石混凝土面层上涂刷或喷刷面层涂料(不少于3遍)，或在细石混凝土找平层上抹环氧砂浆的地面。其面层致密不透气、无缝、不易起尘，常用于有气垫运输的地段。如丙烯酸涂料面层、环氧涂料面层、自流平环氧砂浆面层、聚脂砂浆面层及橡胶板面层等。

④块材、板材地面。块材、板材地面是用块或板料，如各类砖块、石块，各种混凝土的预制块，瓷砖、陶板及铸铁板等铺设而成。块（板）材地面一般承载力较大，且考虑面层变形后便于维修，所以常采用柔性垫层。但当块（板）材地面不允许变形时则采用刚性垫层。

（3）地面的细部构造。

1）分格缝。当采用混凝土作垫层时，为减少温度变化产生不规则裂缝引起地面的破坏，混凝土垫层应设置收缩缝。纵向缩缝间距为 3～6 m，横向缩缝间距为 6～12 m。纵向缩缝宜采用平头缝，当混凝土垫层厚度大于 150 mm 时，宜设置企口缝，间距一般为 3～6 m；横向缩缝宜采用假缝，假缝的处理是上部有缝，但不贯通地面，其目的是引导垫层的收缩裂缝集中于该处，假缝间距为 6～12 m，如图 3-9-100 所示。

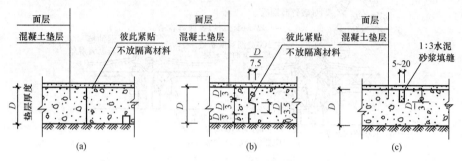

图 3-9-100　混凝土垫层接缝处理

(a)平缝；(b)企口缝；(c)假缝

当采用细石混凝土面层时，面层的分格缝应与垫层的缩缝对齐。但对设隔离层的水玻璃混凝土或耐碱混凝土面层，分格缝可以不与缩缝对齐。

2）变形缝。厂房地面变形缝与民用建筑变形缝构造相同。厂房地面荷载差异较大和受局部冲击荷载的部分应设置变形缝，并且变形缝应贯穿地面各构造层次，缝内用嵌缝材料填充。

3）交界缝。两种不同材料的地面由于强度不同，交界缝处易遭破坏，应根据不同情况采取加固措施。如图 3-9-101 所示为不同地面交界缝的构造示例。

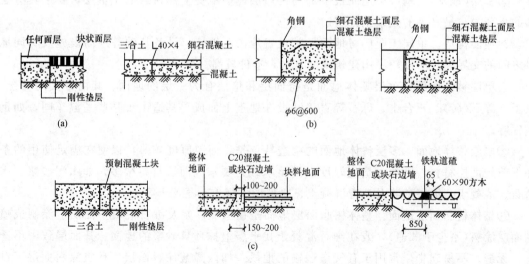

图 3-9-101　不同地面交界缝的构造示例

(a)平缝；(b)角钢护角；(c)混凝土块加固

五、轻钢工业厂房

1. 轻钢工业厂房的特点

轻钢工业厂房即轻型门式钢架工业厂房，在我国的应用始于 20 世纪 80 年代初期。近十多年来得到迅速的发展，目前国内每年有上千万平方米的轻钢工业厂房竣工并投入使用。

相对于钢筋混凝土结构工业厂房而言，轻型门式钢架工业厂房具有以下特点：

（1）施工速度快。由于轻型门式钢架厂房构造相对简单，构件加工制作工厂化，现场安装预制装配化程度高。

（2）自重轻。屋面、墙面采用压型钢板及冷弯薄壁型钢等材料组成，屋面、墙面的质量都很轻；承重结构门式钢架轻；基础小。

（3）绿色环保。由于钢材可以回收利用，厂房也可搬迁重复利用，是绿色环保建筑。

2. 轻钢工业厂房的组成

轻钢工业厂房主要由屋盖系统、柱子系统、吊车梁系统、墙架系统、屋面支撑系统等部分组成，如图 3-9-102 所示。

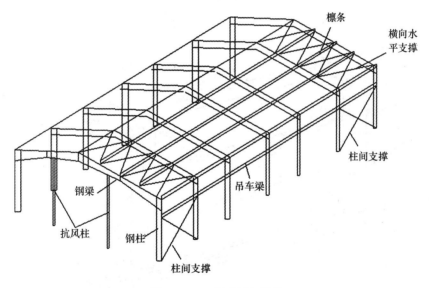

图 3-9-102　门式钢架结构

（1）屋面系统主要由檩条、拉条、撑杆、隔撑、屋面板等组成。檩条主要有 C 型和 Z 型两种截面形式，C 型截面檩条适用于坡度较小的屋面，Z 型截面檩条适用于坡度较大的屋面。檩条是由交替的撑杆和拉条支承的。在斜梁的下翼缘受压区设置隔撑，保证钢架平面外的稳定性。屋面系统组成如图 3-9-103 所示。

（2）柱子系统由承重钢柱和柱间支撑组成。柱间支撑的截面形式主要有：采用两个角钢组成的 T 型截面、圆钢管截面，一般布置在厂房两端第一开间或是第二开间，若厂房长度较长（超过 60 米），则需要在中部再加设一道支撑。柱间支撑根据厂房使用要求可以布置成十字形或者八字形。柱间支撑主要传递山墙传来的风荷载。柱间支撑的布置如图 3-9-104 所示。

图 3-9-103　屋面系统组成

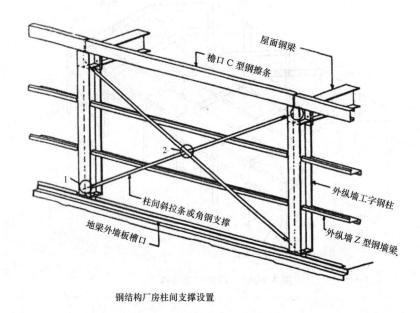

钢结构厂房柱间支撑设置

图 3-9-104　柱间支撑的布置图

　　(3)吊车梁系统主要由吊车与吊车梁组成。

　　(4)墙架系统主要由墙梁、拉条、斜拉条、撑杆,以及墙面板等组成。拉条的作用主要是承受墙梁竖向荷载,减小墙梁平面内竖向挠度。墙梁主要承受由墙板传递的风荷载。墙梁的截面主要是 C 型和 Z 型两种冷弯薄壁型钢截面形式。

　　(5)屋面支撑体系主要由屋面横向水平支撑和系杆组成。水平支撑为圆钢,用花篮螺栓张紧;系杆用圆管。屋面横向水平支撑系统主要用来传递风荷载,增强结构的整体稳定性能。

1. 工业建筑是建筑的重要部分，主要满足工业生产的需要，因此在建筑空间、建筑结构、建筑设备等方面具有自己的特点。

2. 单层工业厂房的起重运输设备对厂房的平面布置、空间高度和结构造型起关键作用。

3. 通过对单层工业厂房平面设计、剖面设计、定位轴线划分的学习，应掌握厂房平面形式的选择、柱网尺寸的确定及厂房柱顶标高、轨顶标高的确定；了解并掌握有起重机厂房柱网采用封闭结合和非封闭结合的条件；掌握自然通风的原理，了解避风天窗的原理和作用。

4. 工业厂房外墙类型、外墙与柱的相对关系及外墙的细部构造和与其他构件的关系等相关知识点。

5. 工业厂房屋顶、地面与其他设施的特点、组成与分类。

拓展任务

1. 根据所学知识，自主识读某单层工业厂房柱网平面图，与同学们讨论做好识读笔记。

2. 查阅单层厂房相关标准图集知识。

项目四   建筑工程施工图基础

任务一   建筑工程施工图

学习目标

通过本任务的学习，学生应能够：

1. 熟悉房屋建筑施工图的图示特点、组成和识图步骤；
2. 掌握房屋建筑施工图的有关规定和识读方法；
3. 掌握房屋建筑施工图的绘制方法和要求。

教学要求

教学要点	知识要点	权重	自测分数
建筑工程施工图的分类和编排顺序	掌握建筑工程施工图的分类和编排顺序	10%	
房屋建筑施工图识读	掌握房屋建筑施工图识读，并能运用绘图工具抄绘建筑施工图	90%	

素质目标

1. 具备低碳环保意识和绿色施工能力；助力 2030 年前实现碳排放达到峰值，力争 2060 年前实现碳中和目标，推动我国绿色发展迈上新台阶；
2. 锻炼学生实践操作能力，引导学生学以致用、学有所用。

一、建筑工程施工图的分类和编排顺序

1. 施工图的分类

将一幢拟建房屋的内外形状和大小，以及各部分的结构、构造、装修设备等内容，按照相关国家标准的规定，用正投影法，详细准确地画出的图样，称为房屋建筑图。其是用以指导施工的一套图纸，所以又称为施工图。

(1)建筑施工图(简称建施)。建筑施工图主要表达建筑物的总体布局、外观形状、内部布置、构造做法及施工要求等。一般包括首页图、建筑总平面图、平面图、立面图、剖面图及墙身、楼梯、门、窗详图等。

(2)结构施工图(简称结施)。结构施工图主要表达房屋承重结构的布置、构件类型、数量、规格及做法等。一般包括基础平面图、基础详图、楼层及屋盖结构平面图、楼梯结构图和各构件的结构详图等(梁、柱、板)。

(3)设备施工图(简称设施)。设备施工图主要表达各种设备、管道和线路的布置、走向及安装施工要求等。设备施工图又可分为给水排水施工图(水施)、供暖施工图(暖施)、通风与空调施工图(通施)、电气施工图(电施)等。一般包括平面布置图、系统图和详图。

2. 施工图的编排顺序

整套房屋施工图的编排顺序是首页图(包括图纸目录、设计总说明、汇总表等)、建筑施工图、结构施工图、设备施工图。

各专业施工图的编排顺序是：基本图在前、详图在后；总体图在前、局部图在后；主要部分在前、次要部分在后；先施工的图在前、后施工的图在后等。

(1)建筑施工图的编排顺序。建筑施工图的基本图纸编排顺序为总平面图、平面图、立面图、剖面图、墙身剖面图、其他详图(包括楼梯、门、窗、厕所、浴室及各种装修、构造的详细作法)等。

(2)结构施工图的编排顺序。结构施工图的基本图纸编排顺序为基础图、柱网布置图、楼层结构布置图、屋顶结构布置图、构件图(包括柱、梁、板、楼梯、雨篷)等。

3. 常用建筑材料图例

建筑工程图是标准化、规范化的图纸，绘图时必须严格遵守国家标准中的有关规定。我国现行的建筑制图标准主要有《房屋建筑制图统一标准》(GB/T 50001—2017)、《总图制图标准》(GB/T 50103—2010)、《建筑结构制图标准》(GB/T 50105—2010)等。这些标准旨在统一制图表达，提高制图和识图的效率，便于阅读及交流。

(1)常用建筑材料图例。常用建筑材料图例见表 4-1-1。

表 4-1-1　常用建筑材料图例

序号	名称	图例	备注
1	自然土壤		包括各种自然土壤
2	夯实土壤		—
3	砂、灰土		—
4	砂砾石、碎砖三合土		—
5	石材		—
6	毛石		—
7	实心砖、多孔砖		包括普通砖、多孔砖、混凝土砖等砌体

序号	名称	图例	备注
8	耐火砖		包括耐酸砖等砌体
9	空心砖、空心砌块	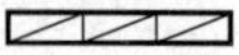	包括普通或轻集料混凝土小型空心砌块等砌体
10	饰面砖		包括铺地砖、玻璃马赛克、陶瓷马赛克、人造大理石等
11	焦渣、矿渣	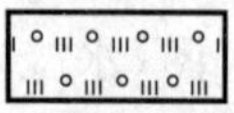	包括与水泥、石灰等混合而成的材料
12	混凝土	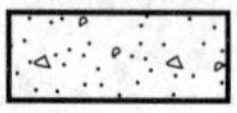	1. 包括各种强度等级、集料、添加剂的混凝土
13	钢筋混凝土		2. 在剖面图上绘制表达钢筋时，则不需绘制图例线 3. 断面图形较小，不易绘制表达图例时，可填黑或深灰（灰度宜为 70%）
14	多孔材料	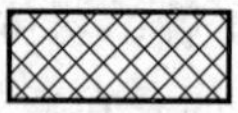	包括水泥珍珠岩、沥青珍珠岩、泡沫混凝土、软木、蛭石制品等
15	纤维材料	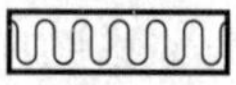	包括矿棉、岩棉、玻璃棉、麻丝、木丝板、纤维板等
16	泡沫塑料材料	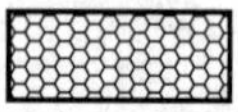	包括聚苯乙烯、聚乙烯、聚氨酯等多聚合物类材料
17	木材		1. 上图为横断面，左上图为垫木、木砖或木龙骨 2. 下图为纵断面
18	胶合板	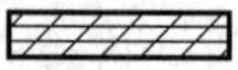	应注明为×层胶合板
19	石膏板	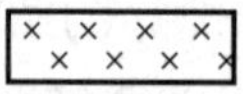	包括圆孔或方孔石膏板、防水石膏板、硅钙板等
20	金属		1. 包括各种金属 2. 图形较小时，可填黑或深灰（灰度宜为 70%）
21	网状材料		1. 包括金属、塑料网状材料 2. 应注明具体材料名称
22	液体	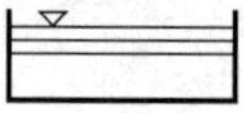	应注明具体液体名称
23	玻璃		包括平板玻璃、磨砂玻璃、夹丝玻璃、钢化玻璃、中空玻璃、夹层玻璃、镀膜玻璃等
24	橡胶		—
25	塑料	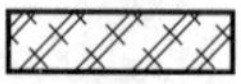	包括各种软、硬塑料及有机玻璃等
26	防水材料	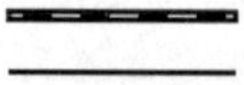	构造层次多或比例大时，可采用本图例
27	粉刷		本图例采用较稀的点

注：序号 1、2、5、7、8、13、14、17、18、24、25 图例中的斜线、短斜线、交叉斜线等均为 45°。

（2）定位轴线。确定房屋墙体和主要构件位置及施工放线的基准线叫作定位轴线。凡是墙、柱、梁或屋架等主要承重构件的位置，都应画出定位轴线，并按顺序编号；对于非承重的分隔墙、次要的承重构件，用附加定位轴线，有时也可以不编绘附加轴线，而直接注明其与附近的定位轴线之间的尺寸。定位轴线在水平方向用阿拉伯数字由左至右编写，垂直方向用汉语字母由下而上编写（其中I、O、Z不使用）。定位轴线采用细单点画线表示，轴线编号的圆圈采用细实线表示，直径一般为8～10 mm。对常用的矩形平面房间来说，开间是指房间在建筑外立面上占的宽度；垂直于开间的房间深度尺寸叫作进深。轴线表示房屋平面的基本尺寸，两条轴线之间的距离构成了房间平面的开间和进深尺寸。轴线和墙体的关系（以砖墙为例）一般是：对内墙来说，轴线多定在墙厚度方向的中心线上；对外墙来说，轴线常定在墙中靠近室内一侧墙面120 mm处（等于半砖墙的厚度）。在实际工程中，轴线和墙、轴线和结构构件布置等的关系很复杂，有待在以后的学习和实践中掌握。

（3）标高。标高是用来标注建筑各部位竖向高度的定位轴线。房屋各部分竖向高度主要是指净高、层高、室内外高差等建筑标高。由于结构构件的施工先于楼（地）面面层进行，因此要根据建筑专业的竖向定位确定结构构件的标高，这在建筑设计和施工过程中非常重要。一般情况下，建筑标高减去楼（地）面面层构造厚度等于结构标高；净高是指室内地面到楼板或板下凸出物底面的垂直距离；层高是指本层地面到上一层地面之间的垂直距离；室内外高差是指室内地面高于室外地坪约450 mm，目的是防止室外雨水流入室内，并防止墙身受潮。

标高可分为绝对标高和相对标高两种。

绝对标高：以我国青岛黄海海平面的平均高度为零点所测定的标高称为绝对标高。

相对标高：一般将建筑室内一层地面的高程作为建筑相对标高的基准点，即±0.000。即建筑上使用的是相对标高，设计人员一般会在设计总说明中说明相对标高与绝对标高的关系（或与附近原有建筑及市政设施的高程关系），方便施工放线或抄平时得出高程的基准点。

标高数字是以"m"为单位，注写到小数点后三位。在总平面图中，可注写到小数点后二位。在标高数字后面不需要注写单位"m"。

标高符号应以直角等腰三角形表示，用细实线绘制。标高符号的尖端，可以向上也可以向下，但均应指到被标注高度平面。同一张图样上的标高符号应大小相等，并尽量对齐。

总平面图上的标高符号，宜用涂黑的三角形表示。具体画法如图4-1-1（a）所示。

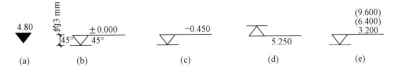

图4-1-1　标高符号及标高数字注写

（a）总平面图标高；（b）零点标高；（c）负数标高；

（d）正数标高；（e）一个标高符号标注多个标高数字

相对标高的基准点用±0.000表示，如图4-1-1（b）所示。低于零点的负数标高前应加注"—"号，高于零点的正数标高前不注"＋"，如图4-1-1（c）、（d）所示。

当图样的同一位置需要表示几个不同的标高时，标高数字可按图4-1-1（e）所示的形式注写。

（4）索引符号与详图符号。在施工图中，有时会因为比例问题而无法表达清楚某一局部，为方便施工需要另画详图。一般用索引符号注明画出详图的位置、详图的编号及详图所在的图纸编号。索引符号和详图符号内的详图编号与图纸编号两者对应一致。

索引符号的圆和引出线均应以细实线绘制，圆直径为 10 mm。引出线应对准圆心，圆内过圆心画一水平线，上半圆中用阿拉伯数字注明该详图的编号，下半圆中用阿拉伯数字注明该详图所在图纸的图纸号。如果详图与被索引的图样在同一张图纸内，则在下半圆中间画一水平细实线。索引出的详图，如采用标准图，应在索引符号水平直径的延长线上加注该标准图册的编号。

当索引符号用于索引剖面详图时，应在被剖切的部位绘制剖切位置线。引出线所在一侧应为投射方向。

详图符号用一粗实线圆绘制，直径为 14 mm。详图与被索引的图样同在一张图纸内时，应在符号内用阿拉伯数字注明详图编号。如不在同一张图纸内，可用细实线在符号内画一水平直径，在上半圆中注明详图编号，在下半圆中注明被索引图纸号，见表 4-1-2。

表 4-1-2　索引符号与详图符号

名称	符号	说明
详图的索引符号	5 —— 详图的编号 —— 详图在本张图纸上 5 —— 局部剖面详图的编号 —— 剖面详图在本张图纸上	细实线单圆圈直径应为 10 mm 详图在本张图纸上 剖开后从上往下投影
详图的索引符号	5 —— 详图的编号 4 —— 详图所在的图纸编号 5 —— 局部剖面详图的编号 4 —— 剖面详图所在的图纸编号 J103 5 —— 标准图册编号 　　—— 标准详图编号 　　4 —— 详图所在的图纸编号	详图不在本张图纸上 剖开后从下往上投影 标准详图
详图的符号	5 —— 详图的编号 5 —— 详图的编号 2 —— 被索引的图纸编号	粗实线单圆圈直径应为 14 mm 被索引的在本张图纸上 被索引的不在本张图纸上

(5)其他符号。

1)引出线。对图样中某些部位由于图形比例较小，其具体内容或要求无法标注时，常用引出线注出文字说明或详图索引符号。引出线用细实线绘制，并宜用与水平方向呈 30°、45°、60°、90°的直线或经过上述角度再折为水平的折线。文字说明宜注写在水平线的上方或端部。索引详图的引出线，应对准索引符号的圆心，如图 4-1-2 所示。同时引出几个相同部分的引出线，宜相互平行，也可画成集中于一点的放射线，如图 4-1-3 所示。

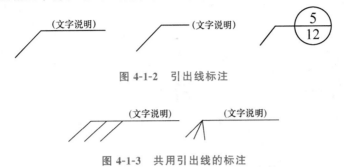

图 4-1-2　引出线标注

图 4-1-3　共用引出线的标注

在房屋建筑中，有些部位是由多层材料或多层做法构成的，为了对多层构造部位加以说明，可以用引出线表示。引出线必须通过需引的各层，其文字说明编排次序应与构造层次保持一致（即垂直引出时，是由上而下注写；水平引出时，是从左到右注写），文字说明应注写在引出横线的上方或一侧，如图 4-1-4 所示。

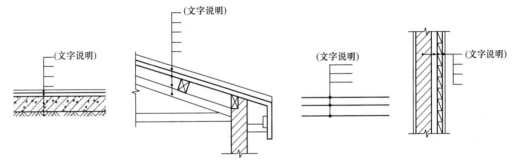

图 4-1-4　多层构造引出线

2）对称符号。当房屋施工图的图形完全对称时，可只画该图形的一半，并画出对称符号，以节省图纸篇幅。对称符号是在对称中心线（细单点长画线）的两端画出两段平行线（细实线）。平行线长度为 6～10 mm，间距为 2～3 mm，且对称线两侧长度对应相等，如图4-1-5 所示。

3）连接符号。对于较长的构件，当其长度方向的形状相同或按一定规律变化时，可断开绘制，断开处应用连接符号表示。连接符号为折断线（细实线），并用大写拉丁字母表示连接编号，如图 4-1-6 所示。

4）指北针及风向频率玫瑰图。指北针用细实线圆绘制，直径宜为 24 mm。指针尖为北向，指针尾部宽度宜为 3 mm。需用较大直径绘制指北针时，指针尾部宽度宜为直径的 1/8，如图 4-1-7 所示。

风向频率玫瑰图又称风玫瑰图，是一种根据当地多年平均统计所得的各个方向吹风次数的百分数，并按一定比例绘制的图形，如图 4-1-8 所示。图中吹风方向是指从外面吹向中心。粗实线表示全年风向频率；虚线表示夏季风向频率，按 6、7、8 三个月统计；细实线表示冬季风向频率。不同地区的风向频率玫瑰图各不同。

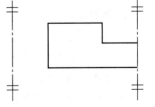

图 4-1-5　对称符号的标注

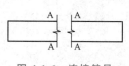 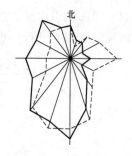

图 4-1-6　连接符号　　　　　图 4-1-7　指北针　　　　　图 4-1-8　风向频率玫瑰图

二、房屋建筑施工图识读

1. 建筑工程施工图的识读方法

一幢房屋从施工到建成，需要有全套房屋施工图作指导。阅读这些施工图时应按图纸目录顺序——总说明、建施、结施、设施进行，要先从大的方面看，然后再依次阅读细小部分，即先粗看后细看，先整体后局部，先文字说明后图样，先基本图样后详图，先图形后尺寸等，并应注意各专业图样之间的关系。

2. 建筑工程施工图的识读内容

建筑工程施工图是直接用来指导房屋施工的图样，是房屋建造的重要依据，力求做到图纸完整统一、尺寸齐全、标注明确无误，这样才方便设计、施工和监理三者之间的交流沟通。所以，建筑工程施工图的绘制必须严格遵守国家标准中的有关规定。

（1）设计说明。建筑施工图的第一页是设计说明，又称首页图，其内容一般包括图纸目录、设计总说明、建筑装修及工程做法、门窗表等。一般建筑设计总说明包括工程概况、设计依据、设计总则、设计标高、节能措施、工程做法等，见附图。

（2）总平面图。建筑总平面图主要表达拟建房屋的位置、朝向、与原有建筑的关系、周围主要道路、绿化、地形等内容。建筑总平面图可以作为拟建房屋定位、施工放线及施工总平面图布置的依据。

1）建筑总平面图的内容。建筑总平面图一般以 1∶500 或 1∶1 000 的比例绘制。通常包括以下几个方面的内容：

①标出测量坐标网（用 X、Y 表示）或施工坐标网（用 A、B 表示）明确红线范围。

②标出新建建筑物定位坐标尺寸、名称、层数及首层室内标高与基地绝对标高的换算关系。

③表明相邻建筑或拆除建筑的位置。

④画出附近的地形地物，如等高线、道路、水沟、土坡等。

⑤画出指北针或风向频率玫瑰图。

⑥标出绿化规划、管道布置、供电线路等。

上述所列内容可作为参考，并非缺一不可，通常根据工程的具体情况而定。

2）建筑总平面图的识读。

①首先看清楚总平面图所用的比例、图例及有关文字说明。总平面图由于所绘区域范围比较大，所以一般绘制时采用较小的比例。总平面图中所使用的图例应采用国家标准中

所规定的图例，见表4-1-3。

表 4-1-3　总平面图常用建筑图例

名称	图例	备注	名称	图例	备注
新建建筑物	①　12F/2D　H=59.00 m　X=　Y=	新建建筑物以粗实线表示与室外地坪相接处±0.000外墙定位轮廓线　建筑物一般以±0.000高度处的外墙定位轴线交叉点坐标定位。轴线用细实线表示，并标明轴线号　根据不同设计阶段标注建筑编号，地上、地下层数，建筑高度，建筑出入口位置（两种表示方法均可，但同一图纸采用一种表示方法）　地下建筑物以粗虚线表示其轮廓　建筑上部（±0.000以上）外挑建筑用细实线表示　建筑物上部连廊用细虚线表示并标注位置	拆除的建筑物		用细实线表示
			建筑物下面的通道	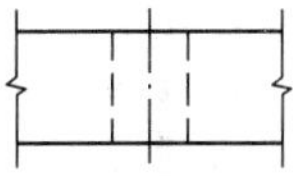	—
			散状材料露天堆场	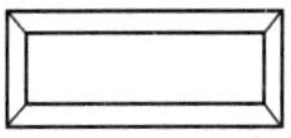	需要时可注明材料名称
			其他材料露天堆场或露天作业场	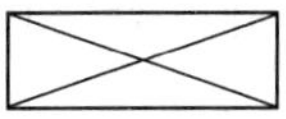	需要时可注明材料名称
			铺砌场地	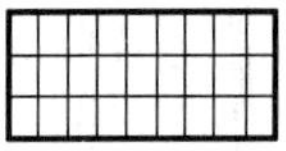	—
			室内地坪标高	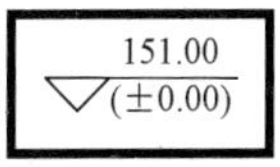 151.00　▽（±0.00）	数字平行于建筑物书写
			室外地坪标高	 ▼ 143.00	室外标高也可采用等高线
原有建筑物		用细实线表示	盲道		—
计划扩建的预留地或建筑物		用中粗虚线表示			

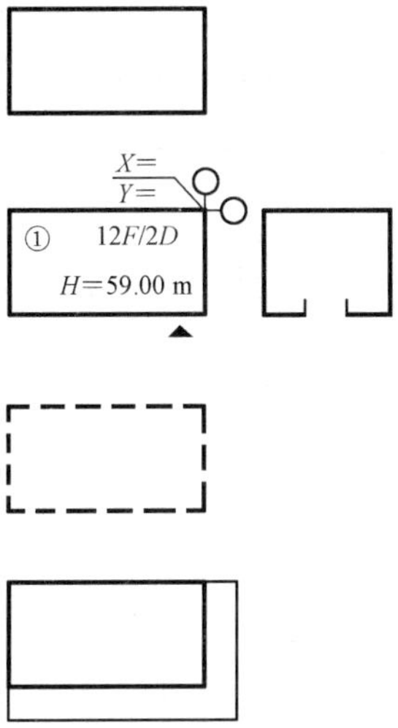

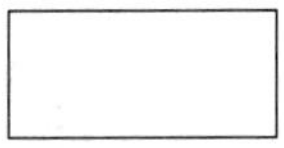

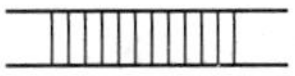

②了解工程名称、性质、地形地貌和周围环境等情况，栋数、每栋层数、标高、相互间距、周围道路及与原有建筑物关系。

③总平面图中所注的标高为绝对标高，以"m"为单位，一般注到小数点后两位，从等高线上所注的标高可以了解各处的高差。

④明确拟建房屋的朝向。从总平面图中的指北针或风向频率玫瑰图即可确定房屋的朝向，风向玫瑰图表示该地区常年的风向频率。

⑤了解拟建房屋四周的道路、绿化规划。如需要了解建筑物周围的给水排水供暖、电

气的管线布置、位置、标高，还应查阅有关专业的总平面布置图。因此，阅读建筑总平面图主要是全面了解本工程的一些概况，基地的形状、大小、朝向、占地范围、各房屋间距、室外场地和道路布置、绿化配置、其他新建的位置及与原有建筑群周围环境之间的关系和邻近情况等。

识读示例如图 4-1-9 所示。小区的总平面图绘制比例为 1：500，图中西南角上的建筑为新建建筑。该建筑共六层，底层地面的绝对标高为 11.55 m，建筑总长为 22.44 m，总宽为 10.14 m。另外，图中还标注出新建建筑与原有建筑的间距及原有建筑的位置、层数。

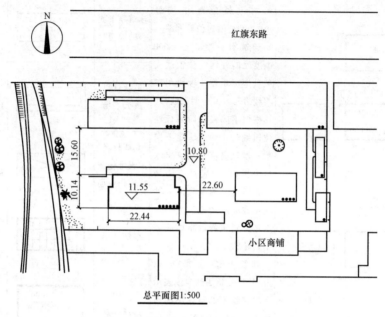

图 4-1-9　某住宅小区建筑总平面图

3. 建筑平面图

(1)平面图的形成和作用。建筑平面图是假想用一个水平的剖切平面，在房屋窗台略高一点位置水平剖开整幢房屋，移去剖切平面上方的部分，对留下部分所作的水平剖视图，简称平面图。

当建筑物有楼层时，应每层剖切，得到的平面图以所在楼层命名，称为×层平面图，如底层平面图、二层平面图、三层平面图等。如果上下各楼层的房间数量、大小和布置都一样，则相同的楼层可用一个平面图表示，称为标准层平面图或×～×层平面图。对于局部不同的地方，则另画局部平面图。

建筑平面图的基本内容

将完整的房屋建筑向水平投影面作正投影所得到的视图，称为屋顶平面图。屋顶平面图表明了屋顶的形状、屋面排水组织及屋面上各构配件的布置情况。

平面图用来表达房屋的平面布置情况，标定了主要构配件的水平位置、形状和大小。其是在施工过程中进行放线、砌筑、安装门窗等工作的基本依据。

(2)平面图的图示内容及表示方法。建筑平面图的图示内容主要包括以下几项：

1)建筑物的平面形状，房屋内各房间的名称、平面布置情况及房屋朝向。

2)纵横定位轴线及编号，分轴线及编号。

3)门窗的代号与编号，门的开启方向；其他构配件的布置和必要的尺寸。

4)各层平面图的尺寸和标高；墙的厚度、柱的断面形状和尺寸等。

5)底层平面图应注明剖面图的剖切位置符号；详图表达部位，应标注索引符号。

6)楼梯梯段的形状、楼梯的走向和级数。

7)图名、比例。

在建筑平面图中的线型应粗细分明，凡是被剖切到的墙体、柱用粗实线绘制；可见部分轮廓线、门扇、窗台的图例线用中粗实线绘制；窗户的玻璃线等用细实线表示。较小的构配件图例线、尺寸线、标高符号等用细实线绘制；轴线用细单点长画线绘制。绘制平面图的常用比例是 1∶50、1∶100、1∶200。

建筑施工图的绘图比例较小，某些内容因此无法用真实投影绘制，如门、窗等一些尺度较小的建筑构配件，这时可以使用图例来表示。图例应按《建筑制图标准》(GB/T 50104—2010)中的规定绘制，表 4-1-4 给出了建筑物中常用构造及配件图例。

表 4-1-4　常用建筑构造及配件图例

名称	图例	名称	图例
墙体	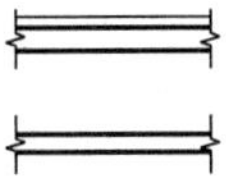	固定窗	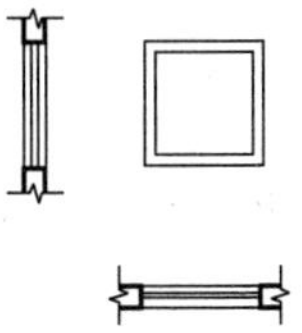
楼梯	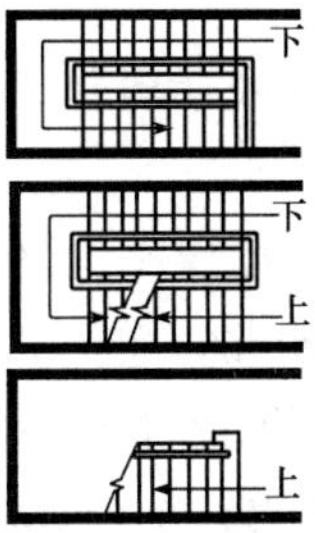	检查口	
墙预留洞、槽	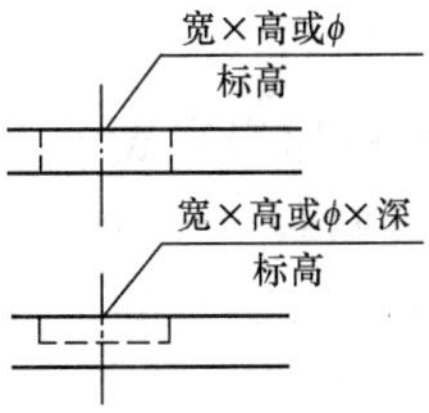	空门洞	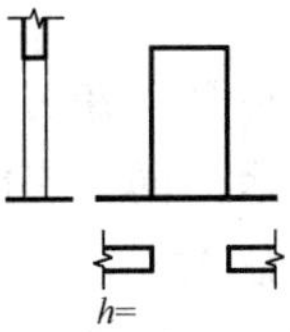
单面开启单扇门（包括平开或单面弹簧）	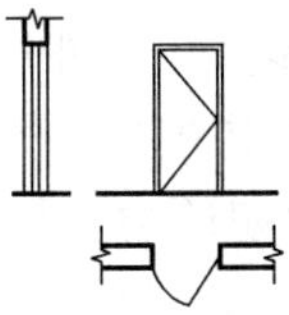	双面开启单扇门（包括双面平开或双面弹簧）	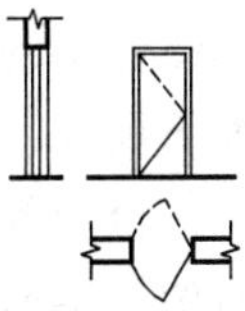

名称	图例	名称	图例
双层单扇平开门	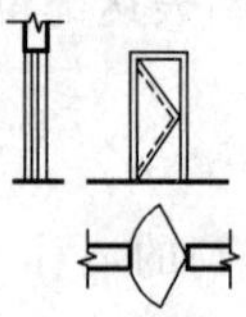	单面开启双扇门（包括平开或单面弹簧）	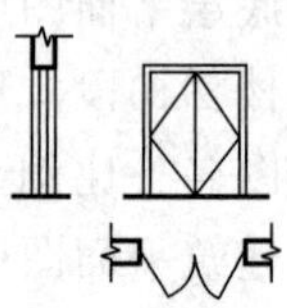
双面开启双扇门（包括双面平开或双面弹簧）	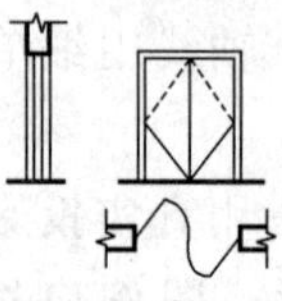	双层双扇平开门	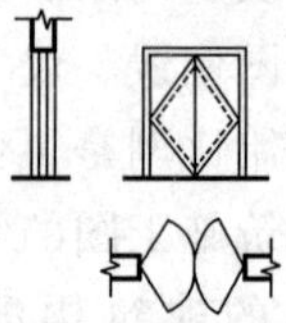
上悬窗	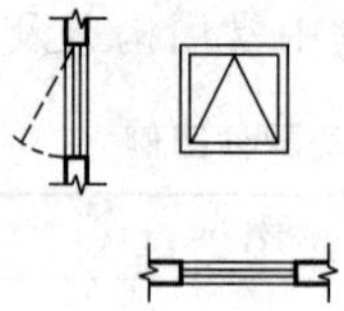	中悬窗	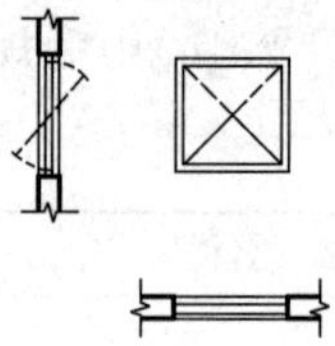
单层外开平开窗	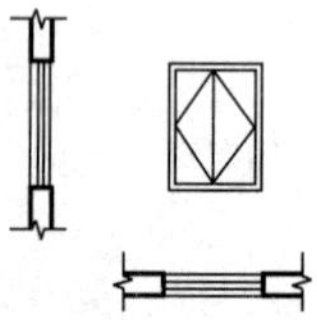	高窗	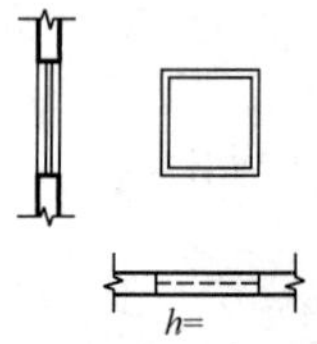 $h=$

(3)平面图的识读要点及识读示例。

1)底层平面图。现以某住宅楼工程为实例，进行底层建筑平面图的识读，如附录车库小棚层平面图所示。

①朝向、图名、比例、主要房间的布置。车库小棚层平面图(一层平面图)，绘图比例是1：100。从图中的指北针可以看出该建筑物坐南朝北，单元入口设在⑤～⑦轴和⑮～⑰轴，其左右两端是车库入口M—1，南面是分布均匀的12个车库。

②墙体及定位轴线。本建筑为砖混结构，外墙厚为370 mm，其他墙体厚为240 mm。通过轴网可以看出，横向轴线共21根，从左向右排列；纵向定位轴线共7根，从下向上排列。

③标高。在房屋建筑工程中，各部分的高度都用标高来表示。在平面图中，因为各房间的用途不同，房间的高度不都在同一水平面上。例如，—0.150表示车库地面比其他房间的地面低150 mm，—0.300表示室内外高差为300 mm。另外，卫生间、厨房、阳台与其他房间的地面均应存在高差且有指向地漏的坡度便于排水。

④尺寸标注。该建筑物的平面形状为矩形，总长为44.10 m，总宽为14.52 m，由此可计算出该住宅楼的用地面积。建筑物四周的三道外部尺寸由外向内分别表示总尺寸、轴间尺寸和细部尺寸。建筑内部的局部尺寸则分别显示各构配件的定位定形尺寸，如门窗、墙体、楼梯、台阶等，识读时应当将尺寸与前述的各构配件结合起来看。

⑤图例。平面图中门窗、楼梯均按规定的图例绘制。门和窗的代号分别为M和C，代号后面注写编号，如M—1、C—1等。如果门窗类型较多，可单列门窗表，表中列出门窗

的编号、尺寸和数量等内容。至于门窗的具体做法，则要查阅门窗的构造详图。楼梯的构造比较复杂，需另画详图。

⑥其他。在进门走廊处有一个管道井。图中还存在两处剖切，分别为1—1、2—2剖切符号，剖开后从右向左投影。底层平面图上还需要反映室外可见的台阶、散水（或明沟）、花台、花池及雨水管等。对于房屋的楼梯，由于底层平面图是底层窗台上方的一个水平剖面图，故只画出第一个梯段的下半部分楼梯，并按规定用倾斜折断线断开。

2) 标准层平面图（附图2）。标准层平面图的图示方法与底层平面图相同。因为室外的台阶、花池、明沟、散水和雨水管的形状及位置已在底层平面图中表达清楚了，所以中间各层平面图除要表达本层室内情况外，只需画出本层的室外阳台和下一层室外的雨篷、遮阳板等。

3) 顶层平面图。因剖切情况不同，顶层平面图中只有楼梯部分与底层和标准层均不相同。由于假想的剖切平面在顶层室内窗台上水平剖切整栋建筑，所以楼梯未剖切到，楼梯是完整绘制出。

4) 屋顶平面图（附图3）。屋顶平面图主要表明屋顶的形状，屋面排水方向及坡度、檐沟、女儿墙、屋脊线、落水口、上人孔、水箱及其他构筑物的位置和索引符号等。

附图中屋顶平面图所示的屋顶为双坡屋顶，其坡度为1:2，局部是坡度为2%的平屋顶。采用女儿墙内檐沟排水，排水坡度为1%。其他具体细部详图参见索引。

（4）平面图的绘制步骤和方法。

1) 比例选择、布置图面。根据常用比例，考虑自己的图幅选定比例，按选定的比例和图幅规定打好图纸边框，留出图标位置，然后安排好各图的位置使各图之间关系适当、疏密均匀，且留足尺寸标注及图名标注的位置。

2) 画定位轴线、墙厚与柱的断面。轴线是建筑物的核心线，也是控制线。

3) 确定门窗位置，画出细部形状，如楼梯、台阶、散水及卫生间等。

4) 经检查后，按规定线型加深图线，标注轴线编号、尺寸，画剖切位置线，索引符号，写其他文字说明，最后在平面图的下方写出图名、比例等。底层平面图还应在图外适当的位置画上指北针图例，以示方位。

4. 建筑立面图

建筑立面图是房屋的外墙面在与其平行的投影面上所作的正投影图，简称为立面图。主要用来表明房屋的外形外貌，反映房屋的高度、层数，屋顶的形式，墙面的做法，门窗的形式、大小和位置，以及窗台、阳台、雨篷、檐口、勒脚、台阶等构造和配件各部位的标高。建筑立面图是外墙面装饰、安装门窗的主要依据。

建筑立面图的识读

（1）立面图的图示内容及命名方法。

1) 建筑立面图的图示内容主要包括以下几点：

①从建筑物外可以看见的室外地面线、房屋的勒脚、台阶、花池、门、窗、雨篷、阳台、室外楼梯、墙体外边线、檐口、屋顶、雨水管、墙面分隔线等内容。

②标出建筑物立面上的主要标高。

③标注建筑物两端的定位轴线及其编号、标注详图索引符号。

④用文字说明外墙面装修的材料及其做法。

⑤图名和比例。立面图的绘制比例同平面图一样，常用 1∶50、1∶100、1∶200。

2)立面图的命名方式有以下几种：

①用朝向命名，如建筑物的某个立面面向哪个方向，就称那个方向的立面图。

②按主次立面命名，如将房屋的主要出入口或反映房屋外貌主要特征的立面图称为正立面图；而将其他立面图分别称为背立面图、左侧立面图和右侧立面图等。

③用立面图两端的定位轴线编号来命名，如按照观察者面向建筑物从左到右的轴线顺序命名。

(2)立面图的识读要点及识读举例。该住宅楼按立面图两端的定位轴线编号来命名进行立面图绘制，以反映该房屋的各个立面的不同情况和装饰等。

现以附录为例来说明立面图所应表达的主要内容和识读步骤。具体如下：

1)了解图名及比例。附录立面图为建筑的①～㉑轴立面图，绘图比例为 1∶100。

2)了解立面图与平面图的对应关系。立面图中一般只画出两端的定位轴线及其编号，以便与平面图对照。如图中所示的立面图只需标①和㉒两条定位轴线，据此可知该立面图是建筑的南立面图。

3)了解房屋的外貌特征及装修做法。为使立面图外形清晰，通常用特粗实线画房屋的室外地面线，用粗实线画立面的最外轮廓线，用中粗线画门窗洞、台阶、花台等轮廓线。门窗扇及其分格线、花饰、雨水管、墙面分格线、外墙勒脚线，以及引出线和标高符号等都画细实线。

立面面层装饰的主要做法，一般可在立面中注写文字来说明，例如，车库外墙贴仿石面砖，屋顶为红色水泥瓦等。

4)了解房屋的竖向标高。立面图上一般只标注房屋主要部位的标高和尺寸。如地下车库的地面标高是−0.150，室外地坪标高为−0.300，二层楼面的标高是 2.400。另外，通常还注出窗台、雨篷、檐口等部位的标高。

5)索引符号。建筑立面图中需要引出详图或剖面详图时，应加索引符号。如①～㉑轴立面图中阳台下部的做法见本套图纸建施−11 中的节点 2。

附图 5 中的㉑～①轴立面图请读者自行分析。

(3)立面图的绘制步骤和方法。绘制立面图与绘制平面图一样，也是先选定比例和图幅，按选定的比例和图幅规定打好图纸边框，留出图标位置，然后安排好图的位置，且留足尺寸标注及图名标注的位置。

1)用加粗的粗实线表示该建筑物的室外地坪线(一般类同图框线)，而用粗实线表示该建筑物的主要外墙轮廓线、屋顶线。

2)用中实线绘制，根据层高各部分标高和平面图门窗洞口尺寸，画出立面图图上壁柱、檐口门窗洞、雨篷、花格、雨水管等外形轮廓线，画出少量门窗扇、墙面、分格线。

3)在地坪线下方画出立面图左右两端的轴线及编号，以便与平面图对照阅读。

4)对外墙面装饰材料要求作附加说明(在建筑施工总说明中已交代清楚者可不再标明)。

5)立面图上的高度尺寸主要用标高的方式来标注，对外形也可附加一些线形尺寸。

6)其他。还应在立面图中标注详图索引符号、轴编号等；在图下方注上图名及比例。

5. 建筑剖面图

(1)剖面图的形成和作用。假想用一个或多个垂直于外墙轴线的铅垂剖切平面将房屋剖开，移去靠近观察者的部分，对留下部分所作的正投影图称为建筑剖面图。建筑剖面图主要用于表达房屋内部高度方向构件布置、上下分层情况、层高、门窗洞口高度，以及房屋内部的结构形式。剖面图的剖切位置通常应通过门窗洞口和楼梯间。剖面图的数量应根据房屋的复杂程度和施工实际需要而定。两层以上的楼房一般至少要有一个通过楼梯间剖切的剖面图。剖面图的图名应与底层平面图上标注的剖切符号编号一致，如1—1剖面图。

建筑剖面图的识读

(2)剖面图的图示内容及表示方法。

1)被剖切到的墙、梁及其定位轴线；标注尺寸和标高。

2)室内底层地面、各层楼面、屋顶、门窗、楼梯、阳台、雨篷、防潮层、踢脚板、室外地面、散水、明沟及室内外装修等剖切到和可见的内容。

3)楼地面、屋顶各层的构造。

4)图名和比例。

另外，在剖面图中，凡需绘制详图的部位，均要画出详图索引符号。

用粗实线绘制被剖到的墙体、楼板、屋面板；用中粗实线绘制房屋的可见轮廓线；用细实线绘制较小的建筑构配件的轮廓线、装修面层线等；而用特粗实线绘制室内、外地坪线。

绘图比例小于或等于1：50时，被剖切到的构配件断面上可省略材料图例。绘制比例应与平面图绘图比例相同。

(3)剖面图的识读要点及识读举例。下面以附图6为例，看剖面图的内容及识读步骤：

1)图名及比例。由图名可知，附图6是1—1剖面图，比例为1：100，与建筑平面图相同。

2)剖面图与平面图的对应关系。将图名和轴线编号与一层平面图的剖切符号对照，在⑮~⑰轴线间注有1—1阶梯剖切符号，剖开后从右向左投影，此剖面图剖切了建筑的主要出入口、楼梯间及平面变化处。剖面图的宽度应与平面图宽度相等，剖面图高度应与立面图保持一致。

3)房屋的结构形式。从1—1剖面图上可以看出，该建筑的楼板、屋面板各种梁、楼梯、雨篷等水平承重构件均用钢筋混凝土制作，墙体用砖砌筑，属砖混结构。

4)主要标高和尺寸。1—1剖面图中，注写了房屋主要部位的标高，即底层室内外地坪、各层楼面、屋面、楼梯休息平台、檐口、屋顶等处均注出了标高数值。除标高外，图中还注出了门窗洞口等细部尺寸和高度尺寸。楼梯因另有详图，其尺寸不必在此图中注出。

5)屋面的排水方式。结合屋顶排水平面图，可了解房屋的排水方式及排水坡度。

(4)剖面图的绘制步骤和方法。

1)根据平面图的剖切位置和投影方向，分清剖到与没有剖到的可见部分，然后按比例与投影关系，确定并画出轴线、室内外地坪线、楼面线、屋面线等，并画出墙身。

2)确定门窗、楼梯位置，画细部，如门窗洞、楼梯、栏杆、梁、板、雨篷、雨水管、屋面(根据屋面坡度画屋面)、檐口、水箱、上人孔、阳台及明沟等。

3）画剖面符号、标高符号、尺寸线、轴线编号等图线，经过检查之后，擦去多余线条，按照施工图的要求最后加深图线。并画出材料图例、标注尺寸数字、图名、比例及有关文字说明等。

4）按规定线型加深图线，剖面图中被剖切部分轮廓线用粗实线表示，其余部分均用细实线表示。

5）剖面图中还应画出主要承重墙的轴线及轴线编号和轴线间的间距尺寸。在剖面图的外侧一般应标注以下三道尺寸：

①最内一道为窗洞口尺寸和窗间墙尺寸；

②第二道为层高尺寸；

③最外一道为总高度，从室外地坪起算。

三道尺寸都以"mm"为单位，层高的标高尺寸以"m"为单位。

除以上三道尺寸外，剖面图上还应标注出窗台过梁、楼面、地面、屋面等标高。

6．建筑详图

（1）建筑详图的形成。由于画平面图、立面图、剖面图时所用的比例较小，房屋上许多细部的构造无法表示清楚，为了满足施工的需要，必须分别将这些部位的形状、尺寸、材料、做法等用较大的比例详细画出图样，这种图样称为建筑详图，简称详图。

（2）建筑详图的用途及主要内容。建筑详图是建筑细部的施工图，是对建筑平面图、立面图、剖面图等基本图样的深化和补充，是建筑工程的细部施工、建筑构配件的制作及编制预算的依据。

建筑详图所画的节点部位，除应在有关的建筑平面图、立面图、剖面图中绘制索引符号外，并需在所画建筑详图上绘制详图符号和写明详图名称，以便查阅。

建筑详图的主要内容包括以下几项：

1）图名（或详图符号）、比例。

2）构配件各部分的构造连接方法及相对位置关系。

3）各部位、各细部的详细尺寸。

4）构配件或节点所用的各种材料及其规格。

5）有关施工要求、构造层次及制作方法说明等。

（3）建筑详图的种类。建筑详图可分为局部构造详图和构配件详图。局部构造详图主要表示房屋某一局部构造做法和材料的组成，如墙身详图、楼梯详图等；构配件详图主要表示构配件本身的构造，如门、窗、花格等详图。

（4）建筑详图的识读要点及识读举例。

1）外墙剖面详图。外墙剖面详图又称为墙身大样图，是建筑外墙剖面的局部放大图。其表达了房屋的屋面、檐口、楼（地）面的构造、尺寸、用料及其与墙身等其他构件的关系，并且还表明了女儿墙、窗顶、窗台、勒脚、散水等的位置及构造做法。因此，外墙剖面详图是使用最多的建筑详图之一。

外墙剖面详图一般采用1∶20的较大比例绘制，为节省图幅，通常采用折断画法，往往在窗洞中间处断开，成为几个节点详图的组合。如果多层房屋中各层的构造情况一样，可只画底层、顶层或加一个中间层来表示。

外墙剖面详图上标注尺寸和标高，与建筑剖面图基本相同，线型也与剖面图一样，剖到的轮廓线用粗实线，粉刷线则为细实线，断面轮廓线内应画上材料图例。

现以附图 8 为例，说明外墙剖面详图的内容：

图中的外墙剖面详图（建施—9）采用的比例为 1∶20，从轴线符号可知为Ⓑ轴线外墙身。窗台向外出挑 400 mm，厚度 80 mm。外窗台下部作滴水槽。由图中的材料图例可知，墙体采用普通砖砌筑，窗过梁、天沟、楼板等均为钢筋混凝土制作。屋面平台护栏和窗台护栏的构造做法见详图。

另外，图中还注出了室外设计地面、室内地面、窗台、屋面平台等处的标高及楼地面、外墙面的构造做法。

2）楼梯详图。在建筑平面图中包含楼梯部分的投影，但因为楼梯踏步、栏杆、扶手等各细部的尺寸相对较小，图线十分密集，所以不易表达和标注，绘制建筑施工图时，常常将其放大绘制成楼梯详图。

楼梯主要由楼梯段、休息平台和栏杆扶手三部分组成。

楼梯详图主要表示楼梯的类型、结构形式，以及梯段、栏杆扶手、防滑条等的详细构造方式、尺寸和用料。楼梯详图一般由楼梯平面图、剖面图和节点详图组成。

楼梯建筑详图识读与绘制

下面以附图 8 为例介绍楼梯详图的内容及识读步骤。

①楼梯平面图。楼梯平面图是楼梯某位置上的一个水平剖面图。其剖切位置与建筑平面图的剖切位置相同。楼梯平面图主要反映楼梯的外观、结构形式、楼梯中的平面尺寸及楼层和休息平台的标高等。

一般情况下，楼梯平面图应绘制三张，即楼梯底层平面图、中间层平面图（梯段从第二层至顶层楼梯平面无变化时）和顶层平面图。有时由于梯段数目的变化，也会画出相应变化的楼层平面图。

底层平面图的剖切位置在第一跑梯段上，因此在底层平面图中只画半个梯段，梯段断开处画 45°折断线。

中间层平面图的剖切位置在某楼层向上的梯段上，所以，在中间层平面图上既有向上的梯段，又有向下的梯段，在向上梯段断开处画 45°折断线。

顶层平面图的剖切位置在顶层楼层平台一定高度处，没有剖切到楼梯段，因而，在顶层平面图中只有向下梯段，平面图中没有折断线。

从以上介绍可以看出这三个平面图画法的相同之处和不同之处。

a. 相同之处：当楼梯梯段被剖切面截断时，按规定在平面图中以一条与梯级踢面倾斜 45°的折断线表示梯段被截断；在梯段处画出一个长箭头，并注明"上"或"下"；都要标明该楼梯间的轴线、尺寸、楼地面的标高及各细部的尺寸。

b. 不同之处：底层平面图的楼梯梯级虽然有"上""下"，折断线的另一侧是楼梯底的空间，所以梯段用虚线画出；中间层（如第三层）平面图既表现了从第三层楼面往上走到第四层的梯段，也表示了从第四层楼面往下走到第三层的梯段。即中间层楼梯的梯级既有"上"也有"下"，折断线的两侧表现的都是梯段；顶层平面图表现的只有往下走的梯段，这些梯段没有被剖切平面截断，在梯段处没有折断线。

另外，在楼梯口的另一侧要画出护栏的投影。

由附图 8 可知，此单元楼梯位于横向定位轴线⑤～⑦、纵向定位轴线Ⓒ～Ⓖ之间。该楼梯间平面为矩形，其开间尺寸为 2 600 mm，进深尺寸为 6 600 mm，中间休息平台宽为 1 530 mm，并在楼层平台处设置管道井。该楼梯梯井宽为 100 mm，每层踏步数共有 20

级，每梯段为 10 级。

从图中还能看出，楼梯间各楼层平台、休息平台面的标高，以及楼梯间墙、门、窗的平面位置、尺寸。

②楼梯剖面图。楼梯剖面图是楼梯垂直剖面图的简称。其剖切位置应通过各层的一个梯段和门窗洞口，向另一未剖到的梯段方向投影所得到的剖面图。

楼梯剖面图主要表达楼梯的梯段数、踏步数、类型及结构形式，表示各梯段、平台、栏杆等的构造及它们的相互关系。习惯上，若楼梯间屋面没有特殊之处，可用折断线断开，不必画出。在多层房屋中，若中间各层的楼梯构造相同，剖面图可只画出底层、中间层和顶层，中间层用折断线分开。

楼梯剖面图中应注明地面、楼面、平台面等处的标高，还应注出梯段、栏杆的高度尺寸及窗洞、窗间墙等处的细部尺寸。

由附图 8 可知此楼梯剖面图中各层休息平台和楼层平台部位的标高；标高±0.000 和 2.400 之间的梯段共 14 步，踏面宽为 260 mm，踢面高为 171.43 mm；以上各层梯段踏步数相同各 10 步，踏面宽为 300 mm，踢面高为 150 mm。楼梯间踏步的装修若无特别说明，一般与地面的做法相同。

图中还可以看出，楼层平台的宽度为 1 590 mm，休息平台的宽度为 1 530 mm，室内外高差为 300 mm。

③楼梯节点详图。楼梯节点详图一般包括踏步、扶手、栏杆详图和梯段与平台处的节点构造详图。依据所画内容的不同，详图可采用不同的比例，以反映它们的断面形式、细部尺寸、所用材料、构件连接及面层装修做法等。

请读者自行分析识读本书附录的建筑施工图，熟悉建筑施工图的图示内容及深度。

任务小结

1. 通过本任务的学习，应了解建筑施工图的形成、作用和内容，弄清楚建筑施工图的图示方法。

2. 能初步掌握阅读专业施工图的方法，具有阅读相关专业施工图的能力。

拓展任务

1. 识读平面图中的索引符号和剖切符号并找出相对应的详图。

2. 识读平面图中的室内外标高、尺寸。

3. 根据所学知识，自主完成某居住建筑平面图的识读，与同学交流并做好识读笔记。

4. 根据所学知识，自主完成某居住建筑剖面图的识读，与同学交流并做好识读笔记。

5. 根据所学知识，自主完成某居住建筑施工图中楼梯平面图的绘制。

任务二　结构施工图

★ **学习目标**

通过本任务的学习，学生应能够：

1. 熟悉房屋结构施工图的图示特点、组成和识图步骤；
2. 掌握房屋结构施工图的有关规定和识读方法；
3. 掌握房屋结构施工图的绘制方法和要求。

▶▶ **教学要求**

教学要点	知识要点	权重	自测分数
房屋结构施工图的排序、分类	掌握房屋结构施工图的排序、分类	10%	
结构施工图识读	掌握结构施工图识读，能运用绘图工具抄绘结构施工图	90%	

★ **素质目标**

1. 将求真务实、艰苦奋斗、顽强拼搏的精神融入建筑识图与构造课堂，培养学生严谨务实的工作态度，争做忠于党、忠于国家、忠于人民的"大国工匠"；
2. 培养学生终身可持续发展能力。

一、房屋结构施工图

1. 结构施工图的作用

凡需要进行结构设计计算的承重构件（如基础、柱、梁板等），其材料、形状、大小及内部构造等，皆由结构施工图表明；结构施工图还是放线、挖土方、支模板、绑扎钢筋、浇筑混凝土、安装各类承重构件、编制预算及施工组织计划的重要依据。结构施工图简称结施。

2. 结构施工图的基本内容

（1）结构设计说明。根据工程的复杂程度，结构设计说明的内容有多有少，但一般均包括以下五个方面的内容：

1）主要设计依据。阐明上级机关的批文，国家有关的标准、规范等。

2）自然条件。自然条件包括地质勘探资料，地震设防烈度，风、雪荷载等。

3）施工要求和施工注意事项。

4）对材料的质量要求。

5)合理使用年限。

(2)结构布置平面图。结构布置平面图同建筑平面图一样，属于全局性的图纸，主要包括以下内容：

1)基础平面布置图及基础详图。

2)楼面结构平面布置图及节点详图。

3)屋顶结构平面布置图及节点详图。

(3)钢筋混凝土构件详图。构件详图属于局部性的图纸，突出构件的形状、大小、所用材料的强度等级和钢筋的配置等。其主要内容有以下几项：

1)梁、板、柱等构件配筋详图。

2)楼梯结构配筋详图。

3)其他构件配筋详图。

3. 常用的图例及符号

《房屋建筑制图统一标准》(GB/T 50001—2017)、《建筑结构制图标准》(GB/T 50105—2010)等国家标准对结构施工图的绘制有明确的规定，现将有关规定介绍如下：

(1)常用构件代号。常用构件代号用各构件名称的汉语拼音的首字母表示，详见表4-2-1。

表 4-2-1　常用构件代号

序号	名称	代号	序号	名称	代号	序号	名称	代号
1	板	B	8	盖板	GB	15	吊车(起重机)梁	DL
2	屋面板	WB	9	挡雨板	YB	16	单轨(起重机)梁	DDL
3	空心板	KB	10	吊车(起重机)安全道板	DB	17	轨道连接	DGL
4	槽形板	CB	11	墙板	QB	18	车挡	CD
5	折板	ZB	12	天沟板	TGB	19	圈梁	QL
6	密肋板	MB	13	梁	L	20	过梁	GL
7	楼梯板	TB	14	屋面梁	WL	21	连系梁	LL
8	基础梁	JL	33	支架	ZJ	44	水平支撑	SC
9	楼梯梁	TL	34	柱	Z	45	梯	T
10	框架梁	KL	35	框架柱	KZ	46	雨篷	YP
11	框支梁	KZL	36	构造柱	GZ	47	阳台	YT
12	屋面框架梁	WKL	37	承台	CT	48	梁垫	LD
13	檩条	LT	38	设备基础	SJ	49	预埋件	M
14	屋架	WJ	39	桩	ZH	50	天窗端壁	TD
15	托架	TJ	40	挡土墙	DQ	51	钢筋网	W
16	天窗架	CJ	41	地沟	DG	52	钢筋骨架	G
17	框架	KJ	42	柱间支撑	ZC	53	基础	J
18	刚架	GJ	43	垂直支撑	CC	54	暗柱	AZ
注：预应力钢筋混凝土构件代号，应在构件代号前加注"Y—"。例如，Y—KB表示预应力钢筋混凝土空心板。								

(2)常用钢筋代号。我国目前钢筋混凝土和预应力钢筋混凝土中常用的钢筋和钢丝主要有热轧钢筋、冷拉钢筋和热处理钢筋、钢丝四大类。不同种类和级别的钢筋、钢丝在结构施工图中用不同的符号表示，见表4-2-2。

表 4-2-2　钢筋的种类和代号

牌号	符号	公称直径 d/mm
HPB300	φ	6～14
HRB335	Φ	6～50
HRB400 HRBF400 RRB400	Φ ΦF ΦR	6～50
HRB500 HRBF500	Φ ΦF	6～50

（3）钢筋的标注方法。如图 4-2-1 所示。

1）标注钢筋的根数和直径。

2）标注钢筋的直径和相邻钢筋中心距。

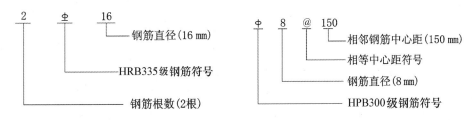

图 4-2-1　钢筋的标注

（4）钢筋的作用和分类。钢筋混凝土构件中的钢筋，有的是因为受力需要而配置，有的则是因为构造需要而配置的，这些钢筋的形状和作用各不相同，一般可分为以下几种：

1）受力钢筋（主筋）。在构件中以承受拉应力和压应力为主的钢筋称为受力钢筋。受力钢筋用于梁、板、柱等各种钢筋混凝土构件中，可分为直筋和弯起筋；还可分为正筋（拉应力）和负筋（压应力）两种。

2）箍筋。承受一部分斜拉应力（剪应力），并为固定受力钢筋、架立筋的位置所设的钢筋称为箍筋。箍筋一般用于梁和柱中。

3）架立钢筋。架立钢筋又称架立筋，用以固定梁内钢筋的位置，将纵向的受力钢筋和箍筋绑扎成骨架。

4）分布钢筋。分布钢筋简称分布筋，用于各种板内。分布筋与板的受力钢筋垂直设置。其作用是将承受的荷载均匀地传递给受力筋，并固定受力筋的位置及抵抗热胀冷缩所引起的温度变形。

5）其他钢筋。除以上常用的四种类型的钢筋外，还会因构造要求或者施工安装需要而配置构造钢筋，如腰筋，用于高断面的梁中；预埋锚固筋，用于钢筋混凝土柱上与墙砌在一起，起拉结作用，又称拉结筋；吊环在吊装预制构件时使用。

（5）钢筋的保护层。结构构件受力主筋面必须有一定厚度的混凝土，这层混凝土就被称为保护层。保护层的厚度因构件不同而异。为了使钢筋在构件中不被锈蚀，加强钢筋与混凝土的粘结力，一般情况下，梁和柱的保护层厚度为 25 mm，板的保护层厚度为 10～15 mm，剪力墙的保护层厚度为 15 mm。

二、结构施工图识读

1. 基础施工图

通常将建筑物地面±0.000(除地下室)以下，承受房屋全部荷载的构件称为基础。当建筑物为承重墙时，常采用条形基础；当建筑物为柱承重时，常用独立基础或桩基础。基础施工图包括基础平面图和基础详图。

(1)基础平面图。基础平面图是假想用一水平剖切面，在地面附近水平剖切而绘制的平面图，如图4-2-2所示。现以某混合结构住宅为例，具体说明基础平面图画法如下：

1)按比例(常用比例为1：100或1：200)画出定位轴线(同建筑平面图)。

2)用粗实线画出墙(或柱)的边线，用细实线画出基础底边线。

3)画出不同断面的剖切符号，并分别编号。

4)标注尺寸。参考平面图的标注方法，根据结构复杂程度标注两道尺寸。

5)设备较复杂的房屋，在基础平面图上还要配合采暖通风图，给水排水管道图，电气设备图等，用虚线画出管沟、设备孔洞等位置，注明其内径、宽、深尺寸和洞底标高。

(2)基础详图。基础平面图主要表达基础墙、垫层、柱、梁等构件布置平面关系。而基础外形、大小、材料强度等级及基础埋置深度等则需要有基础详图。基础详图是用铅垂剖切平面沿垂直于定位轴线方向切开基础所得到的断面图，如图4-2-3所示。为了表明基础的具体构造，不同断面不同做法的基础

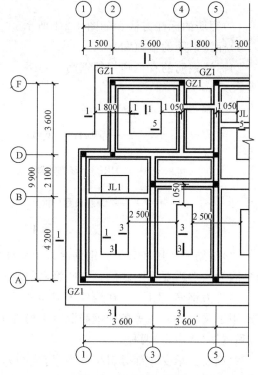

图 4-2-2 基础平面图

都应画出详图。基础详图一般比例较大，常用1：10、1：20、1：30等。基础详图的画法如下：

1)选择比例，画出基础的定位轴线。

2)画出室内外地坪线，墙身防潮层，根据基础各部分高、宽尺寸画出基础、基础墙等断面轮廓线。

3)画出基础梁、基础底板配筋等内部构造情况。

4)标注室内外地面、基础底面的标高和各细部尺寸；书写文字说明。

(3)基础结构施工图识读要点如下：

1)看设计说明，了解基础所用材料、地基承载力及施工要求等。

2)看基础平面图与建筑平面图的定位轴线及尺寸标注是否一致，基础平面图与基础详图是否一致。

3)看基础平面图要注意基础平面布置与内部尺寸关系，以及预留洞的位置及尺寸等。

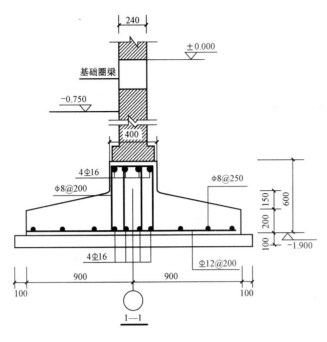

图 4-2-3　基础详图

4)看基础详图要注意竖向尺寸关系,基础的形状、做法与详细尺寸,钢筋的直径、间距与位置,以及地圈梁、防潮层的位置、做法等。

附图 9、10 图示内容如下:

此基础平面图的绘制比例为 1∶100,图中横向轴线有 21 根,用阿拉伯数字表示;纵向轴线有 6 根,用大写字母表示。

从图中可以看出,基础有 10 种截面形式,分别用 1—1、2—2……10—10 断面符号表示。涂黑的方块为钢筋混凝土构造柱(用 GZ 表示)和宽柱(用 Z 表示)。

基础分布在各道轴线上,与该建筑物的建筑平面图相一致。基础均用轴线定位,除标注的基础墙厚为 370 mm 外,其他未标注的基础墙厚均为 240 mm,且轴线居中布置。

以 1—1 为例分析基础断面详图:1—1 基础断面详图的绘制比例为 1∶30,基础墙厚为 370 mm,基础埋深为 1 500 mm,宽为 1 600 mm。在−0.060 m 处有一道防潮层,其做法为 1∶2.5 的水泥砂浆掺 5% 的防潮剂。地圈梁的截面尺寸是 370 mm×300 mm,配有 6φ12 的钢筋,箍筋为 φ6@200。基础下部配有双向钢筋分别为 φ8@300 及 φ12@150。结合结构说明可知:基础混凝土强度等级为 C25。

2. 结构平面布置图

楼层结构平面布置图是用平面图的形式表示房屋上部各承重结构或构件的布置图。一般包括楼层结构平面布置图和屋顶结构平面布置图。屋顶结构平面布置图是表示屋面承重构件平面布置的图样。其与楼层结构平面布置图基本相同。由于屋面排水的需要,屋面承重构件可根据需要按一定的坡度布置,有时需要设置挑檐板,因此,在屋顶结构平面布置图中要表明挑檐板的范围及节点详图的剖切符号,阅读屋顶结构平面布置图时,还要注意屋顶上人孔、通风道等处的预留孔洞的位置和大小。

(1)结构平面布置图的图示内容和作用。楼层结构平面布置图是用一假想的水平剖切平面在所要表明的结构层没有抹灰时的上表面处水平剖开，向下作正投影而得到的水平投影图。其主要用来表示房屋每层梁、板、柱、墙等承重构件的平面位置，说明各构件在房屋中的位置及它们的构造关系。其画法如下：

1）画出与建筑平面图一致的定位轴线。

2）画出平面外轮廓、楼板下的不可见墙身线和门窗洞的位置线及梁的平面轮廓线等。

3）对于预制板部分，注明预制板的数量、代号、编号；对于现浇板，画出板中钢筋的布置，并注明钢筋的编号、规格、间距、数量等。

4）标注断面图的剖切位置并编号。

5）标注轴线编号和各部分尺寸、楼（屋）面结构标高等。

6）书写文字说明。

（2）结构平面布置图的识读要点及识读举例。识读结构平面布置图时应注意以下几点：

1）楼板及屋面结构平面的轴线网与相应的建施图中楼层平面图轴线网一致。为了突出楼板布置，墙体用细线表示。注：被楼板等构件遮住的墙体用细虚线表示。

2）预制楼板的平面布置情况一般用细实线表示；墙内圈梁及过梁用粗单点长画线表示；承重梁需要表示其外形投影，且不可见时用细虚线表示；钢筋在结构平面图上用粗实线表示。预制楼板按实际情况标注板的数量和构件代号。

3）现浇楼板可另绘详图，并在结构平面图上标明板的代号，或者将结构平面图与板的配筋图合二为一，在结构平面图上直接绘制出钢筋，并标明钢筋编号、直径、级别、数量等。

此处以附图 11 的 5.320（8.320、11.320）层结构布置图为例进行分析。从图中可以看出，结构平面图的定位轴线网与建施图中楼层平面图轴线网一致，绘图比例为 1∶100。图中可看出有圈梁（QL）1 和圈梁 2，其宽度均同墙厚。有过梁（GL）1 和过梁 2，其中过梁 1 宽 240 mm，高 300 mm，长 1 900 mm，内配箍筋 φ8@100/200（双肢箍），上部配有 2 根 Φ16 的角筋，下部配有 3 根 Φ20 的钢筋；过梁 2 宽 370 mm，高 300 mm，长 1 900 mm，内配箍筋 φ8@100/200（四肢箍），上部配有 4 根 Φ16 的钢筋，下部配有 2 根 Φ18 的角筋和 2 根 Φ16 的中部筋。图中还可看出有梯梁（TL）和连系梁（LL）。

下面以Ⓔ轴上的 LL-1 为例，解释其含义如下：

LL-1（1）240×300 表示连系梁编号为 1，括号内的 1 表示一跨，梁宽为 240 mm，梁高为 300 mm；

φ8@100/200（2）表示直径为 8 mm 的 HPB300 级钢筋，加密区间距为 100 mm，非加密区间距为 200 mm，括号内的 2 表示双肢箍；

2Φ16；3Φ22 表示上部是 2 根直径 16 mm 的 HRB335 级贯通钢筋，下部是 3 根直径 22 mm 的 HRB335 级贯通钢筋。

附图 12 的 5.320（8.320、11.320）层板配筋图，以支撑在①～②轴和Ⓔ～Ⓕ轴的板为例介绍板的配筋。从图中可知，该板长、宽均为 3.6 m，上部支座处配筋为 φ8@200（编号 18）、φ12@180（编号 16）、φ12@180（编号 19）以及 φ8@130（编号 a），板下部配双向 φ8@130 的钢筋。

楼层结构平面图中的楼梯部分因比例较小，不能清楚地表达其结构平面布置，需要另绘制结构详图，此图中仅注明名称即可。

3. 钢筋混凝土构件图

钢筋混凝土构件按照施工方法可分为预制装配式和现浇整体式两大类，分述如下：

（1）预制装配式构件。装配式结构图主要表示预制梁、板及其他构件的位置、数量及搭接方法。其内容一般包括结构布置平面图、节点详图、构件统计表及文字说明等。

在施工图中，结构布置图常用一种示意性的简化画法来表示，如图 4-2-4 所示。这种投影法的特点是楼板压住墙，被压部分墙身轮廓线画中粗虚线，门窗过梁上的墙遮住过梁，门窗洞口的位置用中粗虚线，过梁代号标注在门窗洞口旁。

下面以图 4-2-4 为例，介绍结构布置图的主要内容：

1）轴线。为了便于确定梁、板及其他构件的安装位置，应画出与建筑平面图中一致的定位轴线，并标注编号及轴线间的尺寸、轴线总尺寸。

2）墙、柱。墙、柱的平面位置在建筑图中已经表示清楚了，但在结构平面布置图中仍然需要画出其平面轮廓线。

3）梁及梁垫。梁在结构平面布置图上用梁的轮廓线表示，也可用单粗线表示，并注写上梁的代号及编号。如 L—1（240×350）的含义为"L"代表梁，"1"是这根梁的编号，"240"为梁的宽度，"350"为梁的高度。

当梁搁置在砖墙或砖柱上时，为了避免墙或柱被压坏，需要设置一个钢筋混凝土梁垫。在结构平面布置图中，"LD"代表梁垫。

4）预制楼板。由于预制楼板大多数是选用标准图集，因此楼板在施工图中应标明代号、跨度、宽度及所能承受的荷载等级。如图中 7YKB336-4 各字母、数字的含义是：7 块长 3.3 m 宽 0.6 m 的 4 级板。

5）过梁及雨篷。在门窗洞口顶上沿墙放置一根梁，称为过梁。过梁在结构布置图中用粗实线，也可以直接标注在门窗洞口旁。

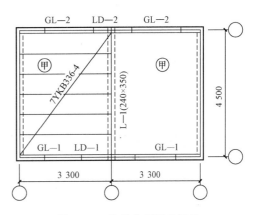

图 4-2-4 结构布置图的画法

6）圈梁。设置在基础顶面、门窗洞口顶部、楼板和檐口等部位的墙内连续而封闭的水平梁，称为圈梁。设置在基础顶面的圈梁称为基础圈梁，设置在门窗洞口顶部的圈梁常代替过梁。圈梁在平面布置图中可以用粗实线单独绘制，也可用粗虚线直接绘制在结构布置图上。

（2）现浇整体式构件。钢筋混凝土现浇构件详图是加工制作钢筋、浇筑混凝土的依据，其内容一般包括模板图、配筋图及钢筋表。

1）模板图。模板图也称外形图，主要表达构件的外部形状、几何尺寸和预埋件代号及位置。其适用于较复杂的构件，以便模板的制作和安装。对于形状简单的构件，一般不必单独绘制模板图，只需要在配筋图上将构件的尺寸标注清楚即可。

2）梁、板、柱的配筋详图。

①梁是受弯构件，钢筋混凝土梁的结构详图以配筋图为主，如图 4-2-5 所示。

钢筋的形状在配筋图中一般已表达清楚，如果配筋比较复杂，钢筋重叠无法看清，应在配筋图外另加钢筋详图。钢筋详图应按照钢筋在立面图中的位置由上而下，用同一比例排列在配筋图的下方，并与相应的钢筋对齐。

②板同梁一样也是受弯构件，现浇板为工地现场浇筑，现浇板的配筋图一般只画出它的平面图或断面图。

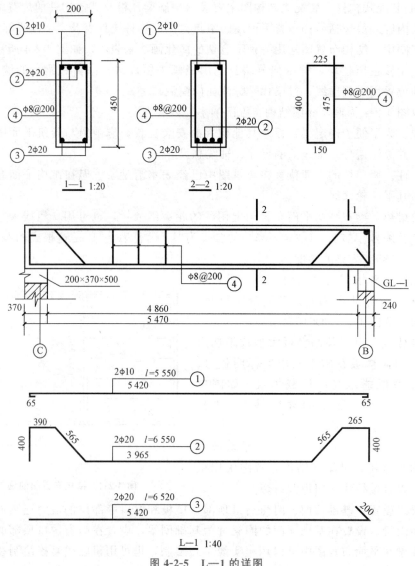

图 4-2-5　L—1 的详图

在结构平面布置图中，同种规格的钢筋往往仅画一根示意。钢筋弯钩向上、向左表示底层钢筋；钢筋弯钩向下、向右表示顶层钢筋，如图 4-2-6 所示。

板内不同类型的钢筋都用编号来表示，并在图中或文字说明中注明钢筋的编号、规格、间距等。钢筋编号写在细线圆圈内，圆圈直径为 6 mm。

③钢筋混凝土柱的详图相对于梁、板来讲，比较简单。其内容主要包括模板图、配筋图、断面图、钢筋表和文字说明等部分，如图 4-2-7 所示。

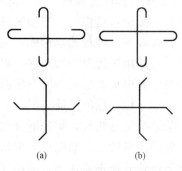

图 4-2-6　双向钢筋的表示方法
(a)底层；(b)顶层

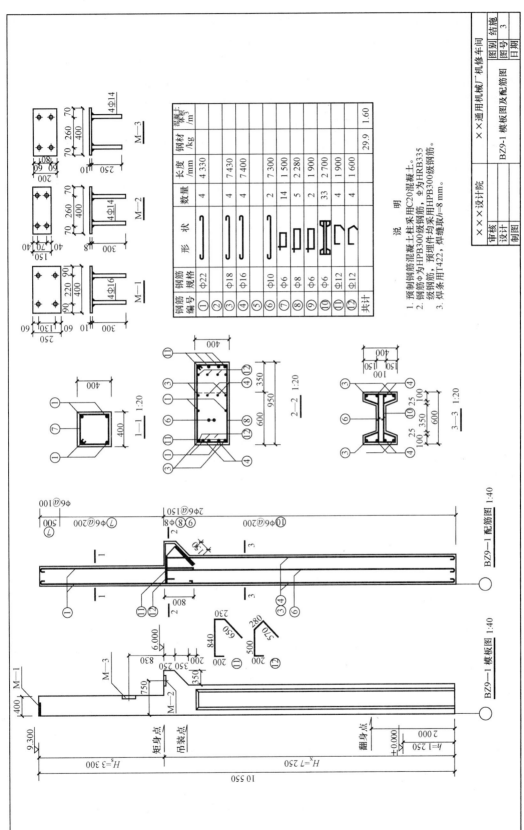

图4-2-7 钢筋混凝土柱详图

（3）钢筋混凝土梁、柱、板平法施工图识读举例及表示方法。建筑结构施工图平面整体表示方法（以下简称平法），是将结构构件的尺寸和钢筋等，按照平面整体表示方法的制图规则，直接表达在各类构件的结构平面布置图上，再与标准构造详图相配合，形成一套新型完整的结构施工图的方法。它改变了传统，将构件从结构平面布置图中索引出来，再逐个绘制配筋详图的烦琐方法，是建筑结构施工图设计方法的重大改革。

下面简单介绍梁、柱、板平法施工图的绘制与阅读：

1）梁平法施工图。梁平法施工图是在梁平面布置图上，采用平面注写或截面注写两种方式表达。通常以平面注写为主，截面注写为辅。

①梁平法施工图平面注写方式。平面注写方式是在梁的平面布置图上，将不同编号的梁各选择一根，在其上直接注明梁代号、断面尺寸 $b \times h$（宽×高）和配筋数值。当某跨断面尺寸或箍筋与基本值不同时，则将其特殊值从所在跨中引出另注。平面标注采用集中标注与原位标注相结合的方式进行。读图时，当集中注写与原位注写不一致时，原位注写取值优先。

a. 集中标注。集中标注可以从梁的任意一跨引出。集中标注的内容包括四项必注值和两项选注值。四项必注值包括梁编号、梁截面尺寸、梁箍筋、梁上部贯通筋或架立筋；两项选注值包括梁侧面纵向构造钢筋或受扭钢筋、梁顶面标高高差。其形式如下：

梁代号，梁编号（跨数，有无悬挑）梁宽×梁高

箍筋（肢数）

上部贯通筋；下部贯通筋；腰筋

（梁顶标高）无标注时相对于同板顶标高

如附图 17 中 3.45 m 梁平法施工图所示，最左上角的 KL13 含义如下：

KL13(3)200×450 表示梁编号为 13，三跨，梁宽 200 mm，梁高 450 mm。

Φ8@100/200(2) 表示直径为 8 mmHRB400 级钢筋，间距为加密区 100 mm，非加密区 200 mm，双肢箍。

2Φ18 表示上部 2 根直径是 18 mm 的 HRB400 级通长钢筋。

b. 原位标注。原位标注的内容包括梁支座上部纵筋、梁下部纵筋、附加箍筋或吊筋等。梁在原位标注时，注意各种数字符号的注写位置，标注在纵向梁的后面表示梁的上部配筋，标注在纵向梁的前面表示梁的下部配筋；标注在横向梁的左边表示梁的上部配筋，标注在右边表示下部配筋。

a）梁支座上部纵筋。原位标注的支座上部纵筋应包括集中标注的贯通筋在内的所有钢筋。多于一排的，用"/"自上而下分开；同排纵筋有两种不同直径时，用"＋"相连，且角部纵筋写在前面。

例如：2Φ16＋1Φ14 表示支座上部纵筋共 3 根一排放置，其中角部 2Φ16，中间 1Φ14。

当梁中间支座两边的上部纵筋相同时，仅在支座一边标注配筋值；否则，须在支座两边分别标注。

b）梁下部纵筋。梁下部纵筋与上部纵筋标注类似，多于一排时，用"/"自上而下分开；同排纵筋有两种不同直径时，用"＋"相连，且角部纵筋写在前面。

c）附加箍筋或吊筋。附加箍筋或吊筋直接画在平面图中的主梁上，用引线标注总配筋值，附加箍筋的肢数注写在括号内。当多数附加箍筋或吊筋相同时，可在图中统一说明，少数与统一说明不一致者，再原位引注。

当在梁上集中标注的内容(某一项或某几项)不适用于某跨或某挑段时,则将其不同数值原位标注在该跨或该悬挑段。

(a)当梁下部纵筋不全部伸入支座时,将梁支座下部纵筋减少的数量写在括号内。

例如:梁下部纵筋注写为 6Φ25 2(-2)/4,表示上排纵筋为 2Φ25,且不伸入支座;下一排纵筋为 4Φ25,全部伸入支座。

又如:梁下部纵筋注写为 2Φ25+3Φ22(-3)/5 Φ25,表示上排纵筋为 2Φ25 和 3Φ22,其中 3Φ22 不伸入支座;下排纵筋为 5Φ25,全部伸入支座。

(b)当梁的集中标注中分别注写了梁上部和下部均为通长纵筋时,则不需要在梁下部重复做原位标注。

②梁平法施工图截面注写方式。截面注写方式是在梁的平面布置图上对标准层上的所有梁按规定进行编号,分别在不同编号的梁中,各选择一根梁用剖切符号引出截面配筋图,并在截面配筋图上注写截面尺寸和配筋数值,其他相同编号梁仅需要标注编号。图 4-2-8 所示为单根梁的截面注写方式示例。

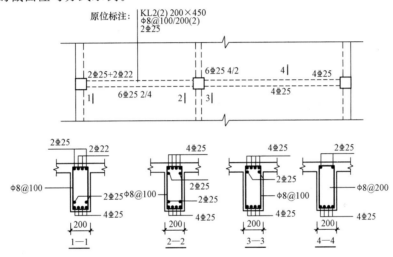

图 4-2-8　单根梁的截面注写方式示例

当某梁的顶面标高与结构层的楼面标高不同时,应继其编号后在"( )"中注写梁顶面标高高差。

截面注写方式既可以单独使用,也可以与平面注写方式结合使用。当表达异形截面梁的尺寸与配筋时,用截面注写方式相对比较方便,它与平面注写方式大同小异。梁的代号、各种数字符号的含义均相同,只是平面注写方式中的集中注写方式在截面注写方式中用截面图表示。截面图的绘制方法同常规方法一致,不再赘述。

2)柱平法施工图。柱平法施工图是在柱平面布置图上采用列表注写或截面注写的方式表达。列表注写方式就是用列表的方式注写;而截面注写方式是分别在不同编号的柱中选择一个截面直接注写的方式。

首先,按一定比例绘制柱的平面布置图,分别按照不同结构层(标准层),将全部柱、剪力墙绘制在该图上,并按规定注明各结构层的标高及相应的结构层号,然后根据设计计算结果,采用列表注写方式或截面注写方式表达柱的截面及配筋。

①柱平法施工图的截面注写方式。截面注写即在柱平面布置图上,分别在不同编号的

柱中各选择一截面，在其原位上以一定比例放大绘制柱截面配筋图，注写柱编号、截面尺寸 $b×h$、角筋或全部纵筋、箍筋的级别、直径及加密与非加密区的间距。同时，在柱截面配筋图上还应标注柱截面与轴线关系。

在图 4-2-9 中，截面注写方式符号的含义如下：

a. KZ2 表示框架柱 2。

b. 650×600 表示柱截面的横边（与 X 向平行）为 650 mm，竖边（与 Y 向平行）为 600 mm。当为圆形截面时，以 D 打头注写圆柱截面直径，如 $D=600$。

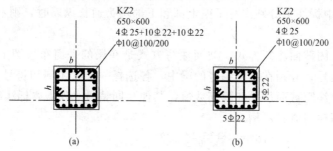

图 4-2-9　柱平法的截面注写方式示例

c. 当矩形截面的角筋与中部筋直径不同时，按"角筋＋b 边中部筋＋h 边中部筋"的形式注写，例如：4Φ25＋10Φ22＋10Φ22 表示角筋为 4Φ25，b 边中部筋共为 10Φ22（每边 5Φ22），h 边中部筋共为 10Φ22（每边 5Φ22），如图 4-2-9(a)所示；也可在直接引注中仅注写角筋，然后在截面配筋图上原位注写中部筋。当采用对称配筋时，可仅注写一侧中部筋，另一侧不注，如图 4-2-9(b)所示。

d. Φ10@100/200 表示箍筋为 HPB300 级钢筋，直径为 10 mm，加密区间距为 100 mm，非加密区间距为 200 mm。

②柱平法施工图的列表注写方式。列表注写方式是在柱平面布置图上（一般采用适当比例绘制一张柱平面布置图，包括框架柱、框支柱、梁上柱和剪力墙上柱），分别在同一编号的柱中选择一个或几个截面标注几何参数代号；在柱表中注写柱号、柱段起止标高、几何尺寸（含柱截面对轴线的偏心情况）与配筋的具体数值，并配以各种柱截面形状及其箍筋类型图的方式。

柱平法施工图列表注写方式，包括平面布置、柱断面类型、柱表、结构层楼面标高及结构层高等内容，如图 4-2-10 所示。

a. 柱平面布置图。平面布置图表明定位轴线、柱的编号、形状及与轴线的关系；柱的编号为 KZ1、LZ1 等，如 KZ1 表示 1 号框架柱，LZ1 表示 1 号梁上柱。

b. 柱的断面形状。柱的断面形状为矩形，与轴线的关系可分为偏轴线和柱中心线与轴线重合两种形式。

c. 柱的断面类型。在施工图中柱的断面图有不同的类型，其中重点表示箍筋的形状特征，读图时应弄清楚某编号的柱采用哪一种断面类型。

d. 柱表。柱表中包括柱编号、标高或标高段、断面尺寸与轴线的关系、全部纵筋、角筋、b 边一侧中部筋、h 边一侧中部筋、箍筋类型号及箍筋等。其含义介绍如下：

a)柱编号。柱编号包括柱的类型代号和序号。

b)标高。在柱中不同的标高段，它的断面尺寸、配筋规格、数量等会有所不同。

c)断面尺寸对于矩形柱，注写柱截面尺寸 $b×h$ 及与轴线关系的几何参数代号 b_1、b_2 和

h_1、h_2 的具体数值，须对应于各段柱分别注写，目的在于表示柱与轴线的关系。其中 $b=b_1+b_2$，$h=h_1+h_2$。当截面的某一边收缩变化至与轴线重合或偏到轴线的另一侧时，b_1、b_2、h_1、h_2 中的某项为零或为负值。截面的横边为 b 边（与 X 向平行），竖边为 h 边（与 Y 向平行），b 方向为建筑物纵向的尺寸，h 为建筑物横向的尺寸，圆柱用 d 表示。

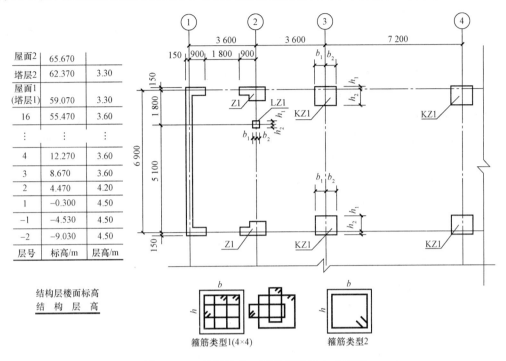

屋面2	65.670	
塔层2	62.370	3.30
屋面1 （塔层1）	59.070	3.30
16	55.470	3.60
⋮	⋮	⋮
4	12.270	3.60
3	8.670	3.60
2	4.470	4.20
1	−0.300	4.50
−1	−4.530	4.50
−2	−9.030	4.50
层号	标高/m	层高/m

结构层楼面标高
结构层高

图 4-2-10　柱平法施工图列表注写方式示例

d）全部纵筋。当柱的四边配筋相同时，可以用标注全部纵筋的方法表示。柱断面可以是正方形或矩形。

e）角筋。角筋是指柱四个大角的钢筋配置情况。

f）中部筋。中部筋包括柱 b 边一侧和 h 边一侧两种。标注中写的数量只是 b 边一侧和 h 边一侧不包括角筋的钢筋数量，读图时还要注意与 b 边和 h 边对应一侧的钢筋数量（对称配筋的矩形截面柱，可仅注写一侧中部筋，对称边可省略不注）。

g）箍筋类型号。箍筋类型号表示两个内容，一是箍筋类型编号1，2，3，…；二是箍筋的肢。

h）箍筋。箍筋中需要标明钢筋的级别、直径、加密区的间距和非加密区的间距。

如 Φ10@100/250，表示箍筋为 HPB300 级钢筋，直径为 10 mm，加密区间距为 100 mm，非加密区间距为 250 mm。

e．结构层楼面标高及层高。结构层楼面标高及层高也用列表表示，列表中的层号和层高一般要与建筑图表达一致，由下向上排列，内容包括楼层编号，简称层号。楼层标高表示楼层结构构件上表面的高度，即结构标高。层高（上一层与下一层的建筑标高之差）分别表示各层楼的高度，单位均用"m"表示。

3）板平法施工图。板平法施工图可分为有梁楼盖平法施工图和无梁楼盖平法施工图，在此仅介绍有梁楼盖平法施工图的制图规则。

有梁楼盖板平法施工图，是在楼面板和屋面板布置图上，采用平面注写的表达方式。板平面注写主要包括板块集中标注和板支座原位标注。

为方便实际表达和施工识图，规定结构平面的坐标方向为：

当两向轴网正交布置时，图面从左至右为 X 向，从下至上为 Y 向；当轴网转折时，局部坐标方向顺轴网转折角度作相应转折；当轴网向心布置时，切向为 X 向，径向为 Y 向。

①板块集中标注。板块集中标注的内容为：板块编号、板厚、贯通纵筋以及当板面标高不同时的标高高差。板厚注写为 $h=\times\times\times$（为垂直于板面的厚度）；当悬挑板的端部改为截面厚度时，用斜线分隔根部与端部的高度值，注写为 $h=\times\times\times/\times\times\times$；当设计已在标注中统一注明板厚时，此项可不注。

贯通纵筋按板块的下部和上部分别注写（当板块上部不设贯通纵筋时则不注），并以 B 代表下部，以 T 代表上部，B&T 代表下部与上部；X 向纵向筋以 X 打头，Y 向纵向筋以 Y 打头，两向贯通纵筋配置相同时则以 $X\&Y$ 打头。

当为单向板时，分布筋可不必注写，而在图中统一注明。

当在某些板内（如悬挑板 XB 的下部）配置有构造钢筋时，则 X 向以 X_c，Y 向以 Y_c 打头注写。

当贯通筋采用两种规格钢筋"隔一布一"方式时，表达为 $\phi xx/yy@xxx$，表示直径为 xx 的钢筋和直径为 yy 的钢筋二者之间间距为 xxx，直径 xx 的钢筋间距为 xxx 的 2 倍，直径 yy 的钢筋的间距为 xxx 的 2 倍。

板面标高高差是指相对于结构层楼面标高的高差，应将其注写在括号内，且有高差则注，无高差不注。

如有一楼面板注写为：LB5　$h=110$

$\qquad\qquad$ B：$X\oplus12@120$；$Y\oplus10@110$

其表示 5 号板，板厚 110，板下部配置的贯通纵筋 X 向为 $\oplus12@120$，Y 向为 $\oplus10@110$；板上部未配置贯通纵筋。

如有一楼面板注写为：LB5　$h=110$

$\qquad\qquad$ B：$X\oplus10/12@100$；$Y\oplus10@110$

其表示 5 号板，板厚 110，板下部配置的贯通纵筋 X 向为 $\oplus10$、$\oplus12$，隔一布一，$\oplus10$、$\oplus12$ 之间的间距为 100；Y 向为 $\oplus10@110$；板上部未配置贯通纵筋。

②板支座原位标注。板支座原位标注的内容为板支座上部非贯通纵筋和悬挑板上部受力钢筋。

板支座原位标注的钢筋，应在配置相同跨的第一跨表达（当在梁悬挑部位单独配置时则在原位表达）。在配置相同的第一跨（或悬挑部位），垂直于板支座（梁或墙）绘制一段适宜长度的中粗实线（当该筋通常设置在悬挑板或短跨板上部时，实线段应画至对边或贯通短跨），以该线段代表支座上部非贯通纵筋，并在线段上方注写钢筋编号（如①、②等）、配筋值、横向连续布置的跨数（注写在括号内，且当为一跨时可不注），以及是否横向布置到梁的悬挑端。

如：（$\times\times$）为横向布置的跨数，（$\times\times$A）为横向布置的跨数及一端的悬挑梁部位，（$\times\times$B）为横向布置的跨数及两端的悬挑梁部位。

板支座上部非贯通钢筋自支座中线向跨内的伸出长度，注写在线段的下方位置。

当板支座上部非贯通纵筋向支座两侧对称伸出时，可仅在支座一侧线段下方标注伸出长度，另一侧不注。当向支座两侧非对称伸出时，应分别在支座两侧线段下方标注伸出长度，如图 4-2-11 所示。

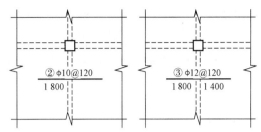

图 4-2-11　板支座上部非贯通纵筋的标注（一）

当线段画至对边贯通全跨或贯通全悬挑长度的上部长纵筋，贯通全跨或伸出至全悬挑一侧的长度值不注，只注明非贯通筋另一侧的伸出长度值，如图 4-2-12 所示。

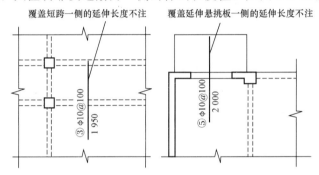

图 4-2-12　板支座上部非贯通纵筋的标注（二）

任务小结

1. 明确结构施工图的主要内容及各部分的画法。

2. 掌握结构施工图平面整体表示法的概念；熟悉并能识读梁、柱等构件的平面注写方式。

拓展任务

1. 根据所学知识，自主完成某居住建筑结构施工图中梁施工图的识读，与同学交流量的平面布置、截面尺寸、梁的配筋等内容，并选择其中一根梁绘制其立面图和截面图。

2. 根据所学知识，自主完成某居住建筑结构施工图 KL5 的识读，与同学交流并做好识读笔记。

设备施工图

参 考 文 献

[1] 焦鹏寿. 建筑制图习题集[M]. 北京：中国电力出版社，2009.

[2] 宋兆全. 土木工程制图习题集[M]. 北京：中央广播电视大学出版社，2004.

[3] 王鹏. 建筑识图与构造[M]. 2版. 北京：机械工业出版社，2019.

[4] 何铭新，朗宝敏，陈星铭. 建筑工程制图[M]. 4版. 北京：高等教育出版社，2012.

[5] 赵研. 建筑识图与构造[M]. 3版. 北京：中国建筑工业出版社，2014.

[6] 莫章金，毛家华. 建筑工程制图与识图[M]. 简明版. 北京：高等教育出版社，2018.

[7] 闫培明. 建筑识图与构造[M]. 大连：大连理工大学出版社，2011.

[8] 崔丽萍，杨青山. 建筑识图与构造[M]. 2版. 北京：中国电力出版社，2014.

[9] 吴学清. 建筑识图与构造[M]. 北京：化学工业出版社，2008.

[10] 郑忱，金虹. 房屋建筑学[M]. 2版. 北京：科学出版社，2010.

[11] 李必瑜，魏宏杨，覃琳. 建筑构造[M]. 6版. 北京：中国建筑工业出版社，2019.

[12] 聂洪达，郗恩田. 房屋建筑学[M]. 3版. 北京：北京大学出版社，2016.

[13] 吴舒琛. 建筑构造与识图[M]. 3版. 北京：高等教育出版社，2010.

[14] 孙勇. 建筑构造与识图[M]. 北京：化学工业出版社，2007.

[15] 张小平. 建筑识图与房屋构造[M]. 3版. 武汉：武汉理工大学出版社，2018.

[16] 同济大学，西安建筑科技大学，东南大学，等. 房屋建筑学[M]. 5版. 北京：中国建筑工业出版社，2016.

[17] 舒秋华. 房屋建筑学[M]. 6版. 武汉：武汉理工大学出版社，2018.

[18] 中国建筑工业出版社. 现行建筑设计规范大全[M]. 北京：中国建筑工业出版社，2014.